高等职业学校“双高计划”新形态一体化教材

园林景观设计

案例式

● 主　编　丁廷发　李晓曼
● 副主编　杨　健　王博晓　王军军　靳素娟
● 参　编　李　远　李冬雷　李新善　杨易昆　孟　莉　黎　华
● 主　审　袁德桂　熊辉俊

华中科技大学出版社
http://www.hustp.com
中国·武汉

内容简介

《园林景观设计》根据高职高专教学改革要求编写。教材设上篇和下篇，上篇（基础理论）包括园林地形设计、园林水体设计、园路铺装设计、园林建筑及小品设计、植物景观设计5个专题。下篇（项目实训）包括微景园设计、屋顶花园设计、别墅花园设计、城市道路绿地设计、城市滨水景观设计、单位绿地规划设计、居住区绿地规划设计、城市广场规划设计、美丽乡村休闲度假区概念设计9个项目。每个项目主要包括学习目标、相关知识、单项能力训练、案例赏析及知识拓展与复习等内容。全书将理论与企业实践案例结合，并引入了丰富的数字资源。

本书可作为园林设计人员、园林施工工作者用书，也可作为风景园林、园林技术、环境艺术、园林工程、城市规划及艺术设计、城市林业、园艺、休闲农业、建筑等专业的教学用书，同时，也可作为景观设计师职业技能鉴定考试及岗位培训的参考资料。

图书在版编目(CIP)数据

园林景观设计/丁廷发，李晓曼主编. —武汉：华中科技大学出版社，2022.8
ISBN 978-7-5680-8291-4

Ⅰ. ①园… Ⅱ. ①丁… ②李… Ⅲ. ①园林设计-景观设计-高等职业教育-教材 Ⅳ. ①TU986.2

中国版本图书馆CIP数据核字(2022)第127176号

园林景观设计 丁廷发 李晓曼 主编
Yuanlin Jingguan Sheji

策划编辑：张 玲 徐晓琦
责任编辑：刘艳花 李 露
封面设计：原色设计
责任校对：刘小雨
责任监印：周治超
出版发行：华中科技大学出版社（中国·武汉） 电话：(027)81321913
武汉市东湖新技术开发区华工科技园 邮编：430223
录 排：华中科技大学惠友文印中心
印 刷：武汉市籍缘印刷厂
开 本：787mm×1092mm 1/16
印 张：15.75
字 数：412千字
版 次：2022年8月第1版第1次印刷
定 价：55.00元

Preface

前言

《园林景观设计》一书依托优质校现代都市园林专业群建设专业课程建设成果，依托市级精品资源共享课程园林规划设计课，由相关教师和园林公司一线设计师共同编写而成。

园林景观设计课程是园林专业群的重点核心课程，该课程与园林公司的设计岗位对应，相应专业学生的就业方向有风景园林设计等。课程知识点覆盖园林方案设计、园林工程施工图设计，对景观设计和园林工程施工从业者来说具有重要意义。完成本课程的理论知识学习和技能训练后，学生应能完成城市各类中、小型绿地方案设计及大型绿地的植物种植设计。

本教材依据我国相关城乡规划法、园林绿化条例，遵照现代生态城市的环境要求编写而成，结合了多年来教学与规划设计的实践经验，吸收了国内一线设计公司的相关研究成果，引入了理实一体化理念，在建立完整严密概念的基础上，全面、系统地阐述了城市园林绿地知识、规划设计理论和实践训练体系，并加入 PPT 课件、微课堂、微视频、VR 动画、题库等信息化学习资源。本教材以企业真实案例为载体，将教材体系转化为教学体系，重实操教学和行业最新理念应用，体现了最新行业技术与规范的变化，做到了将生态效益、社会效益和经济效益相结合，相关理论和技术继承了我国园林的传统，充分响应了教育部《高等学校课程思政建设指导纲要》的要求，有改革、有创新，以适应现代城市建设及未来发展的需要。通过学习园林规划设计原则和方法，学生应明确“设计服务于人民”的核心思想，坚持以人为本的设计原则。本教材通过讲解低影响开发技术相关案例，将可持续发展观贯穿整个课程。学生通过学习可不断提高专业设计能力和思政道德素养，明确景观设计师的职业规划与定位，明确规划景观设计师的职业道德，增强社会责任感。

教材分上篇和下篇，上篇（基础理论）包括园林地形设计、园林水体设计、园路铺装设计、园林建筑及小品设计、植物景观设计 5 个专题。下篇（项目实训）包括微景园设计、屋顶花园设计、别墅花园设计、城市道路绿地设计、城市滨水景观设计、单位绿地规划设计、居住区绿地规划设计、城市广场规划设计、美丽乡村休闲度假区概念设计9个项目。课程内容按模块讲解，根据知识结构由浅入深叙述，借助任务进行驱动，并将专业知识与技能、思政元素融合到工作任务中。学生学完每个模块的理论知识后，再进行实践操作。本书以第46届世界技能大赛园艺项目的微景园设计为载体，将理论与实际联系起来，旨在构建理实一体、碎片化、由浅入深的课程内容。

本教材由丁廷发、李晓曼主编，多名教师和一线设计师也参与了编写。各部分具体分工如下：重庆三峡职业学院李晓曼和重庆酉阳职教中心杨健编写绪论；重庆三峡职业学院李冬雷、靳素娟和李新善编写专题一、专题二和专题三；重庆三峡职业学院李晓曼、李新善编写专题四；重庆市涪陵第十九中王博晓和重庆物候景观规划设计有限公司黎华编写专题五；重庆三峡职业学院丁廷发、李远编写项目一、项目二；重庆三峡职业学院李晓曼和重庆蓝调城市景观规划设计有限公司王军军编写项目三；重庆三峡职业学院李晓曼编写项目四、项目五；重庆三峡职业学院李晓曼、靳素娟和杨易昆编写项目六；重庆三峡职业学院李晓曼和重庆蓝调城市景观规划设计有限公司王军军编写项目七；重庆三峡职业学院李晓曼、李远编写项目八；重庆三峡职业学院孟莉编写项目九。

该教材的编写得到了重庆市风景园林学会的大力支持，在其牵线搭桥下，多家甲级设计资质公司参与了编写。重庆市风景园林规划研究院、重庆大学建筑规划设计研究总院有限公司、四川农业大学园林环境艺术设计研究所、重庆蓝调城市景观规划设计有限公司、四川蜀汉生态环境有限公司、重庆道合园林景观规划设计有限公司、重庆和汇澜庭景观设计工程有限公司、重庆孔羽园林景观设计有限公司、成都艾景景观设计有限公司等多家园林公司及研究所为本教材提供了案例，并在编写过程中提出了很多宝贵意见，在此深表感谢！

Contents

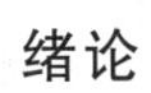

下篇 项目实训

绪　论

一、园林规划设计的概念

园林规划(garden planning,landscaping planning),是指综合确定、安排园林建设项目的性质、规模、发展方向、主要内容、基础设施、空间综合布局、建设分期和投资估算的活动。园林规划包括风景名胜区规划、城市绿地系统规划和公园规划。对于面积较大的和复杂的区域的规划,按照工作阶段一般可以分为规划大纲、总体规划和详细规划。园林规划的重点为:分析建设条件,研究存在问题,确定园林主要职能和建设规模,控制开发的方式和强度,确定用地和用地之间、用地与项目之间、项目与经济的可行性之间合理的时间和空间关系。园林设计就是在一定的地域范围内,运用园林艺术和工程技术手段,通过改造地形(或进一步筑山、叠石、理水),种植树木、花草,创造建筑和布置园路等途径建成美的自然环境等的过程。本课程旨在培养具备生物学、观赏园艺和园林学的基本理论、基本知识和基本技能,能在园林、农业、商贸等领域和部门从事与观赏园艺、园林科学有关的技术与设计、经营与管理、推广与开发、教学与科研等工作的高级技术人员。

二、中外园林特点和发展趋势

中方与西方园林艺术的环境、审美理念及文化背景存在差异,使得它们的造园思想不同,两者的园林风格与形式差异显著。

按占有者的身份、园林的隶属关系,可将中国古典园林分为皇家园林、私家园林和寺观园林三类。在3000多年不间断的发展过程中,我国古代园林因受到了儒、道、释的直接影响而追求思想自由,并在禅宗与宋明理学的直接影响下,进一步发展成天然写意主义的山水建筑园风貌,代表特点是自然式的水池、具有文化寓意的植物、自然拼贴的曲折道路、建筑控制全园、水是全园的中心和纽带。其发展的整个流程,经历了生成期——殷、周、秦、汉,转变期——魏、晋、南北朝,全盛时代——隋、唐朝,以及熟化期——宋、元、明、清[2]。19世纪中叶开端至20世纪20年代初期是中国现代风景园林的探索时代,受传统艺术、雕刻、建筑设计及其他美术领域的影响,中国风景园林的艺术内涵与表现形式都产生了新的变革,这也导致了中国现代主义园林风格的出现,这一时期,中国大批的设计者纷纷探求适应工业革命后社会发展需要的新设计风貌。在20世纪50年代初,我国各大城市通过旧城改建、新城区发展和市政工程建设,营造了一批新式公园。改革开放以后,中国的园林又在原有的基础上重新起步,蓬勃发展。从1992年开始,全国展开了以建立公共园林城市为主要目标的都市环境整治社会活动,并获得了较突出的效果,带动了全国城市建设向生态化的方向发展。我国现代园林系统的蓬勃发展还处在起步阶段,由古典园林系统发展至现代开放性公共空间,多样化、生态化、功用化、艺术性是现代景观建设蓬勃发展的客观趋向,是新时代的必然需要。

西方古典园林以意大利台地园、法国宫廷园林、英国风景园林为代表，其特色是几何规则型园林，将规整的水池、植物等形态打造为规整的几何形态，追求图案的美，园林中的道路都是整齐笔直的，整体布局讲究中轴对称，是一种开放的园林形式，西方园林是可供多数人享乐的“众乐园”。

调查结果表明，世界风景园林学学科的历史发展可以分为五个阶段：造园阶段（1828 年以前）、孕育和创造阶段（1828—1990 年）、现代运动阶段（1990—1960 年）、生态园林阶段（1960—1980 年）、多元发展阶段（1980 年至今）。18 世纪是中欧园林发展的高潮，世界各个国家都开始建立公共服务的城市园林。20 世纪前后是造园思想百花齐放的时期，如从 20 世纪初期以来的立体主义、超现实主义、风格派、新构成主义，到 60 年代的大地艺术、波普美学、极简主义等，都为现代风景园林设计者们创造了合适的设计思路与语言；而生态的定义是从 19 世纪末开始产生的，到 20 世纪中叶已形成了系统的生态系统与生态平衡的学说，并且在逐步地向社会科学领域扩展。在 20 世纪 60 年代新生态运动阶段开始以前，有关风景园林的学科就早已开始探索与城市生态建设的各种结合，只不过并没有系统化的理论框架和技术方法。如：1969 年，美国宾夕法尼亚大学的园林教师麦克哈格（Ian L. McHarg，1920—2001）出版了《设计结合自然》（Design with Nature）一书，其提倡的综合性生态设计思路在美国建筑设计与城市规划行业中产生了很大的反响。20 世纪 70 年代后期，由于受到新生态观念和环境保护主义观念的影响，更多的景观设计师在设计中坚持生态化的基本原则，生态化主义也成为了当代园林设计中一种很普遍的原则。

进入 20 世纪 80 年代，由于人类社会对现代性逐渐厌倦，因此后现代主义（Pst-mdernism）这一思潮兴起了。和现代主义一样，后现代主义也是对现代性的延续和突破，后现代主义的产品设计必须是更加多样化的产品设计。历史主义、复古主义、折中主义、文脉主义、隐喻和象征、非联系的秩序系统层、讽刺、诙谐等都成为了公园设计者所能够采用的主要思潮，1992 年修建的巴黎雪铁龙公园（Parc Andre Citroen）具有鲜明的后现代主义的一些特点。在 20 世纪 80 年代，解构主义（deconstructin）由法国现代哲学家德里达创立。“解构主义”应该算是一个建筑设计中的思想，它采取歪曲、错位、变化的手段反驳传统建筑设计中的统一与平衡，反驳传统形态、功用、构造、经济彼此之间的有机紧密联系，生成某种特定的不安感。解构主义的建筑设计风貌并不构成主导，被称为解构主义的风景艺术作品也极少，但它增加了景观设计的艺术表现，巴黎为庆祝法国大革命二百周年而建造的九大建筑工程之中的拉·维莱特公园（Parc de 1a Villette）就是解构主义建筑物景观设计的经典范例，这是由建筑设计师屈米（Bernard Tschumi）所设计的。20 世纪 80 年代后期，随着风景园林学科和风景生态学的逐步紧密结合，加上地理信息等高新科技的大力发展，生态规划在方法论和操作技术层面都取得了突飞猛进的发展。生态主义思想的发扬和完善，给了城市风景与园林以全新的空间与组织模型，并成为了探讨自然过程和城市环境关系的有效途径。

步入 21 世纪，中国城市化的飞速发展已经彻底改变了建设与城市规划之间的时空观，生态、城市规划、风景园林三者之间的关联早已不可分割。可持续发展已成为当今风景与园林领域的关键策略主张。当今世界各国对风景园林学科的发展也产生了新的贡献，如可持续场地（sustainable sites）、景观都市主义（landscape urbanism）、地域设计（regional design）、棕地再造（brownfield reclamation）、风景特性评价（landscape character assessment）及风景立法等，都推动了风景园林学科创新的思想与实践。现代园林设计不但能充分保留中国传统文化，更能够汲取外国园林艺术的精髓，达到兼收并蓄。

未来风景与园林学科的专业内容将会更加丰富，研究范畴也会更大，并逐步向人类所创造的各种社会环境全面拓展，同时也会更深入地渗入人类日常生活的各个领域，成为环境建筑领域不可或缺的重点专业[3]。

三、园林规划设计的基本原理

（一）园林的形式

1. 规则式园林

规则式园林，也叫作几何式园林，整个园林的平面布置、立体构图，以及建筑物、广场、道路、水域、植物等都需要规整对称，呈几何形。在18世纪初，英国出现风景式园林以前，园林基本是规则式的，以文艺复兴时代的意大利台地园和法式宫苑园为代表。我国的故宫、中山陵、人民广场等，均属规则式园林。这种形式的园林，给人以整齐、庄重、壮观的感受，其特点介绍如下。

1）地貌

地貌指地表起伏的形态。除河谷、沙丘和海底外，在平原地带，地貌由不同高度的水平面和缓坡构成；而在山区丘陵区中，地貌则由阶梯式的台地、斜平面和踏步等组成。

2）水体

水体是江、河、湖、海、地下水、冰川等的总称。园林中，水体一般通过人工造景得来，如外观轮廓为几何形，并采取了整齐式驳岸的水体。主要代表为喷泉、壁泉、整形瀑布和人工运河等。

3）建筑

建筑是人们用泥土、砖、瓦、石材、木材等材料构成的一种供人居住和使用的空间。为凸显建筑的庄严和雄伟，规则式园林整体布置采取了中轴对称的平衡设计手法，以主体建筑群与次级建筑群所构成的轴线和副轴支配着全园。主要代表为北京故宫博物院。

4）道路和广场

道路和广场的形状均为几何形，由平行直线、折线或简单曲线等组成，空间被对称型房屋群或规则式林带、树墙、绿篱等环绕。

5）种植设计

植物布局以以图案为主体的模纹花坛及规则花带居多，由行列式和对称型绿篱、绿墙等划分空间，植物的整形修剪多模仿古代建筑形态和动物形体，如绿柱、绿塔、绿门、绿亭和写兽等。

6）其他景物

采用盆树、盆花、饰瓶、雕塑等主体景观，雕塑基座采用规则形式，位于轴线的起点、终点或交点上。

2. 自然式园林

自然式园林又称风景式园林、不规则式园林、山水派园林等。中国古代园林多以自然式山水园林为主，地形、地貌起伏多变，水体岸线曲折有致，道路呈蜿蜒状，园林建筑小品布局不对称，植物配置以孤植、丛植或群植为主，显示自然群落状态。如颐和园、圆明园、避暑山庄、拙政园、留园等，“效法自然，而又高于自然”，其基本特点介绍如下。

1）地貌

平原地带将天然起伏的弛缓地貌与人工堆置的微地形相结合。山区和丘地则利用天然地形，除建筑物和广场基地以外，不做人工阶梯状改建，尽可能使其更自然。

2）水体

水面的轮廓为天然曲线，驳岸常采用由不同坡度的斜面或自然式材料砌筑的斑驳水岸，主要类型有自然型瀑布、涌泉、溪涧、池沼、湖水等。

3）建筑

全园建筑设计没有明显的轴对称性，除个别建筑物为对称性的平衡设计外，建筑物群和建筑物组群多采用无对称性的平衡布置，以导游线控制。

4)道路和广场

道路和广场形状均为自然形的，由蜿蜒的曲线或不均匀外轮廓线等组成。其空间均被不对称型房屋群或自然式林丛、花带等环绕。

5）种植设计

植物种植设计主要表现自然植物的群落之美。以自然式的树群、灌丛、花丛居多，通常不做规则式的修剪工作。

6)其他景物

采用参差不齐的山石、高低错落的假山、寓意高洁精神的盆景或植物雕塑等主体景观。

3. 混合式园林

绝对的规则式园林与绝对的自然式园林都是不多见的，一般的园林都是以任意一种园林形式为主，其他形式为辅。将由规则式园林、自然式园林交错组成的园林称为混合式园林。通常在主要交通干线两侧或大型建筑物周围采取规则式布置，而在较偏远或休闲区域中采用自然式布置，两种形式有机结合，彼此渗透。

（二）园林造景手法

园林造景是指利用人工手法，运用环境条件和组成景观的所有基本要素创作所需要的景观。造景手法主要分为：主景和次（配）景、抑景与障景、夹景与框景、引景与漏景、借景、对景、点景、添景等。造景手法也是人们营造风景序列的主要方式，如在园门前设置“对景”的两个石狮子，让人产生庄重之感；入口区内设置白粉墙等“障景”满足人们藏景的心理；通过一段长长的廊或树荫产生“抑景”；利用镂空的花窗或树干形成的“引景、漏景、夹景、框景”诱导游客进行明暗交互的空间体验，最终豁然开朗。

1. 主景和次(配)景

在绿地中，具有控制地位功能的景观就叫“主景”，它往往是整个绿地的核心、重点，也往往呈现主要的使用功能或主题，是全园视觉控制的焦点。突出主景最常使用的方法如下。

(1) 主景升高或加大，以突显宏伟高耸的景观建筑形体。

(2) 主景位于轴线焦点，以引导游客集中目光观赏。

(3) 主景位于人视野上会聚向心的位置，如在凹地域的会聚点布置主景。

(4) 主景位于构图中心，如圆形的中心、矩形的中心、不规则形的平衡点等。

配景对主景起陪衬作用，不能喧宾夺主，是园林中主景的延伸和补充，可采用前置、侧置、递减或变小等方法表现。

2. 抑景与障景

我国传统文化主张“山重水复疑无路，柳暗花明又一村”的先藏后露、先抑后扬的造园方式。抑景常与扬景结合，具体形式有：由低到高、由狭窄到开阔、由阴到阳、由封闭到开阔等。

障景多由山石、树丛或园林建筑小品等要素组成。凡能抑制视线,引导空间转变方向的屏障景物均为障景。障景的设置可达到先抑后扬、增强主景感染力的作用,同时可屏挡不美观的物体或区域。“俗则屏之”即为障景的前面要预留有作为风景节点的区域,以供游客停留和欣赏。此外,由于障景的设置必须有一定动势才能吸引游客,所以,障景两端的道路在路幅、材质和方向上都必须有所改变,这样才能形成明显的方向性。

3. 夹景与框景

为凸显远处的主景,常将左右两侧以峡谷、树丛、山石、墙体或建筑等加以屏障,形成左右遮挡的狭长空间,以产生一种景深之感,突出空间端部的主景,这种手法称为夹景。

框景是指用门框、窗框、树干框、山洞等来框取另一种空间中的景物,从而构成近似于“画”的景物图像。主要目的是将参观者的注意力引导至框内的主景,给人以强烈的艺术感染力,从而提高景点的观赏价值。一般框景的主要表现形式有入口框景(利用园门)、流动框景(利用带窗的景墙)、端头框景(走廊的转角、尽头或道路的节点以植物为框)等。

4. 引景与漏景

引景就是有意识地诱导游客进行参观的方式。引景的具体做法有三种:一是利用游步道的走向来引导;二是通过景石刻字等点题手法来引导;三是通过标识牌来引导。

漏景一般指透过虚隔物所看见的景物。虚隔物包括花窗、栏杆、隔扇、疏林树干等。一方面,漏景很容易满足游客对寻幽访景的兴致和欲望,另一方面,漏景本身也具有某种迷蒙虚幻之美。

5. 借景

将院子以外的景象引入并与院内景象叠合的造景手法称为借景。借景可弥补空间尺度小的缺点,扩大园林视景范围。借景因距离、视角、时间、地点等不同而有所不同, 通常可分为直接借景和间接借景。借景手法主要有开辟赏景透视线、增加视景高度、借虚景(通过水面、漏窗)等。设计中可借形、借声、借色、借香等来组景。在现代园林设计中, 应巧妙地运用借景手法, 使“借景造园”更有意境。

6. 对景

对景指利用同一轴线将两种景物(植物、园林建筑小品等)布置成彼此观望的形式。主客体相互烘托,形成景观的秩序性。对景一般分为正对和互对。

正对是在轴线端部布置景观,一般在规则式园林中使用得较多,能带来庄严、雄伟的感觉。

互对是在轴线的两端或视线的一端设景观,如湖岸边的舫和榭互为对景,广场上的雕塑也可以和山头上的碑遥互对。

7. 点景

中国传统园林善于把握各种自然景观特征。依据景观特征,结合空间周围环境的特点进行总结,提炼出形象化、意象性强的题咏,并突出主景的造景方式,称为点景。

8. 添景

当眺望远方景色, 中间缺少过渡景物时, 就缺少了空间层次,这时需要在中间添加乔木或花卉作为过渡,这些乔木或花卉便是添景。添景可以由园林建筑小品、植物等构成。

（三）园林规划设计空间构成

1. 园林空间的分类

1）积极空间

积极空间指将空间按一定的方式进行限定和安排，满足人们一定使用要求和审美的外部功能空间。常用空间处理手法如下。

（1）先抑后扬。空间上的曲—直、低—高、隐—显、开—合、静—动形式等，会使进入空间的人开始感觉压抑，之后豁然开朗，以此形成对比，渲染气氛，使游客印象深刻、流连忘返。

（2）园林布局注重韵律性。如渐变、重复、交替等韵律的产生可使空间形成一种有规律的起伏和变换，使人们感受到很大的审美情趣。

（3）空间比例和尺度适宜。空间布局的设计要综合考虑人与空间、空间与空间之间的相互作用。如一个过于狭窄封闭的空间往往使人压抑，无法满足活动需要。

（4）花卉的大量使用。鲜花可以渲染气氛，特别是应用于出入口、主要景观节点等，既可以起到点景的作用，又使游客眼前一亮、心情愉悦。

2）消极空间

所谓消极空间，一般指散漫的、无组织的空间，如中介空间、边角空间、废弃空间等，影响人们对景观环境的舒适度和愉悦性的体验。

2. 园林空间的常用处理手法

园林空间设计主要考虑两个方面：一是单个空间的大小、尺寸、封闭性及构成要素的特点，如内部景物的形状、色彩及质感；二是多个空间的展示序列、渗透及对比突出等关系。

1）单个空间

园林空间的设计包括形状、尺度、质感、明暗、虚实及方向几个方面。

（1）空间的形状。

矩形空间有明显的方向性和流动性，水平的矩形空间给人以舒展的感觉，垂直的矩形空间给人以上升之感；方形六面体空间给人以停留的感觉；而圆柱或球形空间则有高度的向心性和封闭感。

（2）空间的尺度。

空间的尺度需要根据空间的环境条件和用途来确定，如：大尺度的空间常让人心胸开朗，特别适用于入口处、核心景观处或有特殊用途的区域；小尺度空间则比较小巧宜人，更适合用于人与人之间的交流、休憩，常被用在休闲角落的设计。几种常见的空间变化如下。

①从小空间到大空间的变化，会使人感觉豁然开朗。

②从大空间到小空间的变化，会让人产生密闭感、安全感和幽静感。

③中等空间—小空间—大空间的变化，会形成一个层次性明显、节奏性强、对比明确的从低潮到高潮的完整的空间序列，使人感觉隆重和庄严。

④大空间—中等空间—小空间的变化，会使人产生制动、终结和休止的感觉。

（3）空间的质感。

空间的质感是指空间内各构成要素的表面粗细度、冷暖等特点所带给人的感觉，如“粗”的质感给人以厚重、朴实和亲切的感觉，“细腻和光滑”的质感有华丽、精致的感觉。不同材料之间的质感对比会给人带来丰富多彩的感受。

各种质感在空间中的配置原则如下。

①“粗、中、细”的材料的最佳比例近似1∶3∶5或2∶4∶6，即必须使其中的一种质感占优势，或是以粗质感为主，或是以细质感为主，避免出现对比效果不明显的情况。同时，质感的主调应服从整体构思。如：郊野别墅的庭院地面铺装应以“粗”为主，而礼堂内的地面铺装则应以“细”为主。

②材料的类型不宜过多，“同种质感”一般在三种以内为佳。

2）多个空间

现代园林设计中，对空间加以分割才能形成空间的层次与变化。而把各种不同形式和性质的空间按照特定的景观路线有规律地相互贯通、穿插和结合起来，就形成了空间的序列组织。按空间用途可确定层次，如：公开的—半公开的—私人的；外界的—半外界的—室内的；嘈杂的—夹间性的—静止的；动态的—中间性的—静止的。从空间形态来看，空间可分为序列空间和组合空间两种：序列空间是指人们将空间按照某种关系排序，从而产生强烈有序感的群体空间，有前奏、过程、高潮和尾声这一逻辑顺序。组合空间是指人们按照空间构图规则进行组合而构成群体空间。空间分为两种类型，一是规则排列的集合空间，有强烈的节奏感、韵律感；二是自由散点式组合空间，具有活泼、多变而丰富的特点。

（1）园林空间的景观序列。

①一般序列。

特指整个园林空间都按照“序幕—发生—发展—高潮—尾声”的顺序进行，并时刻注意空间变化的视觉效果以营造优美园林的重要方法。

②循环序列。

指整个园林空间有多个入口，采用循环交通体系，进行多景区规划的布置手法。序列可能是单循环系统也可能是复循环系统，要根据园林规模和内容来确定。

③专类序列。

专类景观依其特点也有特定的顺序，如树木园常常根据植被演化规律组成园景序列，动物园常按动物所属的类别组织景观序列。

（2）园林空间动态序列的创作手法。

①风景序列的主调、基调、配调和转调。

风景序列将风景的各种基本要素有机结合，在统一上求变化、多变中求统一。如以园区植物配置为例，可以某一种树木为主要基调，以前景和主景之间的树木为过渡色调，以搭配主景的植被为配色调，以处于空间顺序转折区域的树木为变色调。

②风景序列的起结开合。

以水域景观为例，总是有头有尾、有收有放，以收放的变化来创作水景之情趣，而这种传统的手段也常用于中国古代园林的空间布局中，如北京圆明园的后湖，承德避暑山庄的分合水体，其周边景物配置随着水面的收放而变化。

③风景序列的断续起伏。

此手法是运用自然地形演变规律而创造景观序列的重要手段之一，多用于面积较大、地势多变的景区。在游步道的引领下，各景点按高低起伏的地势有序展开，达到引人入胜的效果。

④园林植物景观序列的季相与色彩布局。

植被景观是园林造景的主体之一，依据植物的生态法则，运用植物个体和族群在不同季节产生的形态和色彩变化，再配以山石、水景、建筑小品等，形成绚烂多姿的景观效果和显示序列。

⑤园林建筑群组合的动态序列布置。

园林建筑在景观营造中具有画龙点睛的作用,建筑物布置包括建筑单体和建筑群。对建筑群来说,必须有大门、主体建筑、次级建筑、联通的廊道或道路等的有序布置。如从园区入口区到次级景点,再到主体景点区,有实现各种功能的建筑体,要将它们有规划地布置到各个景点上,以构成建筑物群的组合形态。

四、园林规划设计的工作流程

园林景观设计项目的设计阶段包括项目承接、设计前期准备工作、总体方案设计、方案汇报、细化方案、施工图设计、工程概算、施工交底及施工过程指导和变更设计等工作内容。

(一)项目承接

园林设计公司设计资质分甲级、乙级、丙级三类,不同资质的公司可承接的设计项目的规模不同。园林公司可以通过投标、邀标和直接委托等方式承接园林设计项目。投标方式主要是甲方在网上发布招标文件,设计方根据甲方要求投标,此方法一般针对大型园林景观项目,如市政大型绿地、广场设计等。邀标方式主要是甲方邀请三家及以上设计公司进行方案设计并付一定设计费,从几套方案中优选一些创意,再确定一家公司细化方案及进行施工图设计,此方法多用于大型或中型绿地景观方案设计。直接委托方式是甲方直接邀请有设计资质的公司签订协议,给其布置设计任务,直接进行设计。

1. 收集图纸资料

1)地貌图

依据建筑面积大小,可采用1∶2000、1∶1000、1∶500的园址区域内的建筑平面地貌图。图纸设计须表明以下内容:设计范围(红线区域、高程);区域内的地形、高度和现状物(现存建筑物、山体、自然水系、植被、路面、水井,以及水系的进口、出口、电源等)的情况,对于现状物,要求保护使用、改建和拆除等情形都要单独标明;四周环境状况及与周围市政道路相连的主要路面的名称、长度;地面高度及其走向;给排水走向;与周边部门、单位、居民区相连的路面的名称、区域等。

2)局部放大图

局部放大图主要用于局部详细的方案化设计(一般为1∶200),该图纸要解决建筑物的单体设计,以及周边山体、水系、植物、景观小品和园路等的细部布置。要保存使用的主体建筑的平面图、水平立面图。平面图上应注明内部高度和户外高度;水平立面图上则要注明主体建筑的规格、色调等内容。

3)现状树种分布图

应在现状树种分布图上标出要保存树种的情况,包括树的品种、胸径、生长情况,以及欣赏利用价值等。

4)地下管线图

一般要与原设计图比例一致,设计图应标明要保护的给排水管道、雨水管道、城市污水管道、化粪池管道、电信管道、能源管道、供热管道、煤气管道、热力管道等部位和井位。除平面图外,还必须附有剖面图,并标明管道的尺寸、管底及管顶高度、水压、坡度等。

2. 现场地质考察

设计者都应该认真到现场开展地质考察,审查、补充所搜集的设计图纸资料。如:建筑、林木等自然状况，以及水文、地质、山势等自然环境条件；另外，当设计者在现场时，也可参照实际环境要求进行美术创作，“嘉则收之，俗则屏之”，发掘可使用、可借景的自然景物及影响城市景观的物体，并在设计过程中作出适当处理。同时结合实际情况增加考察次数，如对于城市建筑面积很大、自然情形又比较复杂的情况等，可多开展几次考察工作。应依据现场环境地质考察的实际结果，制作相应的城市环境现状图，其为规划设计的依据。

3. 编写总体设计工作任务书

设计师必须对所获取的有关资料进行剖析、研讨，拟定总体设计原则和目标，并对拟定的设计情况进行说明。

(二) 总体方案设计

在明确了园林绿地整体规划的基本原则和总体目标之后，就可以开始进行设计工作。主要的说明及设计图纸包括以下几种。

1. 总体设计说明书

总体设计说明书中，除应附图样之外，还需要阐明设计师的想法、设计重点等具体内容，一般需要 1000～2000 字。

2. 区位图

属于示意性图纸，用于说明该规划区域所属范围内的基本情况。其可以是航拍地图，上面要标明建筑与周边城镇的联系情况，并作简要说明。

3. 现状图

对已掌握的资源进行分类、梳理、总结后，对现状作出综合评价。比如现有规划区域的不足、可以利用的资源等。

4. 分区图

根照总体设计的基本原则、现状图分析，以及对各个年龄段旅客的活动调查，根据不同游览者的活动需求，设定不同的活动分区、规划不同的活动空间，使各个空间符合不同的功能特点，并使功能和形态尽可能地统一。

5. 方案的总平面图

按照整体规划的目标和原则，方案的总平面图应涉及如下几方面具体内容：第一，园内与周围自然环境的关联情况，包括主、次要出入口，以及与专门用于进出的市政道路关联的出入口，周围街区的道路名字，周围重要建筑物或单位的名字等，规划区域与周围区分空间的围栏或护栏要显示清楚；第二，园内的建筑地点、建筑面积和规划形式等情况，包括出入口、平台广场、停车场及大门等的布置情况；第三，园内的地形及道路体系规划；第四，园内植物规划，应表现出密林、疏林、草地、花坛、专类花园、盆景园等植被景观；第五，水系规划，应表示出水口、水道和水岸的设计。另外，还应正确标注指北针、比例尺、设计高程、设计说明、图例等具体内容。

6. 鸟瞰图

设计者们为了更直接地传达园林绿地设计的意图，更直接地展示园林绿地设计中各景点的面貌，有时会采用钢笔画、铅笔画、水彩画、水粉画及电脑制图等艺术形式表达“三点透视”的从高空俯瞰全园的效果图，使人可以一览无遗地观赏全园风貌。

7. 地形设计图

地貌是全园的基本骨架，能表现出整个园区的地形结构。规划中，需要依据造景需要和功能需求，运用凸地形、平地形和凹地形划分空间。进行地形设计时，要明确主体建筑物的建设地坪高度、路面高度、广场高度和路面变坡点高度，同时还应当明确周边的市政基础设施、马路、人行道及其与公园等相邻单位之间的建设地坪高度，从而明确公园等建筑物和四周自然环境之间的排水关系。同样，地貌上要表现出湖、池、潭、港、湾、涧、溪、滩、渠、渚、堤、岛等水域形状，并要标出各湖泊的最高水平线、一般水平和最低水位线；另外，在图上应标出进水口、排放口的方位（总排水方位、源头及降雨聚散地）等。

8. 道路设计图

应明确园区的主要出入口、次要出口和专门入口的位置；应定位道路级别，确定主道路、次干道的方位走向，及用于消防的通道，并最终确定道路的路面铺装材料、坡度及标高等。设计时，道路应尽量顺应等高线方向。

9. 种植设计图

种植设计一般涉及各种栽植形式的布局，如密林、草地、疏林、孤植树、花坛、花境、园艺栽培等；还有以花卉造景为首的专类园，如月季园、牡丹园、盆栽园、生产温室、花圃、种苗基地等。设计时，首先要确定全园的基调树木，一般2～3种，再配以骨干树种形成各植物组团空间，之后根据造景需要和功能需要，进行林下灌木和地被的配置。需要注意种植设计图绘制中，各类植物图标的大小应以苗圃出苗后生长5年的冠幅大小为依据，且图标样式应符合园林制图规范。

10. 管线设计图

管线设计图的内容包括用水总量（包括灭火用水、造景用水、喷灌用水、卫生防疫用水等），管线的大体布置、用水速度等。此外，还应涉及雨水、污水的水量，相应的排放方法，管线大体布置，以及污水的去处等。进行园林设计时，地下管线一般只作给排水设计。

11. 电气规划图

一般园林设计中的电路规划仅需考虑各类景观灯及喷泉水泵的用电。

（三）细化方案

在总体设计阶段，有时甲方还需要对多个方案进行对比来完成方案设计招投标。甲方或相关主管部门审核方案，可以接受方案并提出新的建议和要求，也可以要求对总体设计方案做更进一步的调整和修改。总体设计方案确认以后，才需要开展方案细化工作。

1. 局部平面图

首先，按照分区划定几个局部，局部详细设计图的一般比例为1∶500或1∶200；其次，细化设计的平面图；最后，在图中绘制等高线、园路、广场、建筑物、水景、植物、建筑小品及山石等园林要素，同时需要准确表达各园林要素的形式、类型、高度、尺寸、标准及设计要求。

2. 局部剖面图

为了更好地表现设计意图，在局部图中最关键的部分，即地势变化最丰富的部分，应给出断面图，通常比例为1∶500或1∶200。

3. 局部种植设计图

在通常1∶500或1∶200比例的图上，应能比较精确地体现植物的栽植地点、栽植量、植物种类。对于栽植量比较大的园区，可以考虑乔木、灌木分开绘制图纸。对于乔木和球形灌木，需要在种植设计图上标注出种植中心点，对于地被灌木，相应的图纸需要轮廓清晰。

（四）施工图设计

在局部或详细方案设计的基础上着手开展整体施工图设计。

1. 图纸规范

设计图要满足《建筑制图规范》的有关规定。图纸尺寸分为0号、1号、2号、3号、4号。4号图纸一般不能拉长，若要拉长图纸，只可以拉长图纸的长边，但增加部分的长度必须为原来边长的1/8及其倍数。

2. 施工设计图的坐标网、基点和基线

通常图纸上都应该清楚绘出工作项目区域，并绘出坐标网、基点和基线的情况，以方便施工放线。基点、基线的确立，应当以地形图上的定位据点、坐标定位线、现有建筑物的屋角、道路路面等为依据；坐标网依图面尺寸以1 m、5 m、10 m、20 m、50 m的间距，由基点或基线向上、下、左、右延伸，组成横竖相等的坐标定位网格，并注明其横纵坐标的阿拉伯数字和英文字母，以明确每方格网交点的横竖数值所规定的方位，从而成为建筑工程放线的基础。

3. 施工图纸的内容

标明图名、图例、指北针、比例尺、标题栏和简要的设计说明。图中的粗实线、中实线、细实线、点划线、折断线等线型需要正确区分。字体一般为长仿宋体，字号为3～7号，标注引线不能交叉且应符合建筑规范。

4. 施工放线总图

图纸内容大致涉及工程设计的方格网（1 m、5 m、10 m、20 m、50 m）、标准点、基线、地形等高线、关键点的坐标、设计说明、各类园林要素等。

5. 地形设计总图

地形设计的内容：全园制高点、基准点、给排水走向、等高线、各类建筑小品、水景、草地及微地形等的关键点高程。一般来讲，建筑小品的高程标注在最高点、最低点和关键变化点；道路的高程标注在起始点、转折点、最低点；水景的高程标注在出水口、池底的最高点、转折点、池底的最低点、驳岸等。以上高程均以米为单位，数值精确到小数点后三位。

6. 水系设计

设计应当说明水系的形态、尺寸、深度、类型。首先，应完成进水管、溢水口及排水口的大样平面图；其次，从全园整体规划及水系特点考虑，绘制出主/次要湖面、堤、岛屿、驳岸造型，以及小溪、涌泉、周围水域环境附属物等的总体平面构图；再次，绘制出水池内循环管网的总体平面图；最后，绘制剖面图，表现出水面驳岸、池底、山石、汀步、堤坝、岛屿等的高程关系和工程做法。

7. 道路、广场设计

要根据道路系统的总体设计要求，绘出所有路面、广场、建筑地坪、阶梯、盘山道、山路、汀步、铁道桥等要素的具体方位，并标明道路各段的高度值、坡度值。通常园路分为主路、支路和小路三类，主路的最低宽度通常为5 m，支路宽度通常为3～4 m，而小路的宽度为0.8～2 m。国际康复会规定，残疾人用道的最大横向坡度倾角为8.33%，所以，主路纵度限制为8%，主路最大横向倾角应低于12%。对于支路和小路，最大横向倾角应为15%。绘制道路剖面图时，

需要简要说明道路、阶梯等的施工材料、名称和规格，以及施工办法、构成层（表面、垫板、基础等）的厚度情况。

8. 园林建筑设计

图纸平面需体现建筑物的总体方位及其与周边自然环境的关系；建筑物底部平面设计、顶部平面设计；建筑物内部各个方位的水平剖面、必要的节点大样图、立面结构图等。

9. 植物种植设计

植物种植设计图上要体现植物实际栽植的地点、种类、栽植距离、栽培方法等。设计图的比例应根据情况而定，通常为1∶500、1∶300、1∶200、1∶100。乔木和独立灌木的种植中心点需要用“圆点”标出，片植的同种灌木和地被的轮廓线应清晰，对于孤植乔木，需要标出中心点坐标值。若植物品种过多，可以将乔木和灌木的施工图分开绘制，并绘制方格网。

10. 园林建筑小品设计

园林建筑小品大多强调工程设计的形状、结构、颜色、标高、体积、立意等内容，以便于同其他设计图相配合。一般来讲，园林建筑小品设计图中需要表现出建筑小品的平面图、立面图、剖面图及关键部位的详细设计图，各图形的比例应统一或成整数倍的关系，且绘制要满足《建筑制图规范》的有关规定。

11. 管线及电讯设计

在原城市管线规划图的基本上，设计图进一步体现出了上水（造景、园林绿化、环卫、消防工作）、下水（降雨、污泥）、园林小品用电力等，应按照市政工程设计单位的具体规范与要求正规出图。主要标明各段管道的长度、直径、高度、连接方式，同时标明管道和各种井的具体方位、坐标。同时，应在电力规划图中将所有设备、（绿化）灯具、变电室和电缆的走向情况等具体标注。

上篇

基础理论

专题一　园林地形设计

学习目标

知识目标：了解地形的概念，掌握常用地形表达形式及其在园林中的功能作用，理解园林地形处理的基本原则，能够在保留原有地形的基础上创造出与植物、建筑、水体等要素融为一体的新地形，对简单的园林地形能够给出初步的、合理的处理想法和见解。

能力目标：能够识读高程设计图，编制地形的高程设计；掌握地形造景的常用技巧，能利用地形划分空间和引导视线。

思政目标：培养生态保护意识，能够根据不同的地形地貌合理进行地形设计，做到土方就地平衡，减少人工搬运；在排水设计上，尽量让草坪低于路面，以减少二次灌溉，达到节约用水的目的。

任务　园林地形设计

地形是地表的外观，泛指地表三维空间的升降变动，是景观设计中最基本的场地和基石。在规则型景观中，一般表现为各种高度的地坪和层次。在自然型景观中，则主要表现为平地、丘陵、山峦、盆地等地貌。山势的高低起伏不但增加了公园景色，同时还提供了截然不同的视觉要求，构成了截然不同的空间结构。

一、地形的分类

地形主要分为两大类：自然地形（丘陵、平原、山地、高原等）和人工地形（台地、斜坡、平地等通过人工改造而形成的地形）。在园林规划设计中，简单地说，组成园林地面的地形可以大致分为平坦地形、凸地形和凹地形三种。它们分别具有不同的特点。

（一）平坦地形

在所有地形中，平坦地形是最具简明性和稳定性的地形，“平坦”不同于“水平”，“水平”是指水平面；而“平坦”则是均匀的或稳定的，是指整体看起来水平的、坡度为1%～7%的缓坡平面，可有微小的坡度或轻微的起伏。平面地势没有空间约束物，可塑性较强，给人一种舒适和踏实的感觉。但尺度太大的平坦地势也会让人有一种空旷、暴露的感觉，缺少竖向变化，缺乏三维空间感和私密性(见图1.1.1)。任意一条垂直的线形元素，在整个平面上都会变成凸出的元素，并成为视线的焦点(见图1.1.2)。

图1.1.1　深圳市民广场

图1.1.2　岳阳巴陵广场

(二) 凸地形

凸地形的视野相当宽广，具备高度延展性，空间也呈现发散形。凸地形是不错的观光之地。同时由于地势较高的地方景观往往更突出，所以它也是不错的造景之地。一般凸地形的重要表现有土丘、山峦及高原等。与平坦地貌比较，其稳定性大大降低，是一个富有动态性的地貌。凸地形在庭院中多起到骨架的作用，可以用于组织空间、引导游览路线。设计中有时将其与中坡面结合，为瀑布等自然动水景观或人造动水景观形成良好的基底和依托。另外，巧妙利用凸地形调节小气候，可使设计更加合理。福州梅峰山地公园因地就势，将景观合理布置于山地之上，凸显了巴渝园林的特色(见图1.1.3)。在现代园林设计中，其常常与原地形结合成微地形，如凸起的山包使景观在立面上更丰富和更具有动感(见图1.1.4)。

图1.1.3　福州梅峰山地公园

图1.1.4　重庆园博园公园

(三) 凹地形

凹地形比周围环境地势低，因此视野一般都比较闭塞，其闭塞程度主要取决于凹地的绝对高度、脊线区域、山坡面角、林木和建筑物高度等。凹地形有内向性、私密性及空间聚集性。地形内部温暖潮湿，容易会聚雨水，比较适合农作物生长。对于凹地形空间来说，不同的深度和尺度给人造成不同的心理感受。如果地形的纵深与尺度较小，则更容易使人产生亲近感。北京百望山森林公园内部一处水体区内设观赏草、石，营造了充满天然野趣的意境，这样的自然景观缩短了景与人之间的距离，使人倍感亲切(见图 1.1.5)。若地形深度和尺度够大，如广州金坑森林公园内的规则式水池，其具有限定性强、深度和广度较大的特点，则可通过营造瀑布、通道及植物等手法，来打破压抑和单调乏味的感觉(见图 1.1.6)。

图 1.1.5　北京百望山森林公园

图 1.1.6　广州金坑森林公园

二、地形设计的表达方式

地形设计的表达方式大致包括：等高线法、高程标注法、坡级法、分布法。图表和标注是最普遍使用的地貌平面表达方式。

(一) 等高线法

地形的等高线建筑效果图和景观喷灌体系设计、景观横向排水管线设计、建筑选点都有着密不可分的关联。

1. 等高线的基本术语

1)等高线

是指地形图上高度相同的各点所连成的封闭曲线。

2)等高线法

以一个参考水准面为基础，用一个等间距假想水准面分割地貌，用所得到的交线的水准正投射(标高投影)图表现地貌(见图 1.1.7)。

3)等高距

指两条相近等高线切面(L)之间的垂直间距(h)。

4)等高线平距

水平投影图中两条邻近等高线之间的垂直距离。

5)首曲线与计曲线的区别

首曲线是根据基本等高距绘出的等高线，常用 0.1 mm 的细实曲线表示。为了便于查算点的实际高度和两点间的相对高度，每隔四根首曲线加粗一根作为计曲线，并标明高度，计曲线常用 0.2 mm 的粗实线表示(见图 1.1.8)。

等高线是假想的“线”图，是将自然地势和某一高度的水平面交点所产生的交线投影在平面图上的线，地形等高线图只有标注出比例尺和等高距后才有意义。

2. 等高线使用注意事项

(1) 原有地貌的等高线用虚线表示，而改造后的地貌等高线则用实线表示。

(2) 同一等高线上各点的高度必须一致。

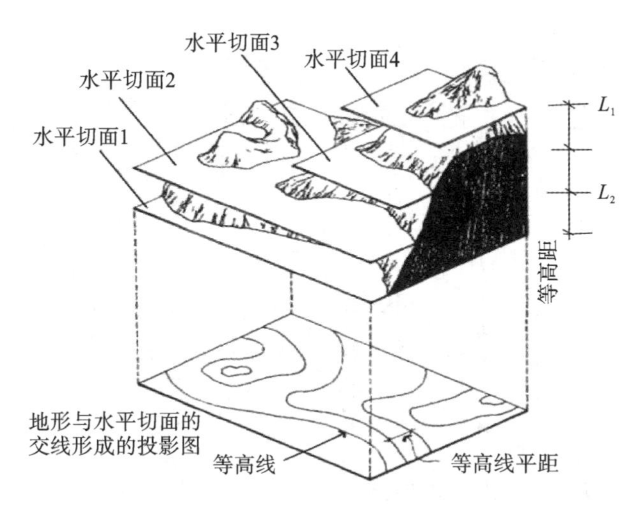

图 1.1.7　地形标高投影(引自王晓俊《风景园林设计》)

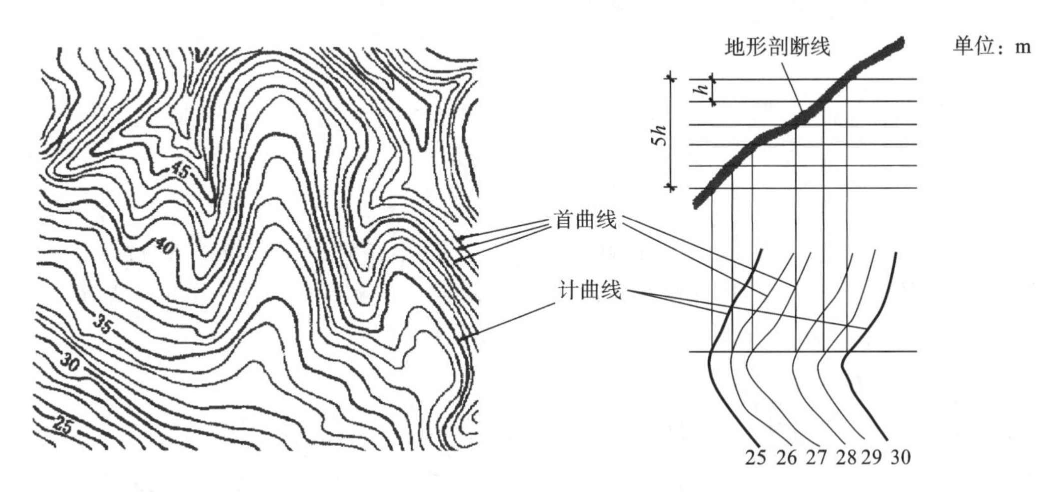

图 1.1.8　首曲线和计曲线(引自王晓俊《风景园林设计》)

(3) 等高线是封闭的曲线，若不在本幅图内封闭，则必须在图外封闭。

(4) 等高线通常不会交叉、重复或并列，只有悬崖处的等高线才可能发生交叉，只有某些垂直于地面的悬崖、地坎、挡土墙、驳岸处的等高线才会重合在一起。

(5) 等高线的水平距离小，表示坡陡；水平距离大，表示坡缓；水平距离相同，表示坡度相同。

(6) 等高线与山脊线、山谷线垂直相交时，山谷线的等高线凸向山谷线高度上升的方位，而山脊线的等高线则凸向山脊线高度下降的方位。

(7) 等高线不得随意跨越河流、沟谷、堤坝和道路等。

(二) 高程标注法

高程标注法也叫高程定点表示法，就是使用标准点来显示海拔高度。标准点经常位于两条等高线之间，一般可用“＋”或“•”表示，并配有相关数据，常注写到小数点后两位。高程标注法应用于描绘建筑物的墙角、转角、栏杆、阶梯顶端和基座、墙面及坡面等的高程。所以，高程标注法在场地平整、场地规划等施工图中也比较常见(见图 1.1.9)。

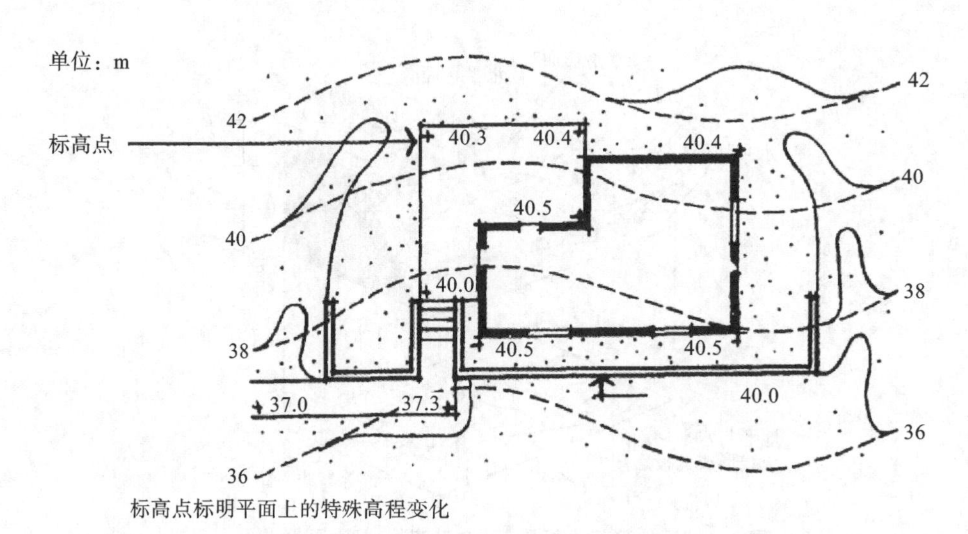

图 1.1.9　高程标注法(引自诺曼·K·布思《风景园林设计要素》)

（三）坡级法

坡级法是在地形图上用斜坡分级描述地势的陡缓和分布的方式，较常用于基地现状图和坡度分析图中，常用影线法加以表示(见图 1.1.10)。

（四）分布法

分布法将整个地貌的高度分割为间隔相当的若干层次，再通过单色技术进行渲染，各个高度层次的颜色随着高度由低向高的转变，而逐步由浅至深。分布法主要用于描述基地区域地势演变的坡度、地貌的分布情况与趋势等(见图 1.1.11)。

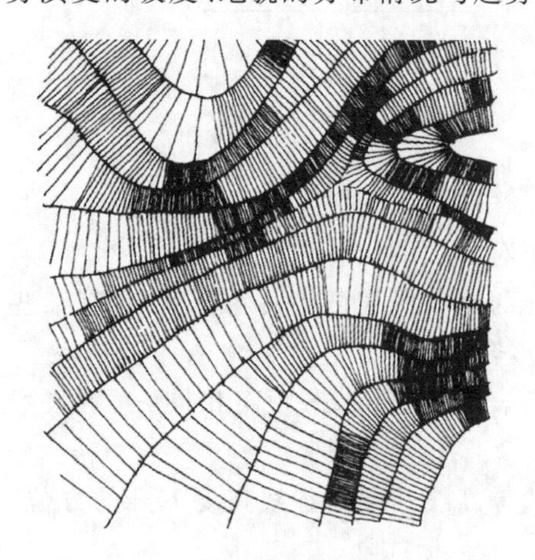

图 1.1.10　影线坡级图(引自王晓俊《风景园林设计》)

图 1.1.11　地形分布图(引自王晓俊《风景园林设计》)

三、地形在园林景观设计中的功能与作用

地形在园林景观设计中的功能与作用是多种多样的，简单总结一下，主要有骨架作用、景观作用、空间塑造作用、工程作用等几个主要方面。在园林地形的景观设计中，不同地形所创造的景观效果各异。

（一）地形的骨架作用

地形是构成园林景观的基础骨架，是园林中各种景观元素与设备的重要载体。地形的或平或陡、或凸或凹，为建筑、植物、水体等创造了可供依托的环境。根据地形合理布置建筑、配置植物，可以加强或者削弱原地形带给人的感觉。如在山坡一侧种植同等高度的植物，可营造青流倚碧之感；而由山脚至山顶布置高度由高到低的植物，则能削弱山坡的高差，从而弱化凸地形。另外，山上建亭，凹地做水，山水相依，也是中国传统园林常用的造园手法（见图1.1.12）。

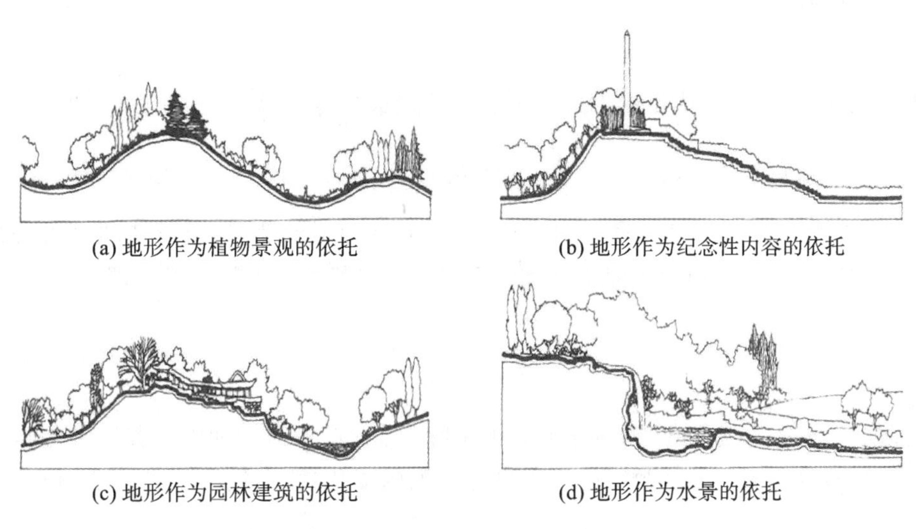

(a) 地形作为植物景观的依托　(b) 地形作为纪念性内容的依托

(c) 地形作为园林建筑的依托　(d) 地形作为水景的依托

图 1.1.12　地形的骨架作用

（二）地形的景观作用

地形有着鲜明的艺术特色，一方面可作为赏景之所，一方面又可作为艺术欣赏的空间对象。

（三）地形的空间塑造作用

地形也可以组成园林空间，形成宜人的园林景观。一方面，利用地形控制视线来分隔空间，创建开阔和封闭的各色空间；另一方面，利用地形组织、控制和引导人的视线和行走路线，使空间感受更加丰富多变，从而构成优美的园林景观。

（四）地形的工程作用

地形能改善主题公园的局部小气候，可利用地形自然排水，为场地的排水组织创造条件，以避免积涝。微地形还可以提供丰富的生境，适应植被的生长发育需要，促进生物多样性。借助地形能够创造丰富多样的栽培环境，改善植物栽培条件，创造干、湿、阴、阳等多样性自然环境，给不同生长习性的植物提供生存空间。而结合地形进行种植设计，可使植物层次更加丰富，形态更加多变。

四、地形处理的基本原则

（一）因地制宜，顺势生机

地形塑造须因地制宜，应就低凿池、就高堆山或适度平整土壤。园林建筑、道路交通等要顺应地形布置，少动土方。

（二）功能优先，造景并重

园林地形的塑造要适应各种功能设施的要求。建筑物等多需平地地形；对于水体用地，要调节好水底标高、水面标高和岸边标高；对于园路用地，则应因山随势，调节好最大纵坡、最小排水坡等关键地质要求；应强调地形的造景效果，地形变化要符合造景需要。

（三）利用为主，改造为辅

应尽可能利用原来的自然地形、地貌；尽量不动原地貌和原始植物。如有必要，可以实施局部的、小区域的地形改造。

（四）填挖结合，土方平衡

在地形改动中，尽可能使挖方工程量和填方工程量基本相当，并达到土方平衡。

五、地形处理的方法

由于人们对景观的功能需求不同，因此在进行园林地形改造时，所营造的地貌特征、面积大小和景观效应等也各不相同。应结合具体情况来作出科学合理的地形处理。

（一）地形设计要点

1. 平地

坡度在5%以内的地形归为平地，此坡度有利于进行商业活动和人流集散，平地可作为休闲广场、草坪等，也易于形成开敞空间。为提高平地的变化性，可铺装多种建筑材料和栽植多种植物。

2. 坡地

坡地根据坡度的不同可分为缓坡、中坡、陡坡、急坡、悬崖。

1）缓坡

缓坡坡度为3%～10%，一般仍可作活动场地，且道路、建筑物的布置等均不受地形制约，如篮球场宜设计为3%～5%的坡度，疏林草地宜设置3%～6%的坡度。

2）中坡

中坡坡度为10%～25%。一般大于12%的坡度作为活动场地较为困难，若不通行车辆可利用地形坡度做观众看台、植物栽培场所或跌水景观等，但必须设有至少0.5%的排水坡，以防地面积水。

3）陡坡

陡坡坡度为25%～50%。陡坡多位于山地处，因作为人类活动场所相对困难，通常作为农业种植用地。坡度在25%～30%的坡地可栽培草地，而坡度在25%～50%的坡地可栽植树林。

4）急坡

急坡坡度为50%～100%。急坡多出现在土石结合的山地外，常用于种植深根性水土保持林被，其上的道路一般需要曲折迂回而上，构造建筑时需要作特殊处理。

5）悬崖

悬崖坡度近乎100%，在悬崖上栽培植物时，要采用特殊措施来保护土壤和涵养水源。悬崖上的路面和梯道布置都相当困难，施工投入巨大。

3. 山地

作为地形设计的核心，山地可用作地形骨架，形成丰富的空间变化。在景观环境中，山地除利用自然界的真山营造外，还可利用由原有地形适当改造形成假山，一般可通过堆山实现。堆山可强化地形，达到空间高差强化的效果，仅推荐局部使用，其不适宜用于大面积改造。

假山根据营造材料不同可分为土山、石山和土石混合的山体。假山的基本设计要求包括：未山先麓，陡缓相见；左急右缓，莫为两翼；主客分明，顾盼呼应；山势欲峭，土中间石；山观四面，步移景异（见图 1.1.13）。

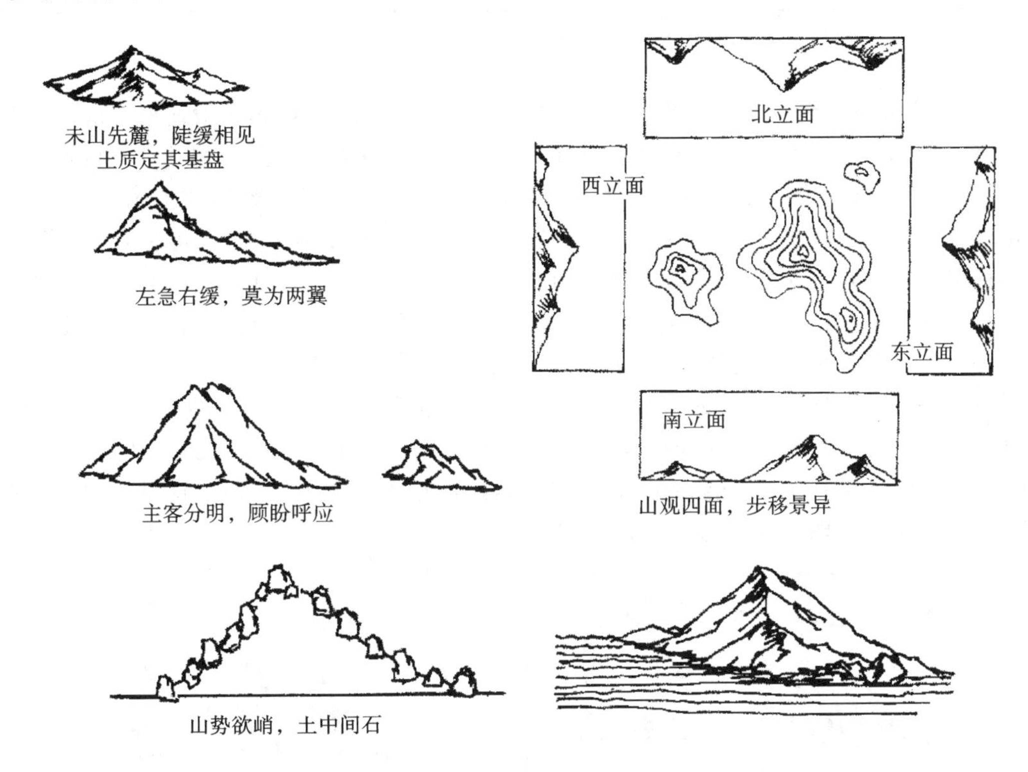

图 1.1.13　园林中的假山设计

设计地形时，须考虑土壤安息角（自然倾斜角），自然堆积土层的表面与水平面间所产生的夹角叫作土地的自然倾斜角。土壤自然堆积并经沉降稳定后将会形成一种固定的、与斜坡一致的土地表层，此表层即称为土壤的自然倾斜面。自然倾斜面与水平面之间的夹角是土壤的自然倾斜角，也称为安息角，以 α 表示。土壤的含水量直接影响土壤的安息角。在设计时，为了使工程稳定，边坡坡度宜参照相应土壤的安息角（见表 1.1.1）选择。

表 1.1.1　常见土壤的安息角

土壤名称	土壤含水量			土壤颗粒尺寸/mm
	干土	潮土	湿土	
砾石	40°	40°	35°	2～20
卵石	35°	45°	25°	20～200
粗砂	30°	32°	27°	1～2
中砂	28°	35°	25°	0.5～1

续表

土壤名称	土壤含水量			土壤颗粒尺寸/mm
	干土	潮土	湿土	
细砂	25°	30°	20°	0.05～0.5
黏土	45°	35°	15°	≤0.001～0.005
壤土	50°	40°	30°	0.02～0.2
腐殖土	40°	35°	25°	0.06～0.223

4. 微地形

微地形大致可分为以下三种类型：自然式、几何式、混合式。自然式微地形一般来说是对原始场地地形的开发、利用与改造，自然式微地形是城市园林绿地建设中最为典型的微地形景观类型。自然式微地形往往运用自然优美的曲线来模仿自然地形的形态、韵律和节奏，以达到“虽由人作，宛自天开”的境界为最佳。在自然式微地形上可栽培植物，也可舍弃其他绿化植物，只种植草皮。几何式微地形，多为由一种或几种不同的几何形式的地形重复组合、排列形成，可以产生特定的秩序和韵律，且大都棱角分明，具有很强的现代感。混合式微地形一般将点、线、面、块等多种元素进行综合使用。

值得注意的是，当微地形坡高 30～50 cm 时，日光被稍微阻挡，有部分隐蔽性，可起到划分空间的效果，此时基本感受不到土的体量，这是一种相对开敞的空间覆盖形式；土坡高度为1.2～1.5 m 时，身在其中的人们能感受到土的包围，从而给人以土的重量感，这时必须注意包围的空间大小，避免出现压抑感(见图 1.1.14)。

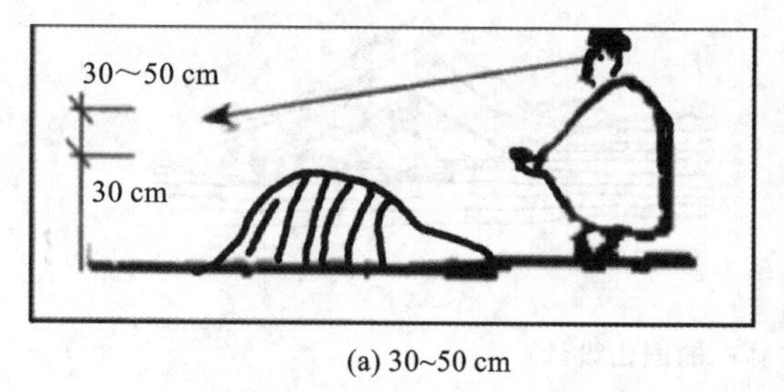

(a) 30~50 cm (b) 1.2~1.5 m

图 1.1.14 不同微地形坡高与人的比例关系

(二) 地形造景的几种情况

1. 自然高差的消化

地形处理方法应当与自然景观相协调，并淡化人工砌筑物与自然环境之间的界限，使建筑、道路和绿化景观相融，但应注意等高线不能穿越平台和水面，并注意排水问题。

2. 微地形设计

“微景图的高程设计”

可利用不同的地形地貌，设计出具备各种功能的场所和景观，以符合园林功能要求。应注意设计堆坡的等高线应该是闭合的实曲线(见图 1.1.15)。一般地形中的等高线高差为 1 m，但微景园中等高线高差可设计成 0.2～0.3 m。

3. 植物种植的地形设计

地形营造的阴阳坡分别适宜栽植不同的植物，如：杨、柳等植物适合栽植在朝阳一侧，而铁杉、红豆杉和蕨类植物则适合栽植在背阴一侧。

4. 建筑物周边的地形设计

与地形具备咬合关系的建筑可对地形进行削减，以建筑体量补全被削减的部分，可营造建筑与基地相互穿插交融的整体感，特别是当凸出地面的建筑物体量较为低矮或至少有一边与地面平齐时，整个建筑物与基地环境浑然一体(见图 1.1.16)。

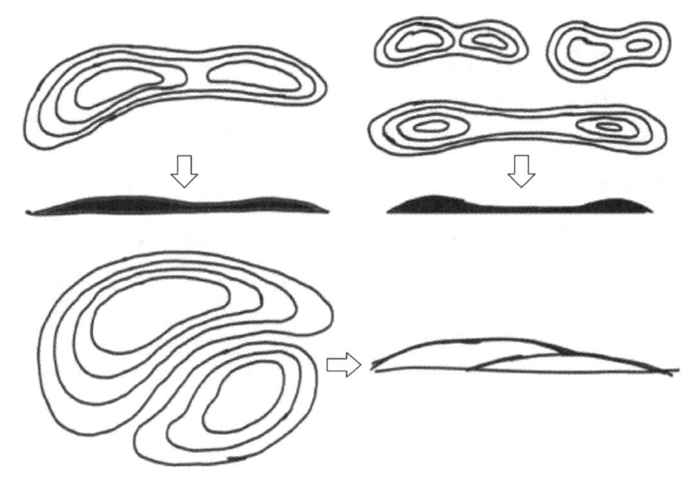

图 1.1.15　等高线的画法

(a) 咬合关系强　　(b) 咬合关系弱

图 1.1.16　建筑与地形的关系

(三) 不同尺度空间的地形处理

大尺度衔接时，尽量择平利用，道路的走向与建筑的布局应顺着等高线；中尺度衔接时，应顺势而为；小尺度衔接时，对于高差较大的小尺度竖向衔接，建议采用一体设计，即实现活动空间、交通空间、水景空间的竖向一体化。

(四) 不同类型绿地地形的处理技巧

1. 广场的地形设计

广场是城市空间环境中最具公共性，也最能体现城市文化特色的开放空间，因而有“城市客厅”的美誉。在城市广场的设计中，人们往往对地形做抬升和下降处理，如：对无主景的公共休闲广场常做下降处理，建造下沉式广场，以交汇的视觉景象来营造群众性文化表演和娱乐消遣的场所；对纪念性园林，如纪念塔、雕塑群或主题标志性建筑等地形做抬升处理，以表现崇高、雄伟的意境，让观众油然而生肃穆感。设计中，多山地地区由于受坡地的影响，广场的面积不足，因此常采用多级平台联合构成广场的造景手法。

2. 街道的地形设计

街道绿地是街道景观的基本要素，为提供良好的视觉效果，除合理搭配各种类型的植物以外，合理的地形处理也十分关键，如：整地时将地形做成"龟背"状或楔形，不但可以增强道路的连续性、走向感，而且也丰富了地面的景观层次；另外，把临马路一侧的地形整理成内高外低的形式，不仅便于植物模纹的展示，亦可阻止汽车尾气、粉尘、噪音等的扩散，形成良好的生态效益。

3. 滨水区的地形设计

滨水区作为联系水与绿地的媒介，是现代城市中滨水绿地景观常见的园林要素。如：将路堤加工成微斜状，利用沙滩或草地模式使路堤缓缓延伸至水面，可打破绿地与水体的界面；若将路堤做成台阶，并延伸至水中，可供人们戏水。

4. 园路的地形设计

园路进行地形处理时，可营造适度的地面起伏效果，园路两边的地势呈起伏状，既满足了排水要求，又使道路更富于流动性和方向性，利用步道台阶缓冲平坦的路面，可起到调节游客步伐、减缓疲劳的作用。

六、园林地形设计的步骤

（一）准备工作

收集园林用地及附近的地形图；收集有关市政建设部门的道路、排水、地上/地下管线及其与附近主要建筑的关系的资料；查阅园林用地范围及周边的水文、地质、土壤、气象等现状和历史有关资料；了解当地施工力量；组织现场踏勘。

（二）设计阶段

(1) 绘制等高线设计图（或用标高点进行设计），图纸平面比例采用 1∶200 或 1∶500，建筑设计等高差为 0.25～1 m，图纸上还需要说明各项建筑工程平面位置的详细标高。

(2) 绘制高程设计图，并标出该地区的排水方向。

(3) 绘制园路、堆山、广场、湖泊等土方施工项目的施工断面图。

(4) 编制土方量估算表。

(5) 编制工程预算表。

(6) 撰写说明书。

"微景园生态排水设计"

学习任务如表 1.1.2 所示。

表 1.1.2 参考性学习任务

任务名称	微景园生态排水设计
实训目的	通过微景园生态排水设计练习，了解施工图制图规范，掌握生态排水设计的方法，增强生态保护意识和社会责任感。
实训准备	方案可以用电脑软件 CAD 绘制；需要一块小型园林绿化场地，场地内具有建筑小品、水景、铺装及植物；具备用于简单测量两点间距离和高差的工具；采用教师引导、小组合作讨论的方法，设计出一个具有雨水收集功能的高程方案。

续表

任务名称	微景园生态排水设计
实训内容	(1) 绘制高程设计图、关键节点断面施工图,编写设计说明(300～500 字)。 (2) 编写方案汇报 PPT。 (3) 根据设计方案,在微景园实训基地进行小组优秀项目的落地。 (4) 作业经教师点评后上传至平台,完成学生互评。
实训步骤	(1)下达任务书。 对下图所示的微景园总平面图进行识图、审图,进行高程设计工作。 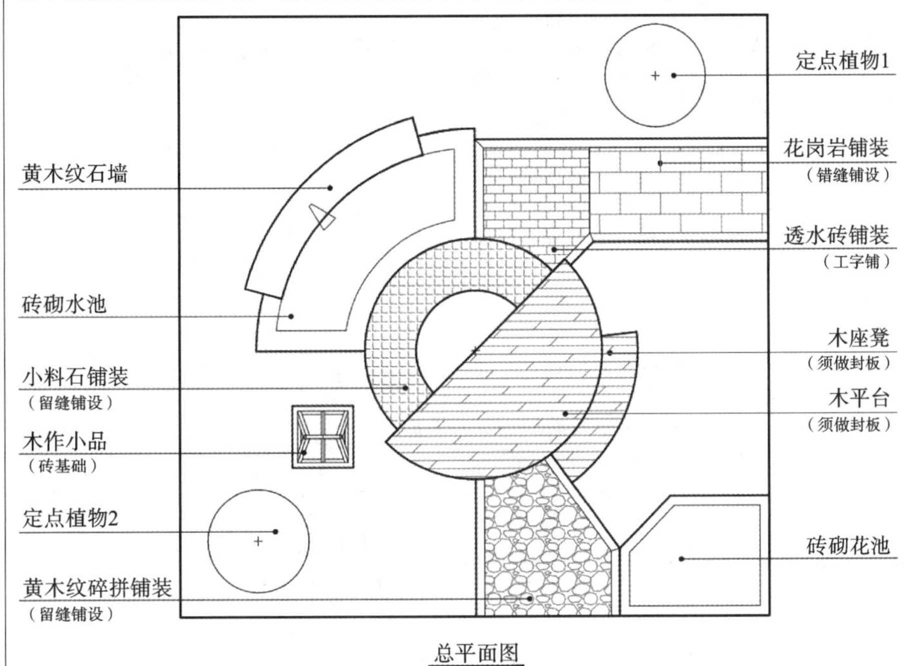 总平面图 (2) 任务分组。 班级：　　　　　　组号： 组长：　　　　　　指导老师： 组员： 任务分工： (3) 工作准备。 ① 阅读工作任务书,查阅和收集相关资料,进行现场勘察和技术交底,并填写质量技术交底记录。 ② 收集《公园绿地设计规范》及《全国职业院校技能大赛赛项规程(园艺)》中有关设计方面的知识。

续表

<table>
<tr><th>任务名称</th><th colspan="3">微景园生态排水设计</th></tr>
<tr><td>实训步骤</td><td colspan="3">★ 引导问题 1:生态排水设计需要考虑哪些方面?

★ 引导问题 2:微景园中各园林要素的常用高程区间是多少?哪些点需要标出高程?

★ 引导问题 3:雨水的排水走向应怎样安排?草坪、铺装常用的排水坡度是多少?

★ 引导问题 4:相关的高程设计图及断面图的施工图制图规范是什么?</td></tr>
<tr><td rowspan="6">参考评价</td><td rowspan="3">过程性评价(55%)</td><td>知识掌握度(25%)</td><td></td></tr>
<tr><td>技能掌握度(25%)</td><td></td></tr>
<tr><td>学习态度(5%)</td><td></td></tr>
<tr><td rowspan="2">总结性评价(30%)</td><td>任务完成度(15%)</td><td></td></tr>
<tr><td>规范性及效果(15%)</td><td></td></tr>
<tr><td>形成性评价(15%)</td><td>网络平台题库的本章知识点考核成绩(15%)</td><td></td></tr>
</table>

案例导入

海绵城市在应对环境变化和自然灾害等方面具有良好的“弹性”,海绵城市像海绵一样,下雨时能够吸水、蓄水、渗水、净水,必要时可将蓄存的水释放出来并加以利用。海绵城市建设应在遵循生态优先等原则的基础上,将自然途径与人工措施相结合。应在确保城市排水防涝安全的前提下,最大限度地实现雨水在城市区域的积存、渗透与净化,促进雨水资源的利用,并达到生态环境保护的效果。在海绵城市建设过程中,应统筹自然降水、地表水的系统性,协调给水、排水、水循环利用等各环节,考虑建设的复杂性与长期性(见图 1.1.17)。

图 1.1.17　"海绵城市"绿地排水系统

绿地通过微地形、雨水花园、广场透水砖等营造了丰富的高程变化,设计时需考虑微地形的排水汇水沟位置,以达到暴雨时在 1 小时内尽快将雨水排入溢流渠。一般来讲,园林绿地的排水以地面散水设计为主。雨水花园的地形设计也应考虑排水,采用西高东低的走向,以利于多余的雨水排入溢流渠。即便是四周看起来较为平坦的草地,也要注意至少保持大于 0.5%的排水坡度,以利于多余雨水的排出。铺装广场的雨水首先应考虑排入草地或雨水花园,部分离草坪较远的区域的水方可考虑直接排入溢流渠或市政管网(见图 1.1.18)。

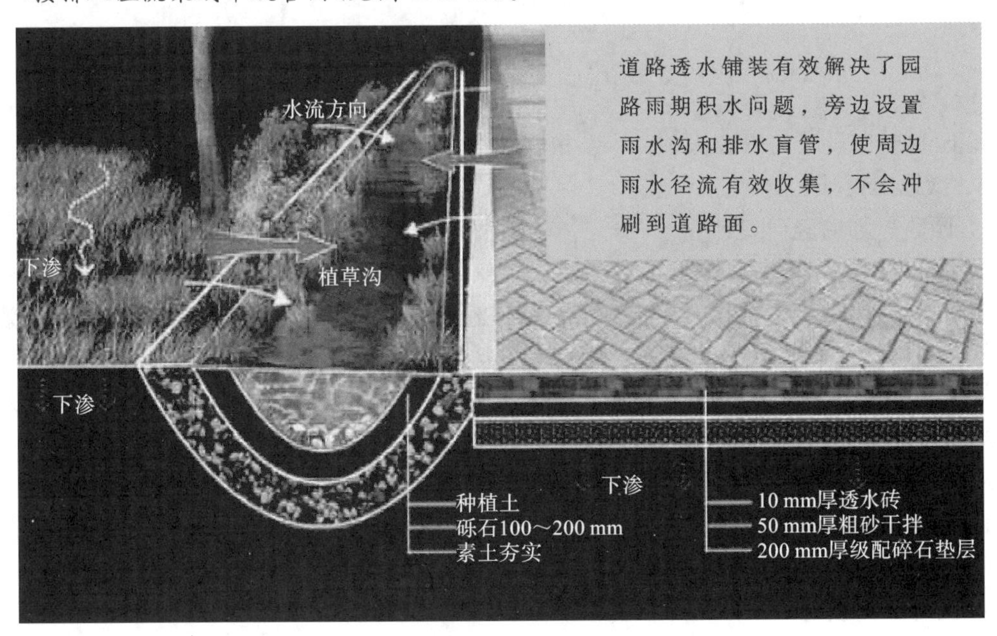

图 1.1.18　"海绵城市"生态铺装结构图

径流雨水通过微地形、铺装径流等方式进入雨水花园,由蓄水层储存雨水,超标的雨水通过溢流排入市政管网;径流的雨水通过各个结构层过滤后,部分渗入地下的盲水管被收集,用于市政景观用水、植物灌溉(见图 1.1.19)。

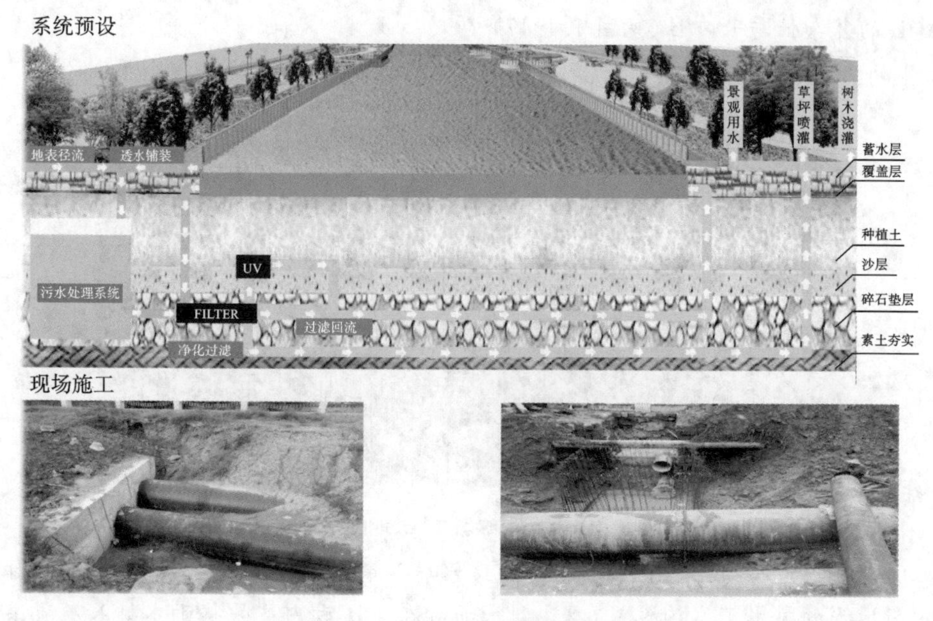

图 1.1.19 “海绵城市”地下管网设计

知识拓展与复习

1. 园林竖向设计的内容为(　　)及植物种植在高程上的要求。

A. 微地形设计　　B. 园林水体的竖向设计

C. 园路广场的竖向设计　　D. 各种管线的竖向设计

2. 2022 年 1 月,财政部等三部门印发《中央财政海绵城市建设示范补助资金绩效评价办法》,通知指出:为做好系统化全域推进海绵城市建设工作,提高中央财政补助资金使用效益,对于(　　)不达标的城市予以暂缓下拨建设资金。

A. A 档和 B 档　　B. B 档和 C 档　　C. C 档和 D 档　　D. 以上均不对

3. 地形在园林景观设计中的作用有(　　)。

A. 骨架作用　　B. 空间塑造作用　　C. 工程作用　　D. 景观作用

4. 地形设计的表达方式有(　　)。

A. 等高线法　　B. 高程标注法　　C. 坡级法　　D. 分布法

5. 园林竖向设计所采用的方法有(　　)。

A. 高程箭头法　　B. 纵横断面法　　C. 设计等高线法　　D. 方格网法

6. 平整场地中有具有一定坡度的场地,如停车场、集散广场、体育场、露天剧场等。整理这类地形而进行土方计算时,最适宜采用的方法是(　　)。

A. 体积公式估算　　B. 方格网法　　C. 断面法　　D. 等高面法

7. 关于等高线的特点,下列说法正确的是(　　)。

A. 同一条等高线上所有的点的标高不一定相同

B. 有的等高线并不是闭合的

C. 等高线间距越大，坡度越缓

D. 等高线在图上不会出现重叠的情况

8. 雨水口的间距一般为（　　）。

A. 5～15 m　　B. 15～25 m　　C. 25～60 m　　D. 60～100 m

9. 依据《园林设计规范》，园路及铺砖设计场地中，主路纵坡度宜小于（　　）。

A. 3%　　B. 5%　　C. 8%　　D. 10%

10. 关于园林地形的说法，不正确的是（　　）。

A. 在平坦的地形中，可以保持不小于5‰的坡度，以利于排水

B. 坡度超过50%时，自然土坡也很容易保持稳定

C. 草坡坡度最好不要超过25%，土坡坡度最好不要超过20%，一般平地坡度约为1%～7%

D. 平地便于进行群众性的文体活动，便于人流集散，也可形成开阔的景观

专题二　园林水体设计

学习目标

知识目标：了解水的特性，掌握水体的设计形式及造景方式，掌握水体与其他园林要素的搭配使用方式。

能力目标：能够根据不同的园林风格设计出合适的水体表达形式；掌握水景贯穿空间、扩展空间的方法。

思政目标：培养学生生态环保意识，了解节水型景观的营造，如日式枯山水、溢流式小水池或生态自循环水池的营造。

任务　园林水体设计

“水”是诗情画意般的园林景观的组成部分。寄情山水的审美理念与艺术哲理，深刻影响着我国园林，古人云：“知者乐水，仁者乐山”，“石令人古，水令人远”，“山以水为血脉”。水与植物、山石、建筑等园林要素共同赋予园林生机，如颐和园的昆明湖、拙政园中大小各异且相连的水体，扬州瘦西湖的带状水体等。在国外，人们也普遍利用水体进行造景，如西方园林体系中规则式布局的水道、喷泉、几何形水池等。现代园林应用中，水因承载容器及形态的不同呈现出丰富的景观效果。被赋予了动人光影和悦耳声响的水体，给人带来了强烈的感官享受，甚至有着治疗效果。今天，高速发展的科技给人类社会带来了便利，同时，环境污染也日益严重，特别是水体污染，那么，如何设计出一个生态可持续、低维护成本的优美水环境，是设计者研究的重点。

一、水的特性

“公园水景景观提升设计”

（一）水的可塑性

由于水具有高度流动性，所以不同大小、色彩、质地及位置的容器所承载的水体样式千变万化，重力作用会使其形成由高向低流动的水体和如镜面般稳定的水体。

（二）水的流动性

受地球引力的影响，水在地势有起伏的情况下可从高处向低处流动，从而产生景观的变化。依据流动状态可将水分为动水与静水。静水给人以宁静安详、轻松、温和的感受，动水变化的水花、潺潺的水声使人兴奋、令人欢愉。

（三）水的声响

水体无论是在流动时，还是在跌落发生撞击时，都会发出声响。根据水的形式和流量，可以创造出振奋人心的声响效果，因此，从这一角度讲，水的设计包含了声响的设计。如当水流较缓时，是潺潺的水声；较急的水流、高差较大的跌水，给人激昂的感觉；而持续或有节奏的滴水，给人轻松的感觉。

（四）水的倒影

平静的水面像一面镜子，能映照出周边的景物，起到扩展空间、丰富空间层次的作用。

二、水体的设计形式

（一）依据水体形式分

依据水体形式可分为自然式、规则式和混合式。

1. 自然式

自然式水体一般由自然曲线构成，水面变化万千，形态复杂各异（见图 1.2.1），通过模仿大自然中的天然野趣，给人一种轻松恬静的舒适感。在设计时，应保持水面形状与所在地块造型一致，仅就具体的岸线处理予以弯曲改变，尽量减少整齐、对称的造型。在大面积景观设计中，设计者要善于利用自然式水体联系景观，观景者从游览路线中观赏水体各组成部分，引发回忆与联想，由此构成一个完整统一的游览系列。如被誉为中国四大名园之一的“拙政园”，开阔的水面、狭长的水涧，用化整为零的方式将水面分割为彼此相连的若干小块，如此便可因水的来去无源而产生隐约迷离和无尽头的幻觉，整座水体东疏西密、曲水环抱，在大面积的水域周围集中布置建筑、回廊、亭榭，从而产生水路萦回、岛屿间列和小桥凌波而过的水乡气氛（见图 1.2.2）。

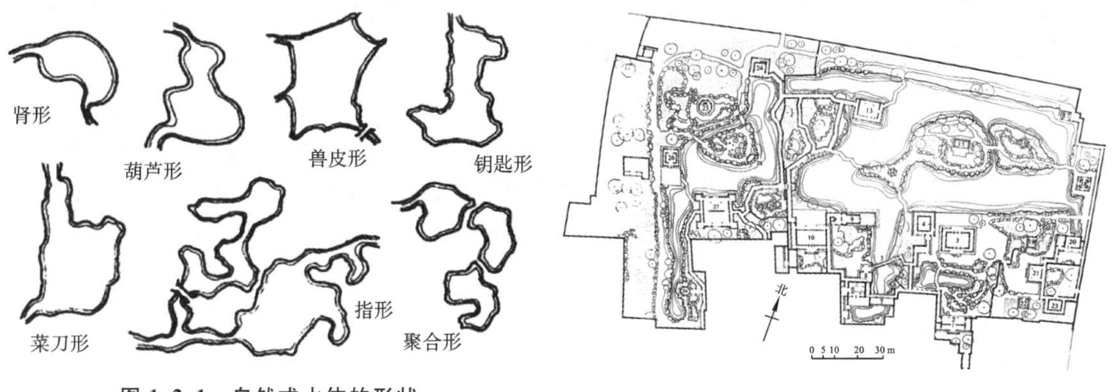

图 1.2.1　自然式水体的形状

图 1.2.2　拙政园平面图

2. 规则式

规则式水体（水池）多为人造水池，外部轮廓均为几何形，如圆形、方形、斜边形或方圆形等

(见图 1.2.3)。设计中多采取整齐式驳岸,园林水景的类型以整形水池、壁泉、整形瀑布及运河等为主,其中常以喷泉作为水景的主题。这种类型的水体形式多运用于规则式庭园、城市广场及建筑的外环境装饰中,如凡尔赛宫苑中水体的设计(见图 1.2.4)。水池地点最适宜设置在建筑的前方或庭园的正中央,作为主要视线上的重要点缀物。

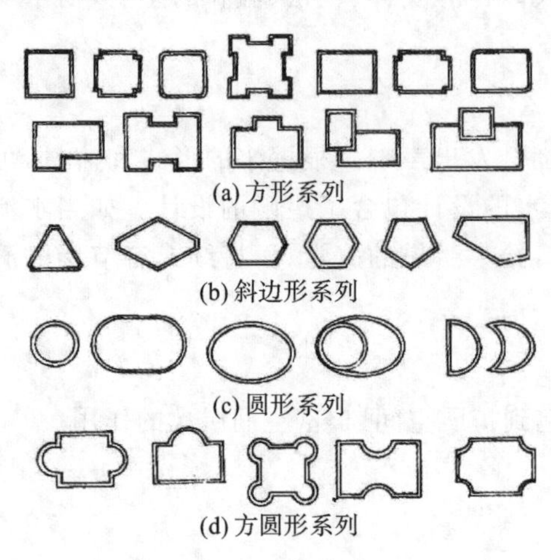

图 1.2.3 规则式水体的形状图

图 1.2.4 凡尔赛宫苑

规则式水体有如下造景要点。

(1) 规则式水体人工味浓重,适宜放置在以平直线条构成的空间中。

(2) 水池中的水体所产生的倒影,是水体与天空及周边景物相联系的纽带,为增强水的映照效果,我们可以通过观景点及景物的位置来确定水池的大小和位置。如对于单个景物,在观景点与景物之间布置水体,水池的长宽依景物尺度和所需映照的面积而定。

(3) 池壁和池底的颜色,以及池体材质会影响水体的映照效果。如浅色系的和较为光滑的池体材质会加强映照效果,而深色系的和较为粗糙的池体材质会使得水面暗淡。

(4) 改变水体的深浅可影响映照效果。如深水池会加强水面反射效果,而浅水池则会削弱这种效果。

(5) 水的清澈程度、水面大小和暴露程度、水池内水面高度、水池边沿高度、水池形态简洁与否,也会影响水的投影效果。若观赏水池本身远远大过水中的倒影,那么就必须考虑在水池的内表面运用更加丰富的材料、色彩来吸引人的目光。

3. 混合式

混合式水体介于规则式水体与自然式水体之间,其既有规范整齐的部分,又有自然变化的部分(见图 1.2.5、图 1.2.6)。它与规则式水体相比更自由灵动,与自然式水体相比更易于与建筑空间、周边环境相协调。

(二) 依据水流状态分

依据水流状态可分为静水和动水。

1. 静水

静水是指园林中成片状汇集的水面。它常以湖、塘、池等形式出现。静水的平静、温和能使人在情绪上得到宁静和安详。静水有规则式、自然式、混合式之分。

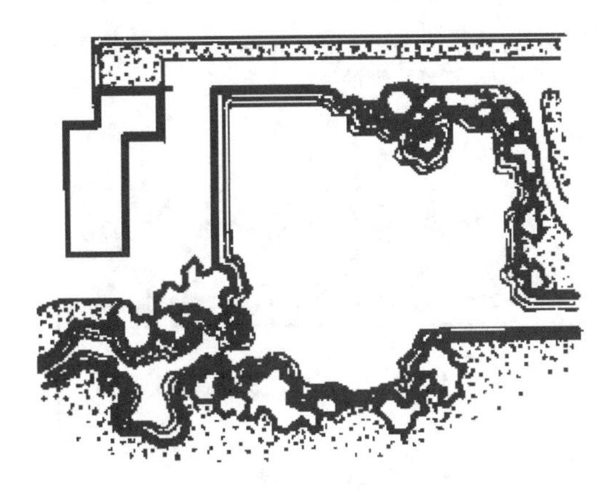

图 1.2.5　混合式水体

图 1.2.6　留园

2. 动水

动态水景有流水、落水、压力水三种基本形式。

1) 流水

(1) 河流。

河流水面如带，多为自然形成的，其在园林中常用狭长的水池来表现，形状一般采用 S 形或 Z 形，设计时应结合地形，平地上不宜过多弯曲，流速缓的河流多用土岸，配置适当的植物；对于流速稍快的河流，驳岸可造假山石，形成自然、斑驳的效果。

(2)溪涧。

溪与涧略有不同，溪的水底及两岸主要由泥土筑成，岸边多水草；涧的水底及两岸则主要由砾石和山石构成，岸边少水草。在溪涧的平面线形设计中，两条岸线的组合既要相互协调，又要有许多曲折变化，有开有合，有收有放，水面富于宽窄变化；立面设计上要有缓有陡（见图 1.2.7、图 1.2.8）。为表现溪流的自然风貌，常设置各种景石，如隔水石、破浪石、跌水石、泡沫石、横卧石等（见图 1.2.9）。

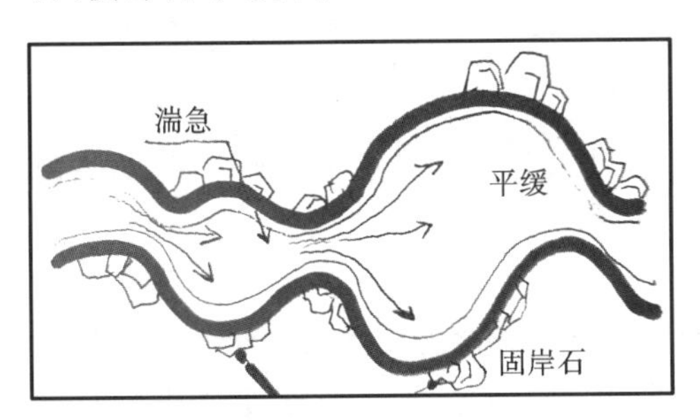

图 1.2.7　河道宽窄设计与水流变化

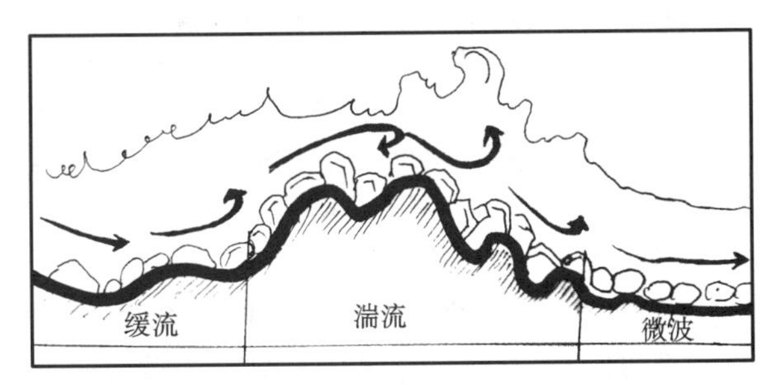

图 1.2.8　河床高低设计与水流变化

(3)曲水流觞。

中国古代的民间诗人举办的“诗酒唱酬”活动，最早可以追溯到西周，刚开始是在一些特殊的日子，人们坐在河渠两侧，在上游放置酒杯，酒杯盛满酒后顺流而下，停在谁的前面，谁就取来饮掉，寓意为除去灾祸，流传到后来常被诗人用于娱乐。曲水流觞属于人工景观，仿造自然界的溪流样式，布置成婉转曲折的狭长水道，在园林中常布置于平台之上（见图 1.2.10）。

(4)枯山水。

枯山水是日式园林的典型表现形式，其源于日本本土的缩微式园林景观，多见于小巧、静

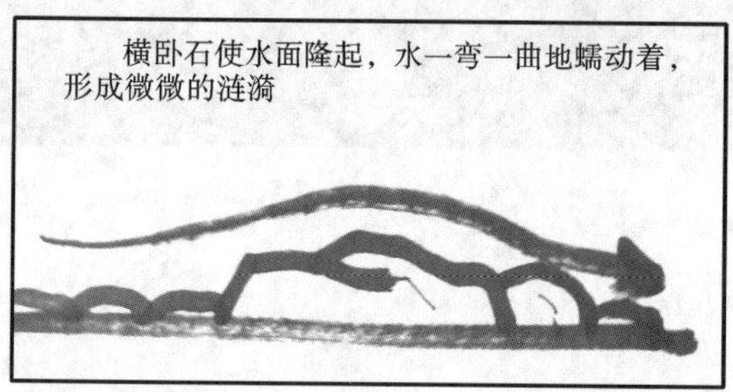

图 1.2.9　河床底石的设计

谧、深邃的禅宗寺院，用细细耙制的白砂石铺地，体现水流的意象（见图 1.2.11）。

图 1.2.10　恭王府沁秋亭内的曲水流觞

图 1.2.11　日本龙安寺内的枯山水

2）落水

落水是指将自然水或人工水汇集于一处，使水流从高处跌落而形成的白色水带，它的主要形态有瀑布、跌水、枯瀑。

（1）瀑布。

自然瀑布是水流在河床陡坎处滚落下跌而形成的恢宏景象。园林中的人造瀑布都是将水提升至规定高度，然后让水依靠自身的重力向下跌落。园林瀑布的落水口部位通常较高，高度一般在 2 m 以上。

① 瀑布的组成及形式。

瀑布由上游水源、瀑布口、瀑身、瀑潭几部分组成（见图 1.2.12）。按跌落方式，瀑布可划分为直瀑、分瀑、跌瀑和滑瀑四种类型；按瀑布口的宽窄设计，瀑布可划分为布瀑、带瀑和线瀑三种类型（见图 1.2.13）；按落水形式，瀑布可划分为泪落、线落、布落、离落等类型（见图 1.2.14）。

② 瀑布造景要点。

景观设计中，人们往往通过改变水流量、流速、高差，以及瀑布口边的情况使得瀑布形态千差万别。对于同样的水流量，平滑完整边沿的瀑布表现得平滑无皱，但粗糙的边沿会导致瀑布

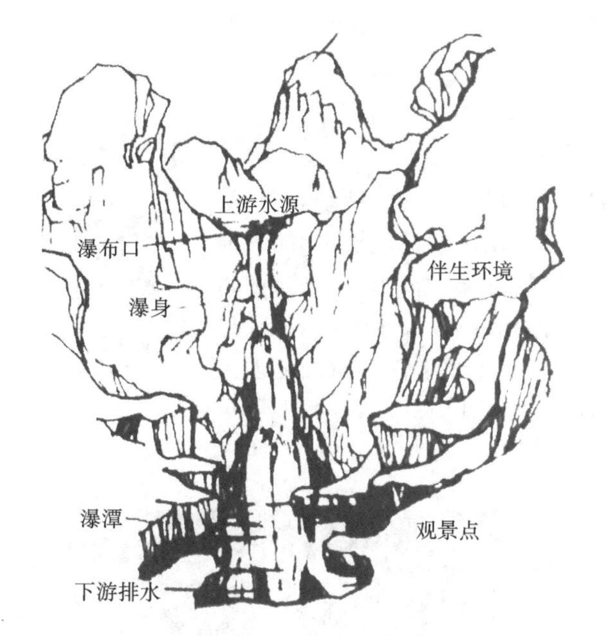

图 1.2.12　瀑布的组成

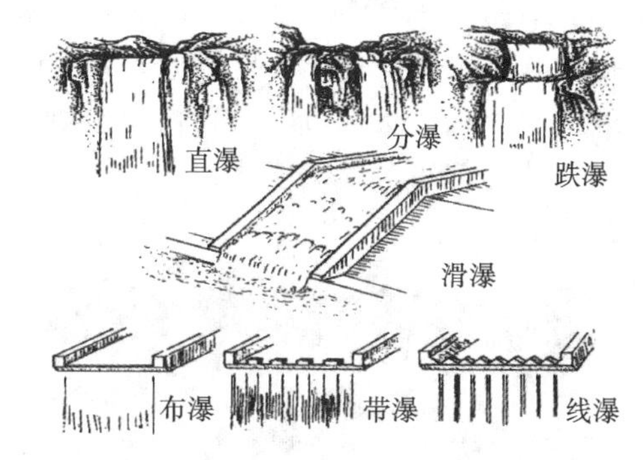

图 1.2.13　瀑布的类型

表面形成皱褶，当边沿非常粗糙时，瀑布便会产生白色水花。瀑布落下时所接触的表面材质会对水的形态及水声产生影响，如对于同样的水流，落水接触面分别为岩石和水面时，水溅起的程度及声音便不同。此外，瀑布产生的效果也与光强和温度有着密切的联系，如亮光下的瀑布斑驳淋漓。

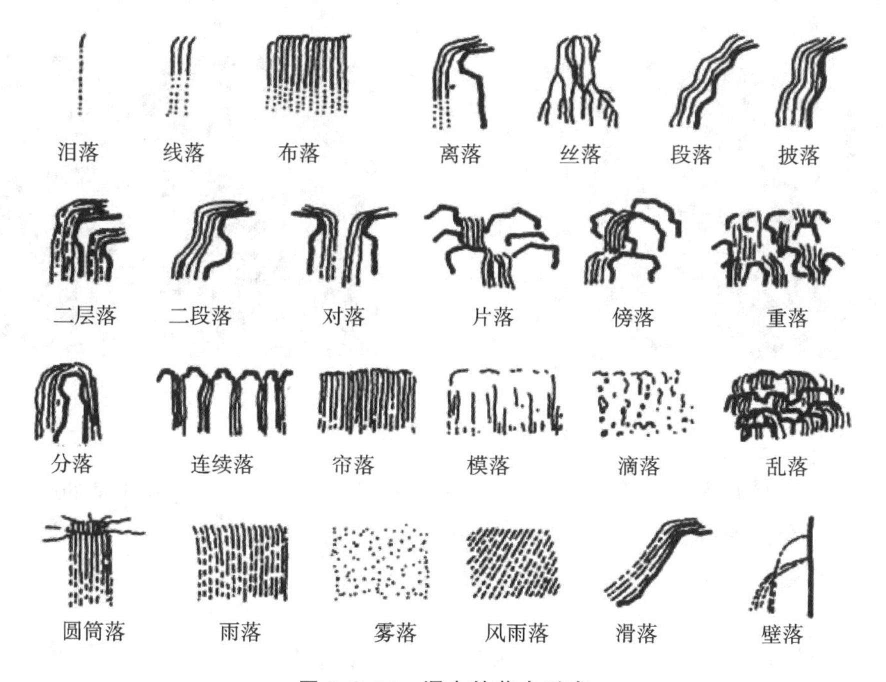

图 1.2.14　瀑布的落水形式

（2）跌水。

跌水实质上是瀑布的变异，强调一种规律性的阶梯落水形态，是一种突出强调人工美的设

计形式，富有韵律感和节奏感。

(3) 枯瀑。

有瀑布之型而无水者称为枯瀑。

3) 压力水

喷泉利用压力将水自喷嘴喷向空中，水体千姿百态，体现一种动态美感。喷水量及喷水高度决定了喷泉的形态。如地下水若从水池池底涌出，即为涌泉(见图1.2.15)；若从池底喷出，则为喷泉(见图 1.2.16)；溢出水面的，称为溢泉(见图 1.2.17)；由墙面、石壁、玻璃等上喷出单股或多股水流，称为壁泉(见图 1.2.18)。从城市广场到街道、从庭院到小区，压力水因其所处地理位置、观赏者心理和行为方面的不同要求而表现出千差万别的形式，其多用于景观入口、主景区。

"微景图
水景设计"

图 1.2.15 涌泉

图 1.2.16 喷泉

图 1.2.17 溢泉

图 1.2.18 壁泉

(1) 单射流喷泉。

单射流喷泉为最基本的喷泉样式，其水流通过单管喷头喷出，单射流喷泉的喷射高度取决于水量和压力。受流速、体量及压力限制，室外空间需布置动水样式时，可考虑设置单射流喷泉。多个单射流喷泉可组合在一起形成视觉焦点。

(2) 喷雾式泉。

顾名思义，喷雾式泉是指水从微孔中喷出，形成雾状的喷泉，这种喷泉的外形非常细腻，亦幻亦真，当与各色灯光相配时，会显得更为虚幻。

(3) 充气泉。

充气泉与单射流喷泉相比，其喷头孔径较大，因此，在喷射过程中，水体会混合空气同时喷射，形成翻搅水花的效果，这种湍流水花在光照下看起来耀眼夺目。充气泉适于放置在比较突出的景点区域，也可结合其他形式的喷泉样式使用。

(4) 造型式喷泉。

在园林造景中，各种类型的喷泉可以结合形成造型式喷泉。喷泉结合水池、雕塑都能够形成具有动态美感的景观。

三、水景的作用

(一) 基底作用

宽大的水域易产生开阔空间，可衬托岸边的山峦、植物、建筑、天色等，构成富有景观价值且富于变幻的景观，这就是它的基底作用；有面的感觉的小水面亦可作为岸畔或水中景物的基底，形成倒影，扩大和丰富空间(见图 1.2.19)。

(二) 系带作用

在景观设计中，常将自然或人工水系贯穿于全园，构成以水体为主的环境景观，当许多零散的自然景观都以水域作为构成要素时，水域也会发挥联系与统一的功能。水面可将各个园林空间、散落景点连接起来，营造景观的整体感(见图 1.2.20)。

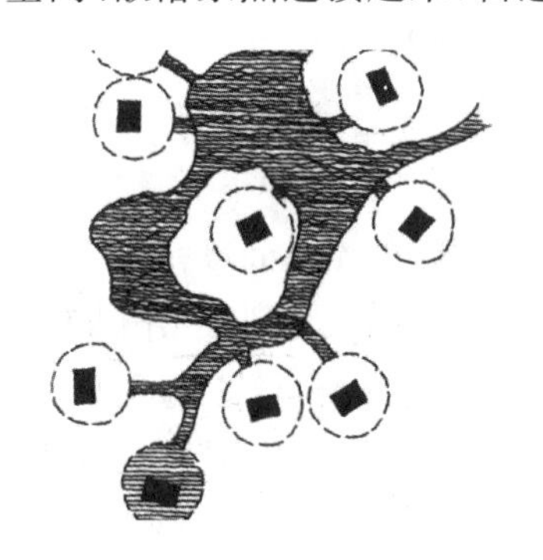

图 1.2.19　水面对景物的映衬

图 1.2.20　水将各景点联系起来

(三) 焦点作用

喷涌的泉水、跌落的瀑布等动态水体的形态及其发出的声响都能吸引人的目光。在设计中除解决好它们与环境的尺度和比例之间的关系外，还应考虑它们所处的位置。通常将水景设置在向心空间的聚焦处、轴线的交点处、视线或轴线的端点处、视线容易到达的地方、空间的醒目处或视线易于集中的地方，使之成为焦点(见图 1.2.21)。可作为焦点的水景形式有：喷泉、水帘、瀑布、水墙、壁泉等。

(四) 生态作用

“小型生态水景营造”

现代园林中，城市水体可以合理地调控城市的温湿度、减少粉尘、滋润净化空气、降低噪声，从而改善城市生态环境。应针对不同水体的地理位置、地形地貌、功能性质等实际条件，对城市河流、人工湖泊、小型水体等进行合理的生态设计与规划，从而充分发挥水体在城市中的景观功能与生态功能，为人类生活创造良好的自然生态环境(见图 1.2.22)。由于现代城市园林内的自然水体多为封闭水域，其具有水域面积小、水环境容量小、易污染、水体自净能力低等特点，再加上没有统一的系统规划和污染排放渠道，许多城市景观水体的环境容量与生态承载能力不堪重负，使得生态系统遭到破坏，导致水体产生不同程度的污染，严重时可能引发水体富营养化、藻类大量繁殖，致使水体变黑变

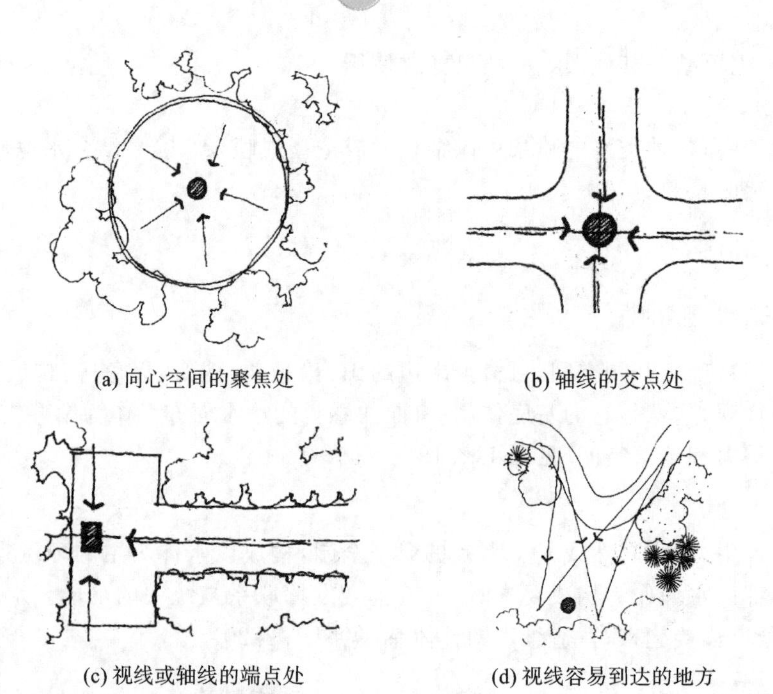

图 1.2.21　焦点的位置

臭，严重影响周围的自然环境及居民的日常生活环境。

生态设计实质上是指运用生态学原理和方法，将环境因素融入艺术作品的设计之中，并以此协助人们确定设计的决策走向。它既要为人创造舒适的空间小环境，又要保护好周围的大环境，力求达到生态效应、美学效应、社会效应和艺术品位等多方面的综合，使人与大自然、城市与自然和谐共生，促进环境的可持续发展。这也满足"绿水青山就是金山银山"的设计理念，生态文明是关系人民福祉的头等大事。

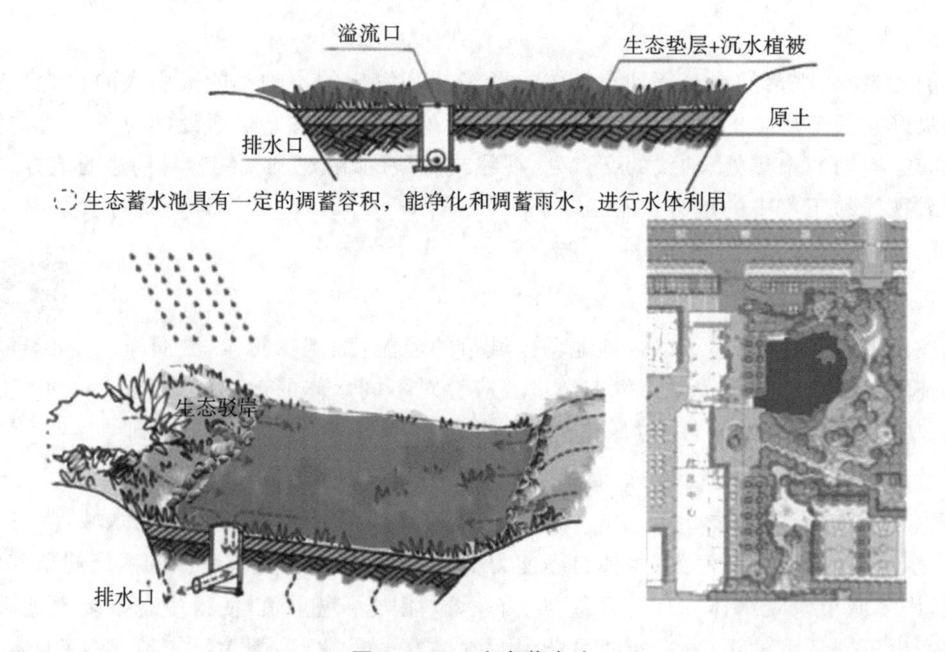

图 1.2.22　生态蓄水池

四、水景设计的基本原则

（一）注重生态、体现自然、满足功能性要求

水景可以调节小气候。各式的水体均具有降尘、净化空气，以及调节湿度的功能，还能明显提高环境中的负氧离子含量。同时，园林水景能够供人观赏，并且满足人们亲水、戏水的需求。所以，设计水景既要满足艺术美感，又要布置涉水池及水力按摩池等。

（二）满足环境的整体性要求

水景的形态多样，其中，压力水因具有各式的喷头，可形成各种喷水效应。就算是同一形式的水景，也会因为配置不同的动力水泵形成大小、高低、急缓不同的水势。因而在设计中，要首先研究自然环境的基本要素，以便确定水景的形式、形态、平面及立体尺度，实现与环境的协调统一。所以，设计一个好的水景作品，必须要按照所处环境、建筑功能、尺度大小等要求进行设计，以取得协调统一。

（三）技术保障可靠

水景是工程技术与艺术设计相结合的产物，可以成为一种独特的环境艺术作品，但水景设计涉及多个专业，如：土建结构（池体及表面装饰）、给排水（管道阀门、喷头水泵）、电气（灯光、水泵控制）等。各学科都要重视实施技术的可靠性，为达成统一的水景效果服务。最终的效益并非单靠艺术设计就能达成，还必须依靠每个专业具体的工程技术，所以，各个方面都是非常关键的，只有各专业相协调，才能获得最佳效益。

（四）满足运行的经济性要求

总体设计不仅要考虑最佳效益，同时也要考虑系统运行的经济性。不同的景观水体、造型、水势，所需要的能量不尽相同，其运行经济性存在较大差异。通过将动与静结合、优化组合与搭配、进行功能分组等都可以减少运行费用。

（五）满足水景的安全性要求

水景设计师要充分考虑多方因素，包括居民行为因素，特别是嬉水的安全性。如：水岸边 2 m 范围内的水深深度≥0.7 m 时，考虑设置栏杆；特别要注意有灯光效果水池的防漏电设计和警示牌设计；儿童戏水池的水深不宜大于 0.35 m 等。

五、水体的营建手法

（一）自然式水景

自然式水景在园林中常依地形而建，其可用于扩展空间。其造景原则为："主次分明、自成系统，水岸溪流、曲折有致，阴阳虚实、湖岛相间，山因水活、水因山转"。造景要素主要有以下几种。

1. 岛

1）岛屿的类型

（1）山岛。

山岛主要包括以土为主的土山岛和以石为主的石山岛。土山岛的高度受宽度影响，但山上可以广栽植物，美化环境；石山岛通常以小巧险峻为宜，可布设险峻的悬崖峭壁。在山岛上布置建筑时通常将建筑设于最高点稍下的东南坡面上，建筑体量不宜过大，以增加山岛的巍峨

之势。

(2) 平岛。

因泥沙淤积而形成的坡度平缓的岛为平岛。岸线圆润,曲折而不重复,岸线平缓地伸入水中。一般建筑物常临水设置;植物应选择耐湿喜水的物种;体量较大的平岛要保持野趣的风貌。

(3) 半岛。

半岛一面连接陆地,三面临水,周边还可以形成石矶,在矶顶、矶下应有部分平地,便于游客停留眺望。

(4)岛群。

成群布置的分散群岛,或紧靠在一起的当中有水的池岛称为岛群。

(5)礁。

礁为水中散置的点石。

2) 岛的布置

水中的岛可作为欣赏四周风景的主要眺望点,也可以在水面上起到障景的效果。水中设岛不要居中、整形,岛通常设在水面一侧,保持水面大片完整的感觉;或按障景的需要,考虑各岛屿的相对位置;岛屿数量不宜过多,应根据水面的大小及造景的需要确定。

2. 桥与堤

小水面的分隔及两岸的联系常用到桥,一般建于水面狭窄的区域。水浅、距离近的地方也可以用平桥或汀步(见图 1.2.23);通行船只的航道上可使用拱桥(见图 1.2.24);景观视点较好的桥梁要方便游客停留观赏,满足水面构图对组织空间的需要,常用到廊桥(见图 1.2.25);曲桥一般用于两岸风景优美的地域,以方便游客从多角度观赏(见图 1.2.26)。

图 1.2.23 汀步

图 1.2.24 拱桥

大水面的分隔和两岸的联系,常用到堤。园林中多用直堤,曲堤较为少见。堤在水中不能居中,多在侧面把整个水域分割为高低不同、主次分明、风景变化大的水域。路堤可以用缓坡或石砌驳岸,但堤身不可超高,应尽可能让行人靠近水边。

3. 建筑小品

在水的周围常配有建筑小品,起到主景的作用。水体结合雕塑也是常见的园林水景布置手法。

图 1.2.25 廊桥

图 1.2.26 曲桥

4. 植物

1）水生植物种植设计

水中植物种植应疏密有致、若断若续，不宜过满。植物种类与配置方式常因土质与水体大小不同而有所不同，小水池可种单一植物，大水池可考虑混植。栽植植物的时候，应充分考虑植物本身的生态习性，应栽植具有水体理化作用的沉水类、挺水类、浮水类和湿生性植物。

2）驳岸边植物种植设计

驳岸边植物应根据地形配置，宜有近有远、有断有续、有疏有密、自然成趣，最好多应用具有叶片下垂效果的耐水湿植物，如：垂柳、水生美人蕉、灯心草、芦苇、滴水观音、水杉等。

5. 置石

在中国传统的造园艺术中，置石占据十分重要的地位，石配水景在园林景观设计中独具特色，起到衬托与分割空间的美学功效，使空间自然、朴素且富于变化。一般来讲，在水景中流速较快的地方或重要节点处宜设置石。

6. 驳岸

依据形式，驳岸可划分为规则式和自然式类型。规则式驳岸多是由石料、砖块或混凝土等砌筑而成的整形岸壁。自然式驳岸则有自然的弯曲、高低等变化，其可以假山石堆砌而成。驳岸形式的选取主要依据水流流速和周边环境，如：坡度较缓、水流流速较慢的自然式景区一般采用自然式驳岸；而坡度较陡、水流流速较快的城市附近则宜采用规则式驳岸（如垂直式、台地式或台阶式等）。现实应用中，根据水流变化情况和周边造景需要，可交替使用驳岸类型，比如：金鸡湖景区内的驳岸处理可谓细致，小的水域用自然式驳岸；狭长形水域将自然式驳岸与规则式驳岸混用，突出条带状；大的湖面边缘驳岸采用规则渐进式处理，模仿潮汐变幻的同时使使用者更便于亲水。

（二）规则式水景

几何形状的水景特别适合具有现代风格的设计场所。规则式水景主要有以下几种形态：下沉式——设在地势下沉的地方；台地式——把水池所在的地面抬高；室内外沟通连体式——多见于私人别墅；溢流式——从池边平滑下落的滚动式水池；平满式——水池池边与地面平齐，将水蓄满；组合式——主题造型的水池。

单项能力训练

学习任务如表 1.2.1 所示。

表 1.2.1　参考性学习任务

任务名称	微景园生态自循环水池的营造
实训目的	通过微景园生态自循环水池的营造练习，了解园林常用的生态水景植物品种，掌握水景生态设计的方法，增强生态保护意识和社会责任感。
实训准备	方案可以采用手绘或电脑软件 CAD 绘制方式；需要一块小型园林绿化场地，场地内具有假山石、花池或小景墙等作为水池出水口；具备简单的测量及放线工具；准备 4 m×8 m 的可降解塑料布 1 张、卵石 2 袋及水泵 1 个。
实训内容	(1) 绘制总体方案设计图、关键节点的剖面图，编写设计说明(300～500 字)。 (2) 编写方案汇报 PPT。 (3) 根据设计方案，在微景园实训基地进行小组优秀项目的落地。 (4) 作业经教师点评后上传至平台，完成学生互评。
实训步骤	(1) 下达任务书。 对下图所示的微景园总平面图进行识图、审图，进行生态水景的设计工作。 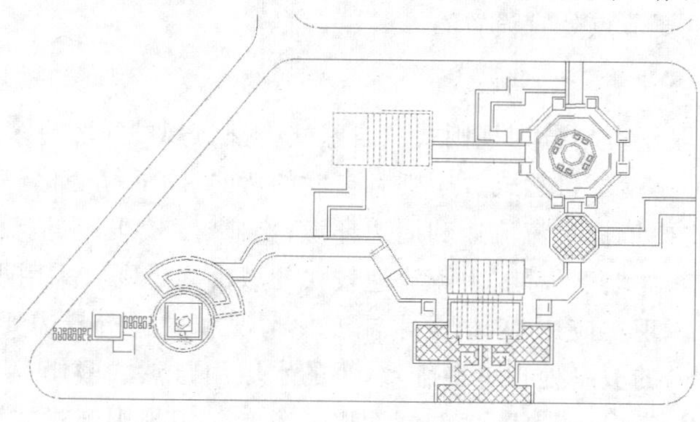 (2) 任务分组。 班级：　　　　　组号： 组长：　　　　　指导老师： 组员： 任务分工：

续表

任务名称	微景园生态自循环水池的营造		
实训步骤	(3) 工作准备。 ① 阅读工作任务书，查阅和收集相关资料，进行现场勘察和技术交底，并填写质量技术交底记录。 ② 收集《公园绿地设计规范》及《全国职业院校技能大赛赛项规程(园艺)》中有关设计方面的知识。 ★ 引导问题 1:图纸识读、审图的步骤是什么? ★ 引导问题 2:生态水池的设计风格多为自然式还是规则式? ★ 引导问题 3:水池的生态设计主要体现在哪几个方面? ★ 引导问题 4:施工图一般由哪几部分组成? 制图规范是什么?		
参考评价	过程性评价(55%)	知识掌握度(25%)	
		技能掌握度(25%)	
		学习态度(5%)	
	总结性评价(30%)	任务完成度(15%)	
		规范性及效果(15%)	
	形成性评价(15%)	网络平台题库的本章知识点考核成绩(15%)	

案例导入

自然式水池的生态设计主要体现在生态种植设计、生态水道设计及生态驳岸设计三方面。

1. 生态种植设计

由于不同的植物对水体中污染物具有不同的耐受度和富集能力，因此，应根据不同水深，栽植不同的湿生、挺水、沉水及浮萍植物等，水体周边栽种原生地被、灌木及乔木，并使植物和水体有最多的接触面，实现美学、生态学和社会学的综合良性发展（见图 1.2.27）。一般而言，旱伞草、鸢尾、灯心草、菖蒲、美人蕉、梭鱼草、芦苇、茭白等对 Zn、Cu、Pb 具备较强的吸收和富集能力。狐尾藻和小眼子菜对 As、Zn、Cu、Cd、Pb 均具有较强的吸收和富集能力。凤眼莲、水浮萍、旱伞草和菖蒲对氮、磷的有效去除率高达 70%，但由于凤眼莲具有一定的生物侵略性，在使用时应小心管理。一般来讲，多种植物的组合修复效果较佳，比如综合运用挺水、浮水、沉水类植物。

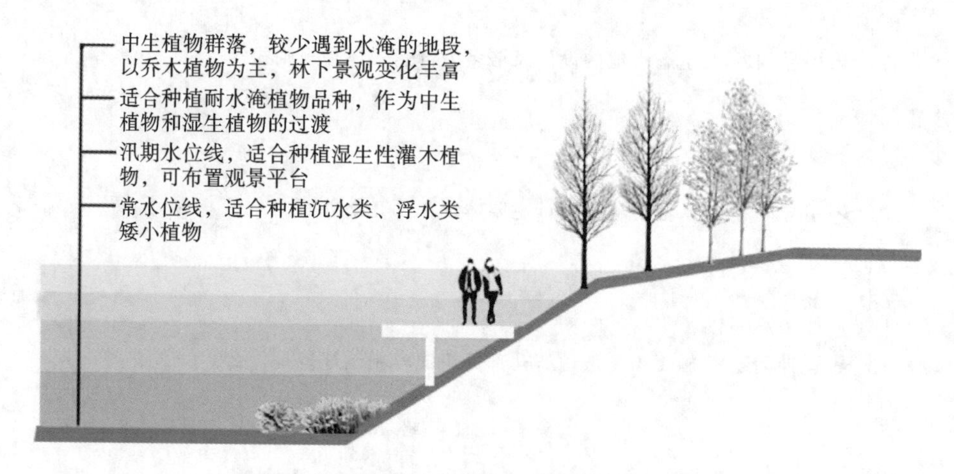

图 1.2.27　不同水位的分级植物生态景观

2. 生态水道设计

生态水道设计应避免平直、整齐之形状，应求不规则、弯曲且多变化。水池面积不一定要大，如果有足够的空间，可考虑设计成数个不同大小的水池，各水池以小水道连接或独立。水道水面的宽窄变化可有效控制水流流速，在较宽阔的水面实现污染物的物理沉降，而在较窄地段设置具有明显高差变化的污染物过滤设置，以有效提高污染物的过滤程度和水体的暴氧性（见图 1.2.28）。

为考虑安全性，水深应以低于 60 cm 为原则，在 10～60 cm 间配置不同的比例。如果考量鱼类栖息过冬，小区域的水深可设置为 100 cm。池底一般设 30%～40% 的黏土用于防漏。

3. 生态驳岸设计

采用多孔性的缓坡驳岸，可有效提高水生动物的觅食率和繁衍率，从而提高水生生物存活率、降低水体富营养化，实现污染物过滤、水体自净（见图 1.2.29）。图 1.2.29中的混凝土可以采用中空的生态混凝土预制砖（内可种植耐水湿的植物），水生植物和护岸植物的设计也为生物的生存提供更多的场所，值得借鉴。

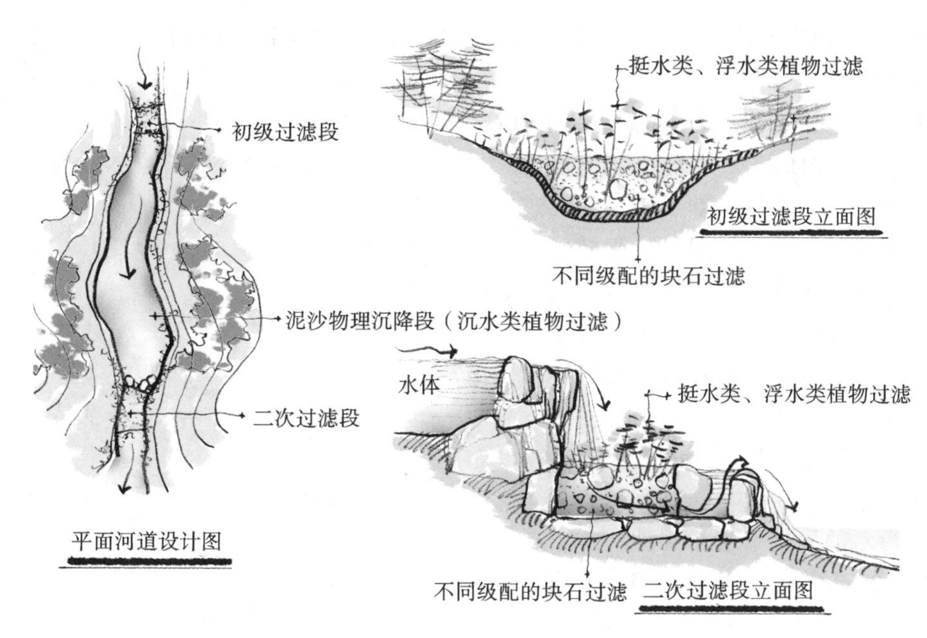

图 1.2.28　生态水道示意图

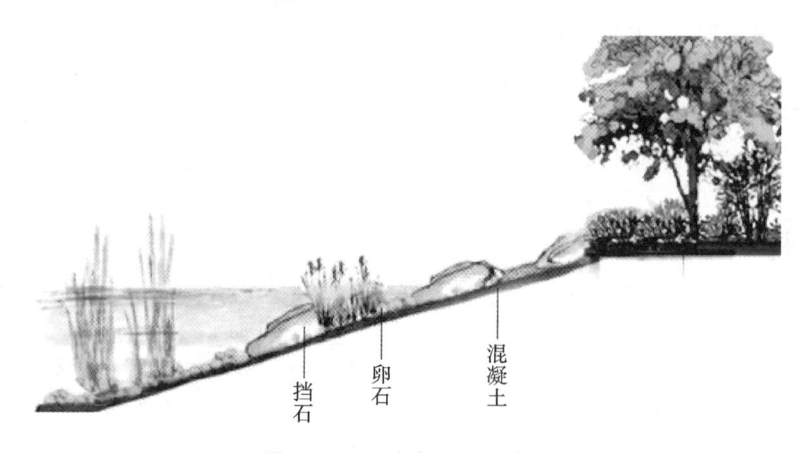

图 1.2.29　生态驳岸示意图

知识拓展与复习

1. “一池三山”中的“一池”是指(　　)。

A. 蓬莱　　B. 太液池　　C. 瀛洲　　D. 方丈

2. 2021 年 1 月，国家出台《关于推进污水资源化利用的指导意见》，意见指出：到 2025 年，全国污水收集效能显著提高，全国地级及以上缺水城市再生水利用率达到(　　)。

A. 10%　　B. 20%　　C. 25%　　D. 30%

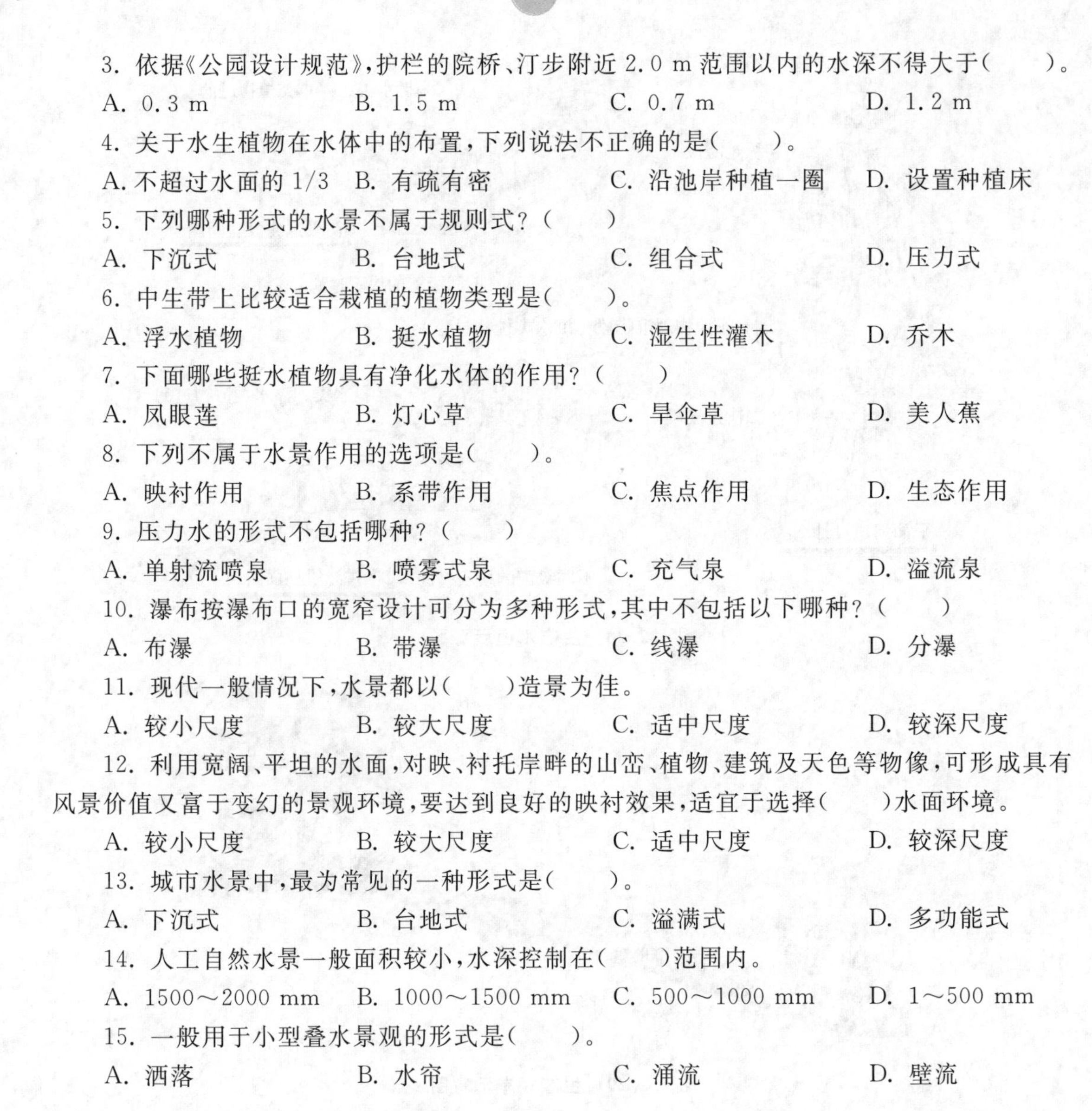

3. 依据《公园设计规范》，护栏的院桥、汀步附近 2.0 m 范围以内的水深不得大于（　　）。

A. 0.3 m　　B. 1.5 m　　C. 0.7 m　　D. 1.2 m

4. 关于水生植物在水体中的布置，下列说法不正确的是（　　）。

A. 不超过水面的 1/3　　B. 有疏有密　　C. 沿池岸种植一圈　　D. 设置种植床

5. 下列哪种形式的水景不属于规则式？（　　）

A. 下沉式　　B. 台地式　　C. 组合式　　D. 压力式

6. 中生带上比较适合栽植的植物类型是（　　）。

A. 浮水植物　　B. 挺水植物　　C. 湿生性灌木　　D. 乔木

7. 下面哪些挺水植物具有净化水体的作用？（　　）

A. 凤眼莲　　B. 灯心草　　C. 旱伞草　　D. 美人蕉

8. 下列不属于水景作用的选项是（　　）。

A. 映衬作用　　B. 系带作用　　C. 焦点作用　　D. 生态作用

9. 压力水的形式不包括哪种？（　　）

A. 单射流喷泉　　B. 喷雾式泉　　C. 充气泉　　D. 溢流泉

10. 瀑布按瀑布口的宽窄设计可分为多种形式，其中不包括以下哪种？（　　）

A. 布瀑　　B. 带瀑　　C. 线瀑　　D. 分瀑

11. 现代一般情况下，水景都以（　　）造景为佳。

A. 较小尺度　　B. 较大尺度　　C. 适中尺度　　D. 较深尺度

12. 利用宽阔、平坦的水面，对映、衬托岸畔的山峦、植物、建筑及天色等物像，可形成具有风景价值又富于变幻的景观环境，要达到良好的映衬效果，适宜于选择（　　）水面环境。

A. 较小尺度　　B. 较大尺度　　C. 适中尺度　　D. 较深尺度

13. 城市水景中，最为常见的一种形式是（　　）。

A. 下沉式　　B. 台地式　　C. 溢满式　　D. 多功能式

14. 人工自然水景一般面积较小，水深控制在（　　）范围内。

A. 1500～2000 mm　　B. 1000～1500 mm　　C. 500～1000 mm　　D. 1～500 mm

15. 一般用于小型叠水景观的形式是（　　）。

A. 洒落　　B. 水帘　　C. 涌流　　D. 壁流

专题三　园路铺装设计

学习目标

知识目标：掌握园路铺装设计的作用、类型、原则、步骤，了解园路的系统布局、铺装形式及与建筑或广场的交接形式等。

能力目标：培养合理进行园路铺装布局设计的能力；培养正确选择铺装形式及材料的能力。

思政目标：把环境保护作为园路铺装设计的首要条件，采用生态环保的绿色材料，培养生态保护意识及爱国精神。

任务　园路铺装设计

园路铺装是指用运用各种建筑材料在地面上进行铺砌和装饰，包括在各类运动场地、广场、建筑地坪上的铺装等。园路铺装具有划分和组织空间、组织交通和引导游览、提供活动场地和休息场所的作用等，其本身的图案变化还能创造出富有人文精神、教育意义的地面景观，可增强园林的艺术效果，提升城市的形象。

一、园林铺装设计的作用

"微景园铺装设计 1"

（一）划分和组织空间

铺装通过材料或样式的变化装饰不同的空间，可暗示人的心理并形成空间界线，以达到空间分隔及功能分区的景观效果。因此，不同功能的活动空间常常采用不同规格、颜色或质地的铺装材料，或者使用同一种材料，但采用不同的铺装样式或不同的颜色。总之，力求变化中有统一，统一中有变化。

（二）组织交通和引导游览

园林中的各景点可以通过园路进行联系，园路引导游客从一个景点进入另一个景点，从而创造不同景点间的动态序列，蜿蜒的园路也为游客欣赏景物提供了不同的观赏点，从而取得步移景异的效果。此外，铺装的形状变化可以暗示人的心理，如：在园林设计中，可采用直线条铺装引导游客前行；而在有景可观的地方采用稳定性或无方向性的铺装，引导游客驻足停留；当需要游客重点注意某景观时，可采用聚向景物方向的铺装条纹设计。

（三）提供活动场地和休息场所

园路可为游客提供活动与休闲的场地，可合理利用场地铺装的线形变化增强空间设计感。如：用平行于视线的线条能够凸显园林空间的纵深，用横向垂直于视线的线条则能凸显园林空间的宽度，合理地运用这一功能就可从视觉效果上调节空间的尺寸，从而达到使小空间变大，使窄路变宽等的效果。

（四）参与造景，形成特色

地面铺装图案对空间往往能起到衬托、渲染氛围或诠释主题的效果，这是我国传统园林中造园艺术的主要手法之一。这类铺装常常通过文本、图像、特殊符号等来表达空间主题，从而提升园林意境，在一些文化性和纪念性空间中应用较为广泛。

（五）组织排水

园路可以利用其路缘及边沟组织排水，当道路收集了两侧绿地的径流雨水后，利用其纵向坡道按照预定方式将雨水排出。必须注意的是，一般园路路面高度都低于绿地，方能实现地形排水。

二、园路及园路系统的类型

（一）依照园路的重要性和级别划分

1. 主园路

主园路在城市景观中也叫主干道（4～6 m宽），是指贯通景点内的全部景区，起主要交通作用的园路。一般满足双向通车需要，有序组织与指导游客的游园活动；同时，也要适应少量货运车辆的需要。

2. 次园路

次园路也叫支路、游览道路，宽度（3 m）仅次于主园路，同时也是联系景点内各主要风景区的主要园道，一般用作组织景观序列，仅满足单向通车。

3. 小路

小路为供游客行走的散步路，通常可供1人（0.6 m宽）通行或供2～3人（1.2～2 m宽）并行。小路的路线设置非常灵活，在山区、水面、草坪上等处均可铺筑小路。

（二）依照筑路的形式划分

1. 平道

平道为在较为平缓的地面上修筑的道路，比较舒缓，利于人的行走。

2. 坡道

坡道为在斜坡上修筑的没有阶梯的道路。

3. 梯道

梯道为在坡度较陡的山地上所设的阶梯状园路。

4. 栈道

栈道为修建于绝壁、山坡、宽水或窄岸处的半架空路面。

5. 索道

索道多建于山地风景区内，其为用凌空铁索运送游客的架空道路。

三、园路的系统布局

园路系统一般都是由各种级别的道路及具有不同用途的场地组成的。我们所见到的园路可以总结为如下几种类型。

（一）按形态划分

1. 规则式

规则式园路亦称几何式园路，即道路上由平行线、几何方格或环状放射线条来构成规整的形状，具体又可分成规则对称式园路与规则不对称式园路。规则对称式园路具有明确的轴线，给人以庄重、整洁之感，常被用作规划景区的出入口，以及用于具有纪念性、行政性的规划用地中；而规则不对称式园路具有灵活、结构自由的优点，但没有明确的轴线，多被用于居住区的园路设计中。

2. 自然式

对于人，道路的平曲线和竖曲线都采用自然形状，以不规则的曲线连接各景点，可创造出浑然天成的景观效果。自然式园路多用于有山水起伏的地区。

3. 综合式

其实，完全的规则式园路或自然式园路都是不存在的，而在一般规划中，按照实际状况设计道路的形式，往往选择以某种形式为主，以另一种形式为补充的综合型道路系统。如：自然风景区中，入口处道路往往为规则式，而内部多为自然式。

（二）按形式划分

1. 环路式

一般风景区内的主干道路都为环路式，以便形成游览线路，避免游客走回头路。

2. 尽端式

路不通、需要走回头路的道路形式，称为尽端式。只有在一些需要保障安全的小景区，以及不宜大量人流通过的特殊区域（如公厕、管理用房），才适宜用尽端式的道路。该形式在一般园林中应尽量少使用。

3. 综合式

其实，完全的环路式道路是不常见的，一般需要根据实际情况布置景观道路的形式。如：自然风景区中，主园路和次园路（支路）常形成环状，而小路则可以尽端式的方式通往幽静的景点。

(三)按游览线路划分

1. 套环式园路系统

主路首先形成一条相对封闭的大环线,多条支路从主路上延伸出来,形成几个小型的环线,构成主路、支路、小路环环相扣、彼此衔接的复杂园路体系。该路面系统经常被用于风景区或城市公园等非狭长地带的绿化道路用地,是现实中使用最广泛的一种园路布局形式。

2. 条带式园路系统

因为受地形、用地范围及周边环境等各种因素的影响,规划用地较为狭窄,无法构成完整的环形道路系统,因此,园路常用带状布局。其特点是主园路呈一条带状,不能封闭为环状;支路分别布设在主路的一边或两边,并在支路上延伸出小路,而支路与小路可能局部闭合呈环状。由于这种形式并不能确保游客不走回头路,所以,该种形式常被用在林荫大道、滨河路带状公园等狭窄的游园绿地上。

3. 树枝式园路系统

由山谷、河谷等凹地形所组成的大型景点中,受地势限制,主路只能布设于谷底,支路沿着谷底主路依次由下往上延伸至主要景点,即两侧坡地上的景点都是由谷底主路分出的支路连接的,形成树枝状的道路布局。这种道路布置多为尽端式,游客走回头路的可能性非常大,同时也是较差的一种园路布置形式。这些道路布局形式在受地形影响大、不得已的情况下使用。

四、园路规划设计的原则

"微景园铺装设计 2"

(一)兼顾交通性和游览性

园林道路不同于一般的城市交通道路,它要满足观光、游览及造景方面的要求,其观光性往往大于交通性。设计时,往往要突出主路的交通性,而弱化其观光性。而对于越小级别的园路来讲,越应突出其观光性。

(二)主次分明

道路的主次主要是由路幅宽度决定的,主次道路在铺装材料及色彩等方面应有所区别,主次分明的道路具有交通性强的特点,不易使人迷路,同时对景观的组织也很清晰。

(三)因地制宜

园林道路的布置除了要考虑园林的景区划分、交通性、游览性、整体风格外,还要考虑现有地形条件,如:行车坡度、树木种植点等,应尽量减少对现有用地条件的改变。

(四)疏密有致

园林道路的疏密有致布置,除了与美学相关外,还与游客量及地形等要素相关。通常,对于地形较为复杂、游客量比较少的休息区,道路的密度可以降低一些,反之可提高道路密度。

(五)曲折迂回

除一些纪念性场所的景观大道和市政广场大道之外,园林道路都应遵循曲折迂回的布局手法,这能增大观赏景物的角度,拓展园林游览空间,从而达到小中见大的效果,满足地形上的造景需要,同时也能满足游览功能上的需要。

五、园路设计步骤

园林道路的设计要考虑规划线路的合理性、可达性,道路级别、功能、风格样式等方面的内容，具体分为以下几个步骤。

（一）现场环境调查

一般在设计道路前，都要到现场进行实地踏勘，以了解场地地形、周围现状和环境。踏勘工作内容具体包括：审查图纸与现状地貌是否一致，并注明树木、建筑、水域等的情况；了解土壤质地、地下水位、冻土层厚度、地下管线埋设等的情况；测量道路与室内地坪、绿化用地及外界道路连接点的标高；考察道路功能与人流量。基于上述综合情况，确定道路的等级、方向和设计形式。

（二）园路的平面设计

园路的平面设计工作包括制定道路边界线（红线）、确定路面中心线、选定道路平面曲线和有关参数、编制道路桩编号、绘制道路平面图等。

（三）园路的断面设计

首先确定道路周边建筑物和各控制点的高程，道路坡度，道路中心线的起点、终点和转折点的高程，填方与挖方标高，之后绘制路线的断面图。

（四）园路结构和铺装设计

根据园路的级别、用途，设计园路的结构及铺装样式。

六、园路的规划设计

（一）平面线形设计

道路宽度的确定依托于交通量或人流量。如一般主路宽度需要满足双向通车需要（5～8 m），人流量或车流量越多，则道路越宽，其次，道路宽度与道路所在的位置有关，一般居住区的主路多退化成了人行通道，但由于主路位于小区的主出入口附近，因此，多设计成8 m宽，显得更有气势。

平曲线的线形设计以平缓自如、不过分弯曲、符合转弯的习惯为原则，在路口或交叉处有所扩宽，并多用圆弧曲线作为园路设计的基本元素加以反复使用。

1）平曲线的转弯半径设计

（1）影响平曲线半径的因素：地形、地物条件、道路的功能、行车速度、车辆性能及道路质量情况。

（2）平曲线半径值有关要求：当路线的转折角小于3°～5°时，可将折线直接相连而不设曲线；原则上应尽可能选用较大的半径（城市道路上一般不设超高）；为保证行车安全，陡坡或桥下的平曲线必须选用大于不设超高的最小半径。

2）平曲线的超高设计

（1）为减少汽车在弯道外侧行驶的不利情况，通常在设计曲线段的行车道路的路拱时，多将弯道外侧适度提高，形成向弯道内侧倾斜的面。

（2）设超高的条件：当曲线受地形、地物条件影响，采用了大于等于不设平曲线超高的道路半径，但仍旧不能安全通车时，为确保机动车车辆能以设计速度安全行驶，必须进行平曲线的超高设计。

（3）我国超高横坡坡度为2%～6%。

（二）横断面的设计

垂直于道路中心线而做的竖向截面就是道路的横断面，它主要表现了道路在横向上的组

织情况，如：路面的宽窄、横向排水坡度、不同类型道路的中心点高程、道路和周边建筑、地下管道的位置情况等。

1. 道路横断面的主要任务

满足周边环境、交通、共用设施管线铺设及排水的需求；合理确定横断面路拱形式，以及各组成部分的宽度、位置、高差及坡度。

2. 路拱的基本形式

路拱分为抛物线型、直线型、折线型和不对称型的。一般为利于排水和减少车辆与地面的摩擦，路拱常选用中间高、两面低的抛物线型。

3. 道路横坡取值

一般机动车道取2%的双面斜坡，而非机动车道和人行道则做成向雨水口方位倾斜的单面坡，坡度为1.5%～2%。一般为使道路上的雨水顺利排到地下的雨水管中，要在车行道、路肩、人行道这三个地方设置坡度（见图1.3.1）。

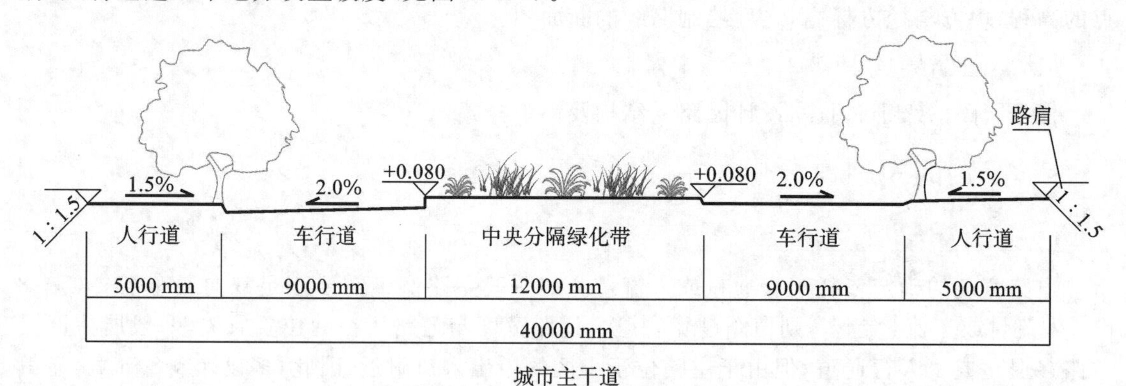

图1.3.1　坡度设置

（三）纵断面与竖曲线设计

道路中心线及其在竖向断面上的投影形状一般简称“纵断面”。为了使汽车安全平稳地经过纵断面的转折点（变坡点），需用一个曲线把邻近的两个不同坡度线相连，这条曲线因处于竖立面内，故称“竖曲线”；当圆心在竖曲线之下时，就叫作凸形竖曲线。竖曲线设计的主要内容是确定合适的半径。

1. 纵断面设计的要求

纵断面设计的要求为尽量减少工程量，保持园路与广场、建筑和外界道路等衔接平顺，保持路面排水通畅。

2. 纵断面设计的步骤

选出道路中心线上各处合适的关键标高点，并设定各路段的道路纵坡值和坡长；选定各处竖曲线的合适半径，再确定竖曲线；标出与道路相接的建筑物特征点位置，并计算施工填挖值；之后再按高程绘制纵断面图。

3. 设计的相关参数

1）最小坡度

满足道路上雨水的排放，且不引起排水管道的淤塞的最小纵坡值，依据各地雨季降水量、道路的形式、管径等确定，一般为0.3%～0.5%，如纵坡坡度小于0.3%，应设置锯齿型街沟。

2)最大坡度

根据道路使用要求规定，三级以上道路坡度不应大于8%，在弯道、山区或寒冷地区还应小于6%，且根据路面铺装材料的差异，道路坡度取值也不一样，如：一般水泥路的最大纵坡坡度为7%，沥青路的为6%，砖路的为8%；三级及三级以下的道路坡度可不大于12%，大于12%则宜设置台阶。比较特殊的是，轮椅通行的路面坡度不宜超过2.5%，而自行车通过的路面坡度不得大于5%。需要注意的是，当道路的纵坡坡度较陡(5%～9%)而坡长又超过相应的极限值(200～800 m)时，则应在坡道中适当插入坡度值小于3%的缓坡地段。

4. 平曲线与竖曲线的结合

(1) 如两种线型小于某一限度(平曲线容许半径、最小竖曲线半径)，则宜分开设置。

(2) 如两种曲线较大(满足最小半径)，宜将平曲线转折点与竖曲线转折点重合在一起，尽量使平曲线长一些，把竖曲线包括进去，这样的使用效果较好。

(3) 必须要保持平曲线与竖曲线的大小均衡($R_{竖}=10\sim20R_{平}$)。

(4) 一个竖曲线内有几个平曲线或一个平曲线内有几个竖曲线，都不合适。

(四) 台阶和坡道的设计

1. 设计要求

当路面坡度在6%以内时，按正常道路处理；坡度为6%～12%，则需顺应等高线做坡道；当山地道路坡度≥12%时，可考虑设置台阶。

1)台阶

最好每隔10～12个踏面设置一个休憩平台(山道上台阶每隔15～20个踏面设置一个休憩平台)，踏面宽度建议为30～38 cm，高度建议为10～18 cm，每个踏面都应有一定的坡度，以便于排水，坡度控制在从内向外的高差为5 mm为宜。应尽量避免做一步台阶，否则应通过铺装变化做出标识。

2)坡道

在设计坡道的时候，必须考虑其坡度，建议其最大坡度小于8.3%，相对于较长的斜坡而言，被平台所隔开的上下级坡道长度建议小于9 m，而平台的长度应大于1.5 m，坡道两边应有15 cm高的道牙，露出地面10 cm左右。

2. 台阶的设计手法

台阶除具备实用功能之外，还有装饰艺术的功用，尤其是它的形状富有节奏感，经常作为庭园小景设置。

(1) 台阶可与水景结合，通过不同地势的高差变化，建立阶梯上的动态跌水景观，形成各种效果的层叠水景。高差小的台阶与水景交融，往往会形成细腻的水流变化，创造出不同样式的水波纹。而台阶与静态水景结合，则可作为亲水台阶使用，并通过不同形状营造水岸具备节奏性的景观效果。

(2) 台阶与雕塑结合通常是为了展示雕塑、限定雕塑的空间或使雕塑占据更为突出的位置，台阶高度越高，雕塑就显得更加明显、突出。

(3) 台阶与景石结合时，多将石头散置于台阶两侧，作为局部高差的过渡和边缘点缀，也可以将台阶依地形起伏隐于假山石中，起到若隐若现的效果(见图1.3.2)。

(4) 台阶与植物结合，可以形成良好的软硬质变化景观，如：台阶和规则形的植物结合可营造庄严、整齐的氛围，多应用于建筑与环境的过渡。此外，台阶与不同形式的种植池结合在设计中也较为常见(见图 1.3.3)。

(5) 台阶与构筑物结合时，其可作为构筑物与环境的过渡，或用于强调构筑物，形成丰富的立面景观。

图 1.3.2　台阶与景石结合

图 1.3.3　台阶与植物结合

(五)交叉口的处理

交叉口即不同道路中心线在同一高程处相交的路口，一般 75 m 范围内道路的同侧不宜出现两个及以上的交叉口。

道路交叉口的平面形式通常有：X 字形、Y 字形、十字形、T 字形、错位交叉和复合交叉(道路条数为 4 条以上的交叉口)。其形式取决于：道路的整体规划、交通量、交通性质、交通组织、交叉口用地及周围建筑的情况。

两条路相交的角度一般为 75°～105°，尽可能选正交或接近 90°的十字形交叉口或 T 字形交叉口(山路与山下主路交界时除外)，以使交叉口交通组织简单，视线流畅，从而令交通安全性相对较高，街角建筑也易处理。两条道路斜交成锐角的角度应大于 60°，且必须设计圆曲线(转弯半径)。

多条道路汇合时，则可布置为小广场，在广场中央设置一个半径较大的中心岛，形成环形交叉口。让所有进入环形交叉口的车辆一律绕环岛作逆时针单向行驶。这种形式可使所有的直行、左转弯、右转弯车辆在交叉口处不必停车而连续不断地通过。

(六) 园路与建筑或广场的交接形式

1. 园路与建筑的交接

园路与建筑交接时，一般情况下可将路面适当加宽形成缓冲场地，园路则可以通过这块场地与建筑入口衔接；当游客量偏大时，可在建筑前侧形成集散广场，园路可以通过广场与主要建筑相连。同时，也有的园路直接与游廊和路亭等衔接，此时常常不设缓冲小场地，而是将分出的小路与相关建筑相连。

在实际中处理园路与建筑的交接时，建议使园路中心线与建筑长轴或短轴垂直布置，尽量避免斜交，特别是正对建筑的某一角的斜交。但对于不得不斜交的园路，要在交接处设一段较短的直路作为过渡，或者在交接处平面以圆角衔接。

2. 园路与广场的交接

园路与规则式广场的交接可参照与建筑的交接要求，特别是与圆形广场的交接，园路的中心线应对着广场的圆心，不应随意与圆弧斜交成锐角或钝角；园路与非规则式广场交接时，一

般只需满足通行、游览功能即可，交接的方向和位置没有太多的限制。

七、园路铺装的形式及实例

园路的铺装具有划分不同性质的“交通区间”、警示、引导、缓解疲劳、限制车速、展示环境艺术等功能，在环境设计中具有重要地位，其质量对景观的影响举足轻重。

（一）铺装的设计要素

“铺装设计案例赏析”

1. 色彩

当周边环境的色彩较为丰富时，园路铺装的主体色在设计中应素雅、含蓄些；反之应丰富、艳丽。一般来讲，铺地的色调应该与建筑的色调统一，色彩的选择多为砖红色、褐色、土黄色、米色、暖灰色或青灰色。另外，对于具有不同用途的空间，色彩的选择亦不一样，如儿童游戏场所可用鲜艳色彩，而休息场地则应用素雅色彩。

色彩搭配原则：类似色调搭配、对比色调搭配、色调重合搭配、基调搭配。

1）类似色调搭配

色调搭配中，将相邻或相接近的两个或多个颜色搭配在一起的配色，即颜色与颜色之间仅有微小的差异，属于统一色调内的色彩变化，这样的铺装容易产生整体感。在现实应用中，往往可用于大面积铺装。

2）对比色调搭配

将相差较远的两个或多个颜色搭配在一起的配色，可形成鲜明的对比，会有一种相映或相拒的力量使之平衡，进而产生对比调和之感。在现实应用中，往往在入口处或水池边缘等需要警醒游客的地方采用此搭配方法。

3）色调重合搭配

色调重合搭配采用同一色相的两种颜色，且其选用具有很大明暗度差的色彩来进行配色，其也被称为同一色相的浓淡配色。

4）基调搭配

在高彩度的色调基调中，融入中明度、中彩度的中间色系或色调，让人感到铺装有强烈的视觉冲击力，且又很协调。同理，在低彩度的色调基调中，融入高明度、高彩度的色系或色调时，可让人感到铺装能很好地与环境融合，且又不单调。

2. 质感

园路铺装的美感，在很大程度上体现在材料质感的美。铺装设计应遵循“硬质为主、软质为辅；浅色为主、深色为辅；细腻为主、粗糙为辅”的原则，但不同的场地也应有所侧重，如一般对商业广场和步行街的铺装，往往用细密光滑的材料，以突出其优雅华贵；而小庭院、居住区、休闲场所等则以粗糙材质为主，如石材、卵石、木砌块等，以突出其返璞归真的自然美。

1）质感的表现

质感美首要就是充分发挥铺装材料本身所蕴含的美，以体现青石板的野趣、鹅卵石的圆润、花岗岩的粗犷等不同的铺地材料的质感美。

2）质感与环境和距离有着密切的关系

铺装的优劣不仅仅只看材料的好坏，更多的是要注重它是否与环境相协调。同时在材料的选择上，特别要注意与周边建筑物的调和。

3）质感调和的方法

要考虑同一调和、相似调和及对比调和。

4）铺地的拼缝

地面拼缝材料的质感比较粗糙，以产生一种强烈的力度感。如果拼缝材料过于细小，则显得意图含糊不清；而拼缝明显，则能产生整洁漂亮的质感，使人感到雅致。

5）质感变化要与色彩变化均衡相称

如果铺装的色彩变化多样，则其质感变化就要少一些；如果铺装的纹样和质感的变化均十分丰富，则材料的色彩变化就要简单些。

3. 图案设计

1）铺装构图的基本要素

任何形状均是通过平面构成要素中的点、线和形得以表现的。

（1）点在设计中可以吸引游客的视线，成为视觉的焦点。在简单的铺装上布置规律性或跳跃的点形图案，可以丰富视觉效果，给整个空间带来活力；整齐的点具有方向指引性（见图1.3.4）。

(a) 跳跃的点

(b) 整齐的点

图 1.3.4　点的形式

（2）水平的线条可给人带来安全感，曲线具有流动感，折线具有很强的动感。与道路前进方向一致的线条具有很强的方向指引性。而与道路前进方向垂直的线条可以让人感觉道路更宽。另外，一些平行的线条和一些成一条直线铺装的砖或瓷砖，会使地面产生缩短或伸长的效果。

（3）形本身就是一个图案，不同的形产生不同的心理感应。三角形的构图具有活泼感，若将三角形进行有规律的组合，还可形成方向感很强的图案；圆形的构图柔美，其是几何形中最为优美的图形之一，如水边散铺的小圆块，会让人联想到水中的荷叶，产生心情愉悦之感；而较大的圆形、正方形、六边形等会产生强烈的静态感，使人想要停留，多在休闲区域用这些图形构图。园林中还常用一种仿自然纹理的不规则形，如冰裂纹、乱石纹等，使人联想到荒野和乡间，营造出自然、朴素之感。

2）铺装的构图方法

（1）铺装中某一要素连续、反复、有规律地出现和排列称为重复。重复能使铺装形象秩序化、整齐化，并富有节奏感。

（2）图形铺装中某一要素规律的顺序变动（如方向渐变、大小渐变、色彩渐变、形状渐变等）称为渐变。渐变可以给人很强的节奏感和方向性。

（3）图形的整体设计

经常会将整个广场作为一个整体来进行图案设计，形成城市中的亮丽景观，给人留下深刻的印象。

（4）纹样的细部设计

常用的铺装纹样有平砌、错砌、平错混合、席纹组砌、人字形组砌、田字形拼贴、工字形拼贴、冰裂纹、河石拼接、拼花等。表现的方法有镶嵌、块状拼花、滚花、划成线痕、用刷子刷等。

3）铺装的象征意义

铺装设计中经常运用符号、文字、图案等创意性构图进行细部设计，以突出焦点空间的个性特色。如借助彩绘地砖、浮雕、石料镶嵌等技术将图案嵌入铺装面，表现当地的民俗风情、历史事件、神话传说、特色文化、自然景观及民俗建筑等抽象内容，铺装具有标识作用（见图1.3.5）。

图 1.3.5　铺装的象征意义

4. 尺度

园路铺装图案的尺寸与场地大小有密切的尺度关系。大面积铺装应使用大尺度的图案，这有助于表现统一的整体效果，如果图案太小，铺装会显得琐碎；而在一个较小的空间范围内，若使用大尺度的图案，则会使空间显得拥挤不堪。就形式意义而言，尺寸的大与小在美感上并没有多大的区别，尺寸并非越大越好，有时小尺寸铺装形成的肌理效果或小尺寸拼缝图案往往能产生更多的形式趣味，也可将小尺寸铺装材料组合成大图案，与大空间取得比例上的协调。同时，铺装的质感也与尺度有关，如大场地的质地可粗些，纹样不宜过细。而小场地则质感不宜过粗，纹样也可以细些[8]。

5. 边界

边界形式处理是铺装设计中非常重要的部分，形式多样的边界形式可以增添乐趣。按所强调内容的不同，边界可分为两类：确定性边界和模糊性边界（见图 1.3.6）。

确定性边界是室外领域划分的有效手段，常利用隔离桩、缘石，或以色彩、构形、质感的变化对游客进行心理暗示，起到强化边界的功能。如越接近草坪，铺装材质越粗糙，同时对空间形成一定的限定性，防止游客践踏草坪。边界常采用对比强烈的色彩，如黑与白、红与黑等。

模糊性边界可以实现从一个环境到另一个环境的自然过渡，使空间转换自然顺畅。

（二）铺装材料及形式

1. 园路铺装材料的分类

1）天然材料

铄石可整体，亦可散碎，其可利用木材、混凝土、金属边等加以固定。石板适用于自然式小

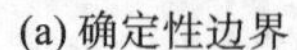

(a) 确定性边界　　(b) 模糊性边界

图 1.3.6　边界

路或重要的活动场地，不宜通车；条(块)石适用于纪念性建筑或古建筑附近；碎大理石适用于室内或露天铺地，但不建议在坡地使用；卵石适用于各类庭院、甬道铺装。

2）人工材料

沥青铺装适用于任何形体，其不需要伸缩缝，而许多大面积铺装材料在铺设长度大于 20 m 时需要设伸缩缝；混凝土适合用在无固定形状的铺地形式中；混凝土砖适用于广场、庭院、道路等各种环境；混凝土嵌草砖适用于水流量较大的停车场、较少使用的便道、混凝土与草坪的过渡区域等。

2. 园路铺装的形式

1）整体路面

整体路面指用沥青混凝土、水泥混凝土铺成的路面(多用于主路、次路等通车道路)，具有可整体现浇铺装、平整度好、耐磨、养护简单等特点。混凝土面层的处理手法有：抹平、机刨纹理、滚轴压纹、压膜处理、露骨料饰面、水磨石饰面等。

2)块状路面

块状路面是用花岗岩、墙地砖、广场砖、机刨石、火烧板、青石板、斩假石、嵌草砖、红砂岩等砌块铺筑的路面，这种路面简朴、质朴、大气、防滑、装饰性好，常用于人行道、广场等地方。

3)碎料或粒料路面

碎料铺地通常由花岗石和大理石碎料、碎石、砖瓦、瓦片等材料组成，粒料铺地通常由水刷石和卵石等材料组成，这两种形式的路面具有耐磨性好、美观、防滑的优点，且具有活泼、开朗、轻快等风格特点，多用于中国古典园林或行人量不大的游步道。比较有代表性的碎料或粒料路面是“花街铺地”(见图 1.3.7)，它以规整的砖为骨，和不规则的卵石、石板、碎瓦片、碎瓷片等废料相结合，组成色彩丰富、图案精美的各种地纹，如人字纹、冰裂纹、席纹等。

图 1.3.7　花街铺地

单项能力训练

学习任务如表 1.3.1 所示

表 1.3.1　参考性学习任务

任务名称	微景园的园路设计
实训目的	根据一小型园林绿化场地的地形图(规划设计),以及周围建筑物(构造物)、水体、道路及绿化布置图,进行园路铺装的平面设计、竖向设计,并绘制出不同园路铺装的横断面图,提出园路设计技术要求。
实训准备	准备一小型园林绿化场地的地形图(规划设计),以及周围建筑物(构造物)、水体、道路及绿化布置图。
实训内容	(1) 绘制绿化场地入口图、园路铺装平面布置图、竖向设计图、横断面图、入口细部图,编写设计说明(100～300 字)。 (2) 编写方案汇报 PPT。 (3) 学生互评设计方案(重点内容)。 (4) 优化设计方案。 (5) 作业经教师点评后上传至平台。
实训步骤	(1) 下达任务书。 对下图所示的总平面图进行识图、审图,进行园路的设计工作。 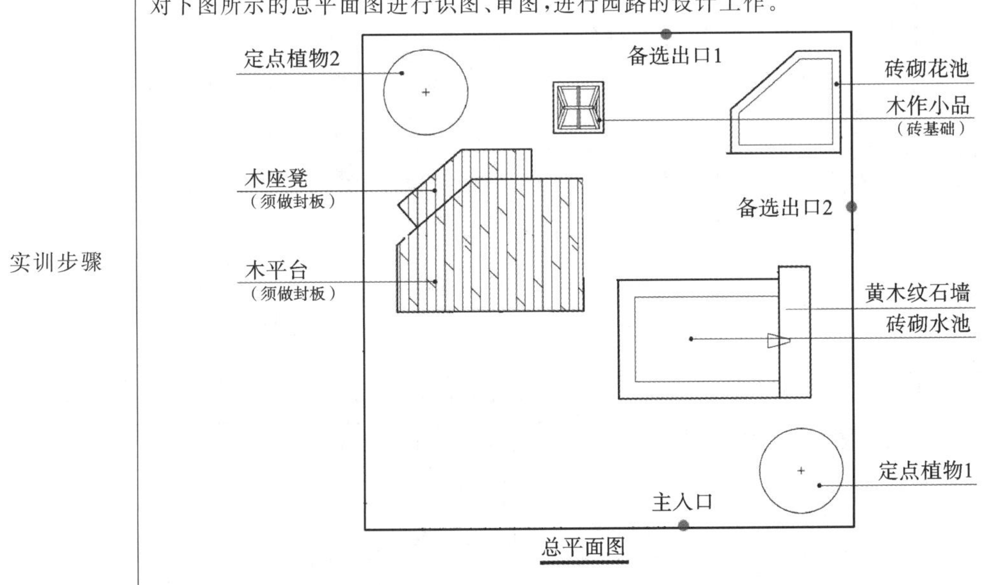 总平面图

续表

<table>
<tr><th>任务名称</th><th colspan="3">微景园的园路设计</th></tr>
<tr><td>实训步骤</td><td colspan="3">(2) 任务分组。
班级：　　　　　　　　组号：
组长：　　　　　　　　指导老师：
组员：
任务分工：

(3) 工作准备。
① 阅读工作任务书，查阅和收集相关资料。
② 熟悉园路铺装设计规范。
③ 编写设计大纲。
④ 工作实施。
★ 引导问题 1：人流量与园路宽窄有何关系？微景园园路的宽度一般是多少？

★ 引导问题 2：微景园的园路分几级？各级的设计形式及铺装材料是什么？

★ 引导问题 3：园路如何与出入口、平台、小桥等要素衔接？

★ 引导问题 4：微景园中是否可以有尽端路？尽端路的尽头应有哪些要素？</td></tr>
<tr><td rowspan="6">参考评价</td><td rowspan="3">过程性评价(55%)</td><td>知识掌握度(25%)</td><td></td></tr>
<tr><td>技能掌握度(25%)</td><td></td></tr>
<tr><td>学习态度(5%)</td><td></td></tr>
<tr><td rowspan="2">总结性评价(30%)</td><td>任务完成度(15%)</td><td></td></tr>
<tr><td>规范性及效果(15%)</td><td></td></tr>
<tr><td>形成性评价(15%)</td><td>网络平台题库的本章知识点考核成绩(15%)</td><td></td></tr>
</table>

案例导入

世界技能大赛是最高层级的世界性职业技能赛事，被誉为“世界技能奥林匹克”。园艺项目是世界技能大赛赛项之一，该赛项的要求是，参赛者需要在规定的时间和空间里，按设计好的赛题，使用工具对指定造景材料进行制作、安装、布置和维护。园艺项目的赛题包含木作、砌筑、铺装、水景营造、植物造景等模块，各模块有机结合在一起组成一件园艺作品。比赛过程中，要求选手合理地安排工作流程，注意个人防护，施工动作应符合人体工程学，同时要合理安排工时，在完成每日测评模块的前提下可以提前进行次日考核模块的制作。世界技能大赛微景园铺装设计赏析如下。

在微景园出入口进行铺装时，往往需要进行适当扩宽，采用的铺装材质的尺寸也应比较大，材质的风格应比较端庄和严谨，图 1.3.8、图 1.3.9 中采用的是 600 mm×300 mm 花岗岩的工字形铺装。

图 1.3.8 设计赏析图 1

图 1.3.9 设计赏析图 2

微景园虽然较小，但园路也分主路和支路，主路一般连接主要景点和出入口，是必要行走的道路，一般道路的路幅宽度为 800～1200 mm，支路一般为 400～500 mm 的单排汀步。微景园园路的整体风格属于自然式，因此，游步道所选用的材料多为块料类，如透水砖、马蹄石、黄木纹等，也可用卵石、水刷石、木材、青瓦等材料嵌缝，构成变化的铺装图案(见图 1.3.10、图 1.3.11)。

图 1.3.10 设计赏析图 3

图 1.3.11 设计赏析图 4

微景园道路的边缘一般由红沙石路缘石、花岗岩路缘石、青砖等材料砌筑，以形成规整的形状。在一些曲度比较大的园路边缘，路缘石的比例较小，这样才能形成弧线（见图 1.3.12、图 1.3.13）。

图 1.3.12　设计赏析图 5

图 1.3.13　设计赏析图 6

知识拓展与复习

1. 依据《公园设计规范》，园路铺装场地设计中，经常通行机动车的园路的宽度应大于（　　）。

A. 4 m　　B. 5 m　　C. 6 m　　D. 7 m

2. 以下说法错误的是（　　）。

A. 景观设计中，粗糙的边界能够在两个空间之间形成强有力的连接，这种连接指空间以物质形式连接或空间之间相互介入

B. 景观设计中，材料、质感和植物的逐渐过渡运用的方法是渐变

C. 在景观中，兼有形式和场所两重功能的是中心

D. 在景观中，兼有形式和场所两重功能的是边界

3. 以下哪种材料能给人以细腻高贵的感觉？（　　）

A. 红砖　　B. 鹅卵石　　C. 砾石　　D. 大理石

4. 下列哪种材料能给人以淳朴粗放的感觉？（　　）

A. 花岗岩　　B. 大理石　　C. 卵石　　D. 塑胶

5. 园路坡道的最大坡度应小于（　　）。

A. 6.3%　　B. 7.3%　　C. 8.3%　　D. 9.3%

6. 园路交叉口的形式不常采用的是（　　）。

A. 八字形　　B. X 字形　　C. T 字形　　D. Y 字形

7. 连接各个景点、深入各个角落的游览小路为（　　）。

A. 人行道　　B. 次干道　　C. 主干道　　D. 游步道

8. 园路铺装设计中，底部垫层碎石的作用不包括（　　）。

A. 提高基础强度　　B. 有效排水　　C. 降低强度　　D. 平整路床

9. 园路坡道两边应有(　　)高的道牙,露出地面10 cm左右。

A. 30 cm　　B. 15 cm　　C. 25 cm　　D. 20 cm

10. 园路的铺装形式通常不采用(　　)。

A. 水泥路面　　B. 整体路面

C. 块状路面　　D. 碎料或粒料路面

11. 根据道路使用要求规定,三级以上道路坡度不应大于(　　)。

A. 8%　　B. 9%　　C. 10%　　D. 11%

12. 主要园路的宽度为(　　)。

A. 4～6 m　　B. 2～4 m　　C. 1.2～2.5 m　　D. 1 m

13. 在铺地时采用相同或不同规格的材料拼合成的地面肌理、色彩和图案被称为(　　)。

A. 肌理模式　　B. 铺砌模式　　C. 铺装模数　　D. 肌理模数

14. 供游客步行的游步道,一般宽(　　)。

A. 4～6 m　　B. 3～4 m　　C. 1.2～2.0 m　　D. 1 m以下

15. 景观设计中,材料、质感和植物的逐渐过渡运用的方法是(　　)。

A. 渐变　　B. 韵律　　C. 节奏　　D. 体量

专题四　园林建筑及小品设计

学习目标

知识目标：了解园林建筑及小品的定义、类型、特点、功能、作用及设计原则，掌握现代园林常用建筑及小品的结构形式等。

能力目标：能够根据不同场所的园林风格及地形地貌，科学、合理地设计建筑小品；能够将园林建筑及小品与其他园林要素有机融合，进行造景及营造空间。

思政目标：培养生态保护意识及民族精神，推动现代新型环保材料的使用，如可回收的假山塑形材料、环保型混凝土等，并通过仿生设计或符号设计充分展示我国悠久的历史文化，起到宣传和教育目的。

任务　园林建筑及小品设计

在园林诸要素中，园林建筑及小品相比山石、植物、水体而言，人工营造成分较多，其是造园要素中可控性最高的元素之一。

一、园林建筑及小品的定义、类型及特点

（一）园林建筑及小品的定义

园林建筑是指具有造景功能，同时能供游客游览、休憩、赏景的各类建筑物（构筑物）的统称；园林建筑小品是指园林中的功能简明、体量小巧、立意有章、造型别致、具有艺术性的小型建筑设施。

（二）园林建筑及小品的类型

按照使用功能，园林建筑及小品大致分为以下五个类型。

1. *游憩性园林建筑*

供游客游览、休憩、赏景的景观建筑，如亭、台、楼、阁、花架、廊、榭、舫、桥等。

2. 服务性园林建筑

在游览、生活方面给游客提供便利的服务性景观建筑，如售票厅、园门、餐厅、景区旅馆、茶室、便利店、厕所、游船码头等。

3. 管理类园林建筑

指为游客创造卫生、安全、宁静、舒适的游览环境而必需的附属设施，如办公室、职工宿舍等。

4. 功能性小品

在园林中供休息、照明、展示、管理，以及方便游客使用的小型建筑设施，如安全标志、指示牌、指路标、栏杆、垃圾箱、园桌、园椅、园灯等。

5. 装饰性小品

在园林中具有美化、修饰、装点作用的，具有独特的审美特性的小品设施，如动物雕塑、人物雕塑、寓言雕塑、花钵、水景小品、花车等。

（三）园林建筑及小品的特点

1. 设计形式多样

园林建筑设计灵活性大，可根据娱乐多样性及观赏性进行灵活布置。

2. 造型小巧别致，结构简单

园林小品往往造型较为小巧别致，但是根据场地及功能的不同，雕塑样式也不拘泥于小巧型（比如在较大的广场中心布置的巨型雕塑）。

3. 装饰性强

园林建筑及小品的形式较为灵活，构思巧妙，形制不拘一格，因此可通过精心加工，体现出较强的装饰效果。

二、园林建筑及小品的功能和造景作用

（一）园林建筑及小品的功能

园林建筑及小品以其丰富多彩的内容和造型布局在园林中，能够满足人们各种使用功能，比如园灯夜晚为行人通行提供照明，指路牌引导游客游览；其次，园林建筑及小品还可为游客提供赏景、休憩、休闲、娱乐的场所，比如亭、花架、廊、园桥为游客提供休息、观赏的地方；此外，其在园林运行管理过程中具有一定的安全防护功能，比如栏杆、安全指示牌、植物围护为游客提供安全保障。

（二）园林建筑及小品的造景作用

1. 点景

与园林其他要素搭配布置的园林建筑，在园林植物、山石水体等的映衬下，往往成为构图中心或画面的重点，可起到点景作用。

2. 观景

园林建筑可以用来观赏景物，亦可以作为被观赏的景物。可根据园林建筑所处的地理位置、周围环境、朝向、封闭或开敞的格局来摄取最佳画面。

3. 空间划分

园林建筑的布置将空间进行了划分,建筑形态构造的不同又使得这种分割变得多样。建筑与其他要素一同布置会使得这种分割更加多样。

4. 组织游览

建筑本身同道路一样也具有交通功能,将建筑与道路结合,运用各种造景手法,可以创造出具有移步换景的动态感和导向感的园林空间。

5. 烘托主景

在园林中,也常常将建筑小品与建筑及山石等配合使用,运用建筑小品的小巧烘托建筑、山石等造园师着意表现的园林景观。另外,建筑小品在色彩及布置样式上,与要表现的主景相比,显得简单并统一,不喧宾夺主。

6. 充当主景

同建筑一样,造型别致的景观小品也为园林景致增光添色,建筑小品在较小空间中甚至能作为主景成为焦点。

7. 组景

建筑小品可以渲染园林气氛,在一个已经确定了设计风格的园林中,运用系列造型各异但风格一致的建筑小品,能增添整个园林景观的有序性和统一感。

三、园林建筑及小品的设计原则

"建筑小品党建主题设计"

园林建筑及小品的设计应该综合考虑周围环境,因地制宜,在确定整体布局及风格的基础上,确定各使用功能的建筑及小品,进而确定园林建筑及小品的造型及材质。

(一) 注重园林建筑的立意与布局

立意就是设计者根据环境条件、功能要求、艺术需求等因素,经过综合考虑所产生的总设计意图。立意与设计过程中采用的构图手法息息相关。

(二) 注重情景交融

建筑要注意与周边场地融合,这一点在中国古典园林中表现得更为突出,如将匾额、照壁等与诗画结合,可增加建筑的文学气息。

(三) 注重空间处理

除园林建筑本身所形成的空间外,还要更注意空间的组合,以及空间之间的联系。应按照具体环境的特点及使用功能上的需要,灵活采用各种园林建筑空间组合形式。对于单个空间,要注意空间的大小与尺度、封闭性、构成方式、构成要素的特征(形状、色彩、质感等),以及空间所表达的意义、所具有的个性等;对于多个空间,要注意空间的对比、空间的渗透与层次,做到力求空间布局曲折变化、参差错落、布置灵活,注意空间的流动。

(四) 注重造型

园林建筑在造型上要符合大众审美,建筑外形及轮廓要有表现力且能与周边环境统一。

(五) 注重装饰

园林建筑能在局部景观中起到装饰作用,通过对建筑进行细部刻画和表现能增加建筑本身的美感。在对园林建筑进行装饰时，主要从造型、色彩、质地等方面进行考虑。

四、个体园林建筑

园林建筑可按不同分类标准进行分类。

（一）按个体建筑在园内所处地位分

园林建筑可分为堂正型建筑序列和偏副型建筑序列。其中，对于正位和主位，常把空间体量较大的建筑归入堂正型建筑序列，如宫、殿、厅、堂等；把空间体量较小，居于次要地位的建筑归入偏副型建筑序列，如馆、轩、斋等。

1. 宫与殿

宫殿在秦之前为中国居住建筑物的通称，秦汉之后专指帝王住宅。殿原指大房屋，后来又专指帝王住宅及祭祀神佛的建筑物等。在中国园林布置中，常置于中央或主要部位，以规则式构图布局于中轴线上，以表现崇高肃穆、金碧辉煌的风格。

2. 厅与堂

厅与堂并无非常严格的区分，通常认为采用扁的梁架木料的为厅，圆的为堂。厅堂通常作为家庭聚会、会客、沟通、理事，以及开展其他活动的场地，一般朝南向阳，装饰较严整精致。

3. 馆

馆最早为接待宾客的房舍，在园林中，馆比宫殿或厅堂的体量小、级别低，往往归于偏副型建筑序列。

4. 轩

轩是有窗的小屋，其与亭类似又有别于亭，宜布置于高旷、空间疏朗之地，以利于赏景，远远观之有腾飞之势。轩的类型和形式较多，属于比较小巧的点缀性建筑物。

5. 斋

斋的主要功能是使人聚气敛神、修身养性，因此在皇家园林中作为皇帝斋戒的处所，也多用于书房。斋与堂相比，在阴阳、隐显、抑扬、幽敞方面有所区别。

6. 室

建筑内部里间，以及建筑后面独立的个体建筑都能称为室，由其所处位置可看出其以隐蔽为主。

（二）按个体建筑所处地势高低及纵向层次分

园林建筑可分为层高型建筑序列（如台、楼阁等）和依水型建筑序列（如榭、舫等）。

1. 台

台在中国古代作为祭祀之用，而现代则多延伸出观景平台、舞台等具备多元化用途的舞台形式，台在布置时，要保证其稳固性及平坦性，以及视野的通透。

2. 楼阁

楼阁一般都为大型高层建筑，可登高望远，休闲赏景。而在现代园林中，楼阁多是茶室、酒楼、接待厅等。

3. 塔

塔是典型的宗教建筑、高层建筑。古代园林中，塔多为木质的或由砖砌成的。园林中常常借助塔的造型形成景观焦点,如雷峰塔。

4. 榭

若有平台挑出水面,则平台上建筑的木质房屋称为榭。榭是开敞的,既具备游览、休息功能,又能点缀园景。

5. 舫

园林中,仿照船的样式依水而建的大型建筑物为舫,舫多三面临水、一面与陆地相连,也称画舫。颐和园的清晏是西洋式的写实石舫,而拙政园的香洲石舫运用了象征的中国传统手法,舫头是台,舫的前舱是亭,舫的中舱为轩,舫尾是阁。

(三) 按个体建筑的游览或观赏功能分

园林建筑可分为廊、亭等游览性建筑序列和装饰性建筑序列(如门楼、牌坊、照壁等)。

1. 廊

"园林建筑小品设计——传统长廊"

1) 廊在造景中的功能

(1) 联系功能。

廊兼备观赏性及导向性,可配合园路,以"线"组织交通及游览路线,联系全园。

(2) 分隔或围合空间。

廊在空间划分上有着重要作用,其既可以将空间划分,又可让各空间在视线方面保持联系,空间隔而不断,相互渗透。曲廊亦可将疏朗空间进行围合,使得空间形式更加丰富,增添游客游览趣味。

(3) 组景功能。

廊的体量通透,平面组合形式多样,可与多种地形结合,特别是与高差较大的山地地形结合,如爬山廊是最具多角度观景性的游览建筑。

(4) 实用功能。

廊可遮挡太阳,防风避雨,也可将书画等展示于廊中,形成展示廊,廊具有很强的实用功能。

2) 廊的形式与位置选择

(1) 廊的形式。

廊根据平面与立面形状可分为空廊(双面空廊)、半廊(单面空廊)、复廊、双层廊(复道阁廊)、爬山廊、曲廊(波折廊)等。

(2) 廊的位置选择。

① 平地建廊。

廊常位于大草坪一角、休息广场边缘或大门出入口附近,也可沿园路布设,或与建筑物相连接等。

② 水上建廊。

水上建的廊通常称为水廊,主要供人观看水景或联系水面建筑物使用,可构成以水景为主导的空间结构。

③ 山坡建廊。

山坡上建的廊有供人游山观赏、联系山坡上不同高度之用,使得建筑构图具有整体性和连贯性,爬山廊多依山势蜿蜒而上,以组织游客的游览路线。

3）廊的设计

（1）廊的平面设计。

按照廊道的空间定位与造景要求，廊可设计为直廊、弧廊、曲廊、回廊、半圆形廊。

（2）廊的立面设计。

廊按正立面基本形态的不同，可分为悬山顶廊、歇山顶廊、平顶廊、折板顶廊、十字顶廊、伞形顶廊等。

2. 亭

1）亭在园林绿地中的作用

（1）景观作用。

亭在园林中常作对景（互对）、借景及装点周围景物之用，同时又是人们观光、休闲、赏景的良好地方。

（2）使用功能。

亭可满足人们在游赏活动中的停留、休憩、纳凉、避雨或纵目远眺等需求。

2）亭的位置选择

园林造景中，亭的地点选择不受空间格局的限制，其可独立设置，也可依赖周围其他建筑物成景，更可结合山石、水体、树木等组景，使其充满自然之趣。

（1）山上建亭。

山上建亭常采用的地点有山巅、山腰、峭壁、山坡旁、山洞洞口、沟谷溪涧的平台等处。亭立于山巅可增大游客视角，游客可远眺山下风光，同时亭可与山下的建筑物呼应。山腰置亭可以供游客累了休息，同时可渲染幽静深远的意境。峭壁建亭可让人一目了然。沟谷溪涧的平台处建亭可让人感觉到沁凉的水汽，亭既是赏景的佳位，又是休息的好地方。

（2）临水建亭。

在水岸、岛屿、桥、堤上均可建亭。在水岸上建亭后，可以在亭上欣赏水岸的景观，同时亭可起到丰富水景的效果。若是水岸延展到水中三面环水的亭，则亭应尽可能接近水面，高度宜低，亭下可以布置石矶，形成亭浮在水面的感觉。岛屿、堤或桥上建亭，必须注意亭的位置、体量、在景观画面中的适宜性，如在宽阔湖面上建亭时，亭的尺寸通常很大，而较小的湖面上建亭时，亭的尺寸则较小。

（3）亭与植物结合。

在我国古代园林中，亭名由植物而出，再加上诗词牌匾的渲染，使整个环境空间有声有色，如牡丹亭、荷风四面亭、仙梅亭、桂花亭、听松亭、竹涛亭等。亭边栽种植物应与亭本身的色彩、风格等相呼应，并留有一定的观赏、活动空间，特别是留出从亭内向外观看的良好视野。

（4）亭与建筑结合。

亭可与建筑物相连，作为建筑群的一部分，如在整个建筑群的轴线两侧设前后相对的亭，以突出建筑物的端庄、威严特性。此外，也可将亭与建筑物分离，亭作为单体形式出现，如北京长春园中玉玲珑馆的西南角安放的四方亭，其被放在整个建筑物群的一角，使建筑物组合更为鲜活、生动、有趣。

3）亭的平面及立面设计

亭的形态繁多，但亭的组成比较简单，包括亭顶、柱子、亭基、座椅、栏杆，半壁亭会含有一段墙体。在平面上，亭一般可分为三角亭、方亭、长方亭、五角亭、六角亭、八角亭、十字亭、圆亭、蘑菇亭、伞亭、扇形亭等（见表 1.4.1）；依其结构的差异，又可分为单体式、组合式、与廊墙相结合式等；依方位的差异，又可分为山亭、水亭、桥亭等。在屋顶花园建的亭体量较小，而皇家园林中的亭为了展示气势，经常体量较大，或边较多，或重檐，或设计成组合式亭（组合式亭的亭数量多为 2～3 个）。

园亭的立面是决定园亭风格款式的主要因素，立面包括平顶、斜坡、曲线各种变化式样。现代单体式亭的内部空间立面高度为 2.7～3.3 m，一般欧式的古典亭的亭顶多为弧线的；印度亭的亭顶多用平顶；中国传统亭的亭顶多为斜坡式；而现代造型的亭因为材料多样，造型更侧重线条感。如中国现代庭园多用混凝土、不锈钢等各种建筑材料建造线条造型亭，或仿竹、仿松木的亭；在远离城市的风景区内，则多利用稻草、树木、条石建亭，亭与自然环境融合，极具地方特色。

表 1.4.1　中式亭的形态与组合形式

编号	名称	平面基本形式示意	立面基本形式示意	平面立面组合形式示意
1	三角亭			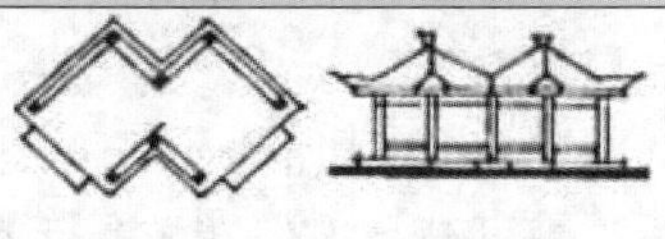
2	方亭	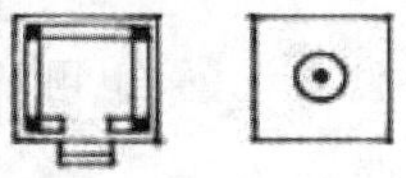		
3	长方亭			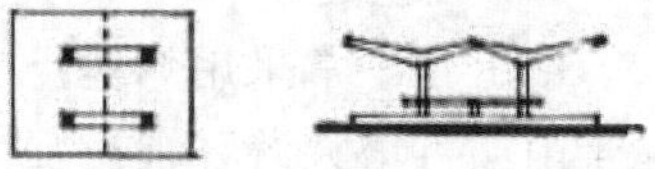
4	六角亭	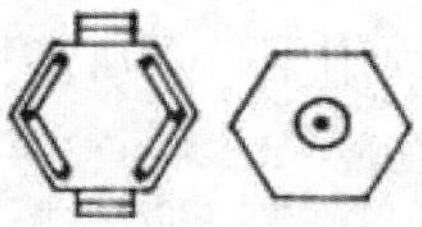		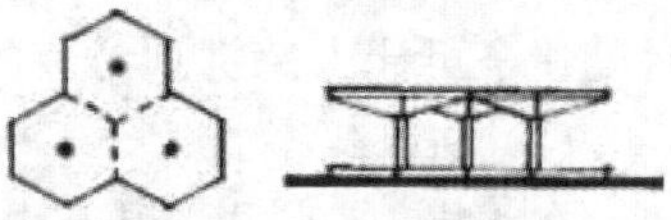
5	八角亭	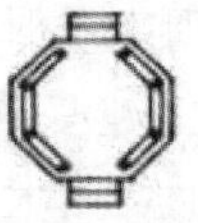		
6	园亭	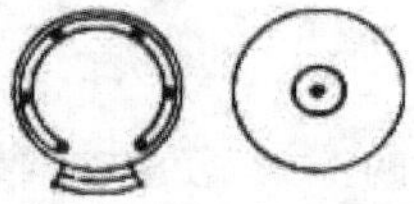		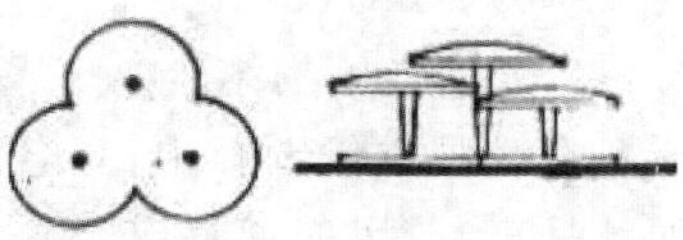
7	扇形亭			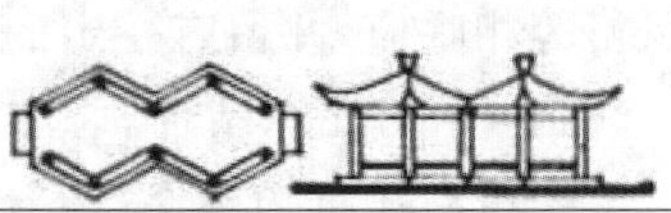
8	双层亭	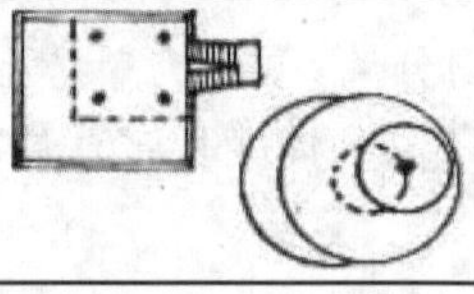	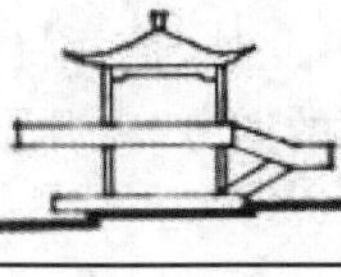	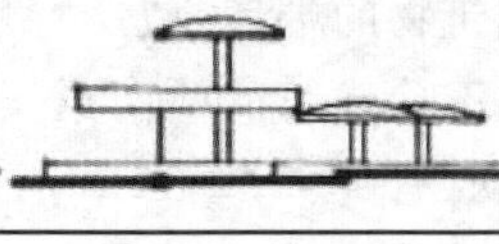

3. 门楼

古代城门上的阁楼，即门楼，供瞭望和射杀敌人之用。现代的门楼是典型的具有依附性的装饰性建筑，在布局上总依附于厅堂，并与厅堂方向一致。

4. 牌坊

牌坊类似“门”，由两根柱子架一根横梁构成，多用于表彰、纪念和地界划分之用，又名牌楼。多置于庙宇、宫殿、陵墓和园林主要街道的起点、交叉口、桥梁等处，起到点题、框景、借景和隔景等作用。

5. 照壁

照壁为一正对大门起屏障作用的墙壁。照壁在宫殿或宅第都见使用，并能增添威严感，起到装饰作用。

五、园林建筑及小品的设计要点

（一）服务类小品

服务类小品包括供游客休息、遮阳用的园椅、花架、亭，为游客服务的洗手池、电话亭、垃圾箱等。

1. 园椅、园凳

空间若无座位，便无人停留，园椅、园凳既具有实用功能，又具有观景功能。园椅的设计要点如下。

(1) 在游客需要休憩之处，或有风景可观之处可设园椅，并注意不要影响游客通行。在运动空间内宜在较清静的地方摆设园凳。

(2) 园椅使用频率及时间随场所的不同而发生变化，如公共活动区间与居住区活动场所相比，园凳使用时间较短。因此，公共活动区间的园椅创新性更强，而居住区园椅的凳面多用实木，这样适用性更强。

(3) 园椅、园凳的尺度设计要科学合理。如凳的高度在 40 cm 左右是比较合适的。园凳的宽度要根据其所处的具体环境而定，一般园凳的宽度可取 30 cm、60 cm、90 cm 等，同时，当树池池缘的宽度大于等于 30 cm 时也可以充当园凳使用。

(4) 园凳的材质可为木材、混凝土、石材、金属、塑料等，木材、金属要做好防腐蚀处理。

(5) 园凳可与花池、树池、景墙及踏步等结合，也可以与雕塑基座、台基结合，布置成隐形园凳。

2. 花架

1) 花架的概念

花架是用硬质建筑材料构成的造型特殊的格架，其是供植物攀附的园艺设施，简称棚架、绿廊。

“园林建筑小品设计——现代花架”

2)花架的特点

花架是指绿地中以攀附性或开花性植物材料为顶的走廊，它既具备了走廊的功用，又比走廊更贴近大自然，更融合于自然环境；施工上，其更简洁、方便，更适合现代庭院造景。

3) 花架的形式

(1) 廊式花架。

廊式花架是花架中最常用的样式，片板支承在左右梁柱上，游客可入内休息。

(2) 片式花架。

片板嵌固于单向梁柱上，两边或一面悬挑，形体轻盈活泼。

(3) 独立式花架。

以各种材料作空格，构成墙垣、花瓶、伞亭等形状，再用藤本植物缠绕成型，供观赏用。

4) 花架的材料

(1) 竹木：竹来源于自然，质优价廉，但持久性较差。由于强度受限及断面长度相对较小，使用竹木时要控制梁柱间距。

(2) 石材：厚实耐久，但搬运不便利，也可用块料作花架墙。

(3) 钢筋混凝土：可根据设计要求现浇成各种形状，也可用预制板现场安装，灵活多样，经久耐用，使用最为广泛。

(4) 金属材料：现代感强，轻巧易制，由于金属导热性强，要注意攀附式植物的选择，以防金属对幼嫩枝条造成伤害影响植物生长及景观效果。

5) 花架的规格

不同材质、放置于不同环境中的花架体量并不相同，一般开间为 3～4 m，进深为 2.7 m、3 m、3.3 m，高度为 3 m 左右。当然，不同风格和材料的花架的规格也会发生相应变化。

3. 垃圾箱

垃圾箱主要布置于休息游览道路的两旁，主要形式有组合型、独立固定型、移动型等。开启方式主要有开敞式、揭盖式、旋转式、电子感应式等。设计中，可以考虑垃圾分类、引入新技术或结合小型雕塑设计成趣味状。

(二) 装饰类小品

以装饰为主体功能的艺术小品多种多样，如各类绿地中的雕塑、特色铺装、景墙、花钵、铁艺栅栏、花车等艺术小品，其在园林中主要用于烘托气氛。

1. 雕塑小品

(1) 按表现手法可分为具象艺术雕塑和抽象雕塑。

(2) 按空间形式可分为圆雕、浮雕、透雕。

① 圆雕。

圆雕为供人多角度观看的雕塑，其同时具备高、广、深三维空间，是中国雕塑艺术作品中的主要形态。在城市公众空间设计中，圆雕是最能主导和展现城市空间氛围的公共艺术作品，它能够通过艺术的象征意义、隐喻性和永恒性来表达不同的艺术观点和人类情感，其基本上都能够代表当时城市雕塑的潮流。

② 浮雕。

浮雕一般通过人物形体的凹凸升降来显示物品的立体感。在刻画空间感方面，它比描绘作品更加直观一点，但和圆雕相比，浮雕又更加平面化。

③ 透雕。

透雕是介于圆雕和浮雕之间的一种雕塑，其多是在浮雕的基础上镂空背景部分，可为单面雕，也可为双面雕。

2. 现代景墙

现代景墙常以变幻多样的线条来表现轻盈、明快与质感。现代景墙在中国传统围墙的基础上，注重将现代建筑材料与先进工程技术结合，主要有下列形式：砖石围墙、石砌围墙、土筑围墙、钢围栏、铁栅围栏、木栅栏等。功能性景墙的高度一般为 2.2 m，而园林中景墙的高度一般不超过 2 m。一般来讲，弧线形景墙的围合空间感比直线形景墙的更强，砌筑厚实的景墙比轻薄的景墙的空间存在感更强，颜色较深的景墙比颜色浅的景墙的空间存在感更强。

(三) 展示类小品

展示类小品指能起到一定宣传、指示、教育功能的小品，如各种布告栏、导游图、指路标牌、说明牌等。

1. 信息展示类小品

材质、形状、色调和设置方式都要和其他小品取得整体感，但又要富有个性；设计尺寸和安装地点的选择要使小品便于被人发现，并便于游客阅读，如将小品设在人流量大的道路两侧、拐角处、广场边缘等。

2. 标志展示类小品

有易识易读的特性，可利用音符、颜色、图形、字体等视觉元素来进行设计；应根据周边环境特征和风格特征设计与之相对统一的环境标志物；应选取正确的摆放位置，要求尺度适宜，符合人的视觉习惯。

(四) 照明小品

照明小品种类繁多，主要包括草坪灯、射灯、广场灯、庭院灯、景观灯等灯饰小品。园灯的基座、灯头、灯柱、灯具都有很强的装饰作用。

1. 园灯中使用的光源及特征

1) 汞灯

使用寿命长，是目前园林中最适合使用的光源之一。

2)金属卤化物灯

发光效率高，显色性好，适用于照射游客较多的地方，但使用范围受限。

3)高压钠灯

效率较高，多用于对节能、照度要求较高的场所，如主干路、城市广场、大型游乐园中，但不能真实反映绿色。

4)荧光灯

照明效果好，寿命长，在范围较小的庭院中应用广泛，但不适用于较大广场和低温条件下。

5)白炽灯

能使红、黄光源更鲜艳显目，但寿命较短且维修困难。

2. 灯具类型

1) 草坪灯

草坪灯是园林中草坪上的照明设施。不同于一般广场照明，其照度不能过大、辐射面不能过宽、布置不能过密，其主要起到点缀环境的作用，给人柔和之感。一般草坪灯的灯距为 5～10 m ，脚灯的灯距为 3～5 m。

2) 行路灯

为使游客在夜晚能看清园路。灯杆高度应为 2.5～4 m，灯距为 10～20 m，布置于城市道路两侧，一般灯杆越高，照度越低，8 m 高的行路灯的照度一般不大于 32 lx，10 m 高的不大于 20 lx，12 m 高的不大于 12 lx。一般人流量大的地方灯的布置较紧密，人流量小的地方灯的布置间距较大。

3) 装饰灯

用于渲染气氛、增添情调、勾勒庭园轮廓。分为隐藏照明光源和表露照明光源两类。

4）投光灯

运用投光器从一个方向照射树木、水面、纪念碑等雕塑、建筑柱子或轮廓等，能用于营造氛围。

学习任务如表 1.4.2 所示。

表 1.4.2　参考性学习任务

任务名称	微景园木作摆件设计
实训目的	了解摆件设计方法，掌握施工图制图规范，能够运用 CAD 软件绘制摆件的平面图、立面图、剖面图。
实训准备	方案可以用电脑软件 CAD 绘制；需要一块小型园林绿化场地，场地内具有水景、铺装及植物；具备测量工具，3 m×0.08 m×0.02 m、3 m×0.06 m×0.04 m 规格的木材各 2 根；采用教师引导、小组合作讨论的方法，设计出一个具有创意性的，能在微景园中稳定摆放的摆件。
实训内容	(1) 绘制施工设计图，编写设计说明(300～500 字)。 (2) 编写方案汇报 PPT。 (3) 根据设计方案，在微景园实训基地进行小组优秀项目的落地。 (4) 作业经教师点评后上传至平台，完成学生互评。
实训步骤	(1) 下达任务书。 对下图所示的总平面图进行识图、审图，进行木作摆件的创新设计工作。 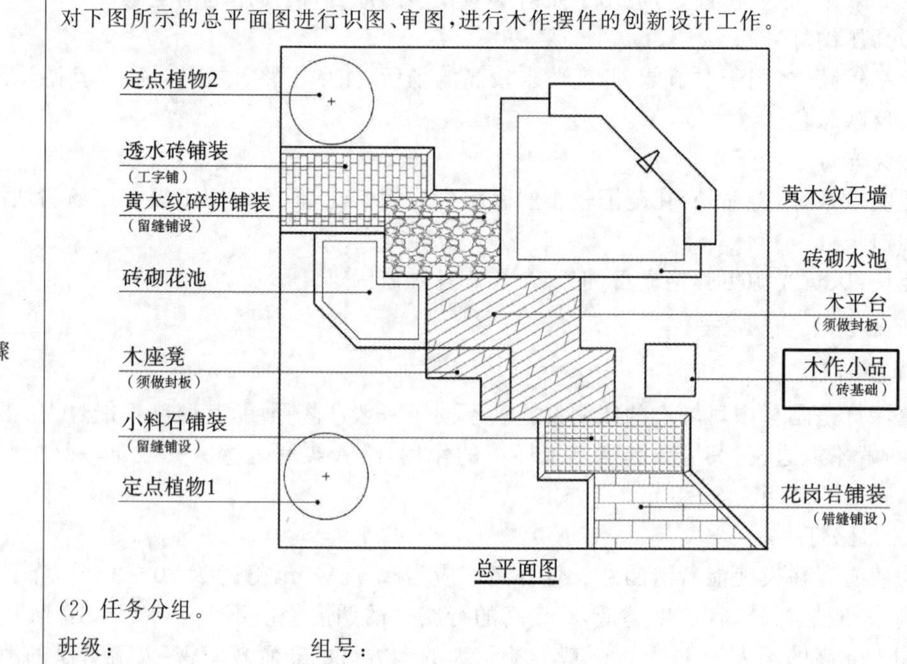 总平面图 (2) 任务分组。 班级：　　　　　　　　组号： 组长：　　　　　　　　指导老师： 组员：

续表

<table>
<tr><th>任务名称</th><th colspan="3">微景园木作摆件设计</th></tr>
<tr><td>实训步骤</td><td colspan="3">任务分工：

(3) 工作准备。
① 阅读工作任务书，查阅和收集相关资料，进行现场勘察和技术交底，并填写质量技术交底记录。
② 收集《全国职业院校技能大赛赛项规程(园艺)》中有关设计方面的知识。
③ 工作实施。
★ 引导问题1：设计摆件是否需要考虑建筑风格及主题？应在哪里体现创新点？

★ 引导问题2：如何保证摆件设计的稳定性？

★ 引导问题3：如何进行摆件各部分的材料选择和材料用量计算？

★ 引导问题4：相关建筑小品设计的施工图制图规范是什么？</td></tr>
<tr><td rowspan="6">参考评价</td><td rowspan="3">过程性评价(55%)</td><td>知识掌握度(25%)</td><td></td></tr>
<tr><td>技能掌握度(25%)</td><td></td></tr>
<tr><td>学习态度(5%)</td><td></td></tr>
<tr><td rowspan="2">总结性评价(30%)</td><td>任务完成度(15%)</td><td></td></tr>
<tr><td>规范性及效果(15%)</td><td></td></tr>
<tr><td>形成性评价(15%)</td><td>网络平台题库的本章知识点考核成绩(15%)</td><td></td></tr>
</table>

案例导入

（本例选自重庆和汇澜庭景观设计工程有限公司）

居家庭院设计传承着历史文脉，打造“吸睛”的庭院景观，可满足当地居民的生活、游赏需求，同时也可为城市景观注入新的活力。

本方案涉及文化景墙、亭、花池、大门等建筑小品的设计，设计用木材、雪浪石、机制石和造型松点缀，突显了浓厚的中式传统文化、地域文化。设计整体构图新颖，给人以视觉、触觉新体验(见图1.4.1至图1.4.7)。

图1.4.1 新中式景墙效果图

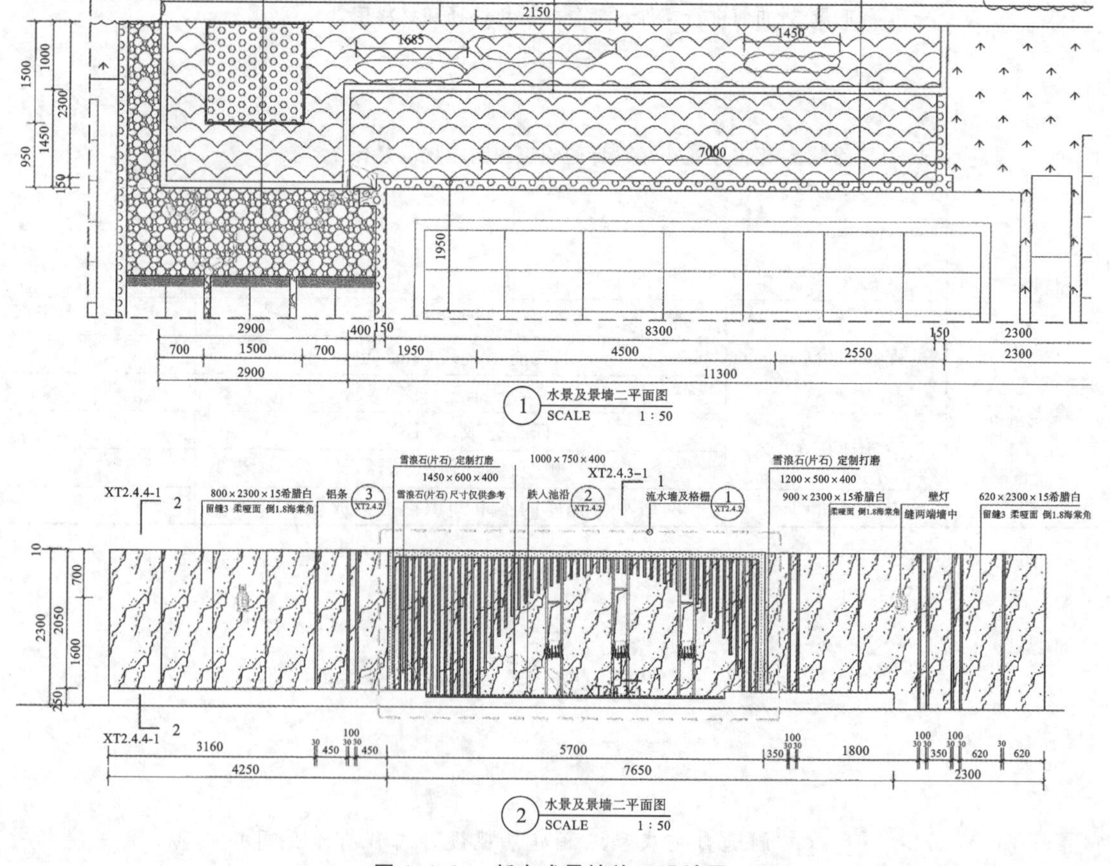

图1.4.2 新中式景墙施工设计图

单位：mm

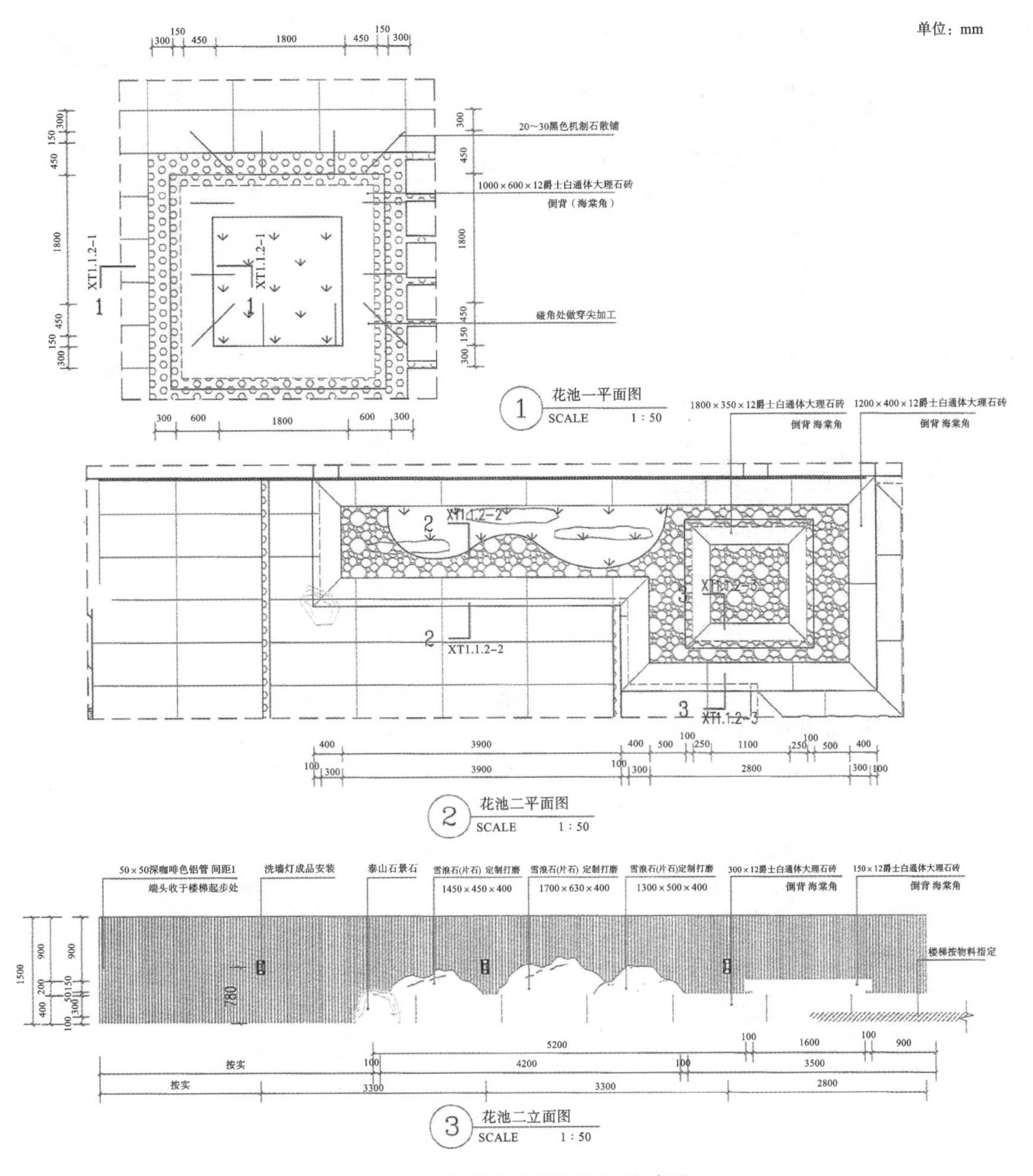

图 1.4.3　景墙前的花池施工设计图

图 1.4.4　新中式亭效果图

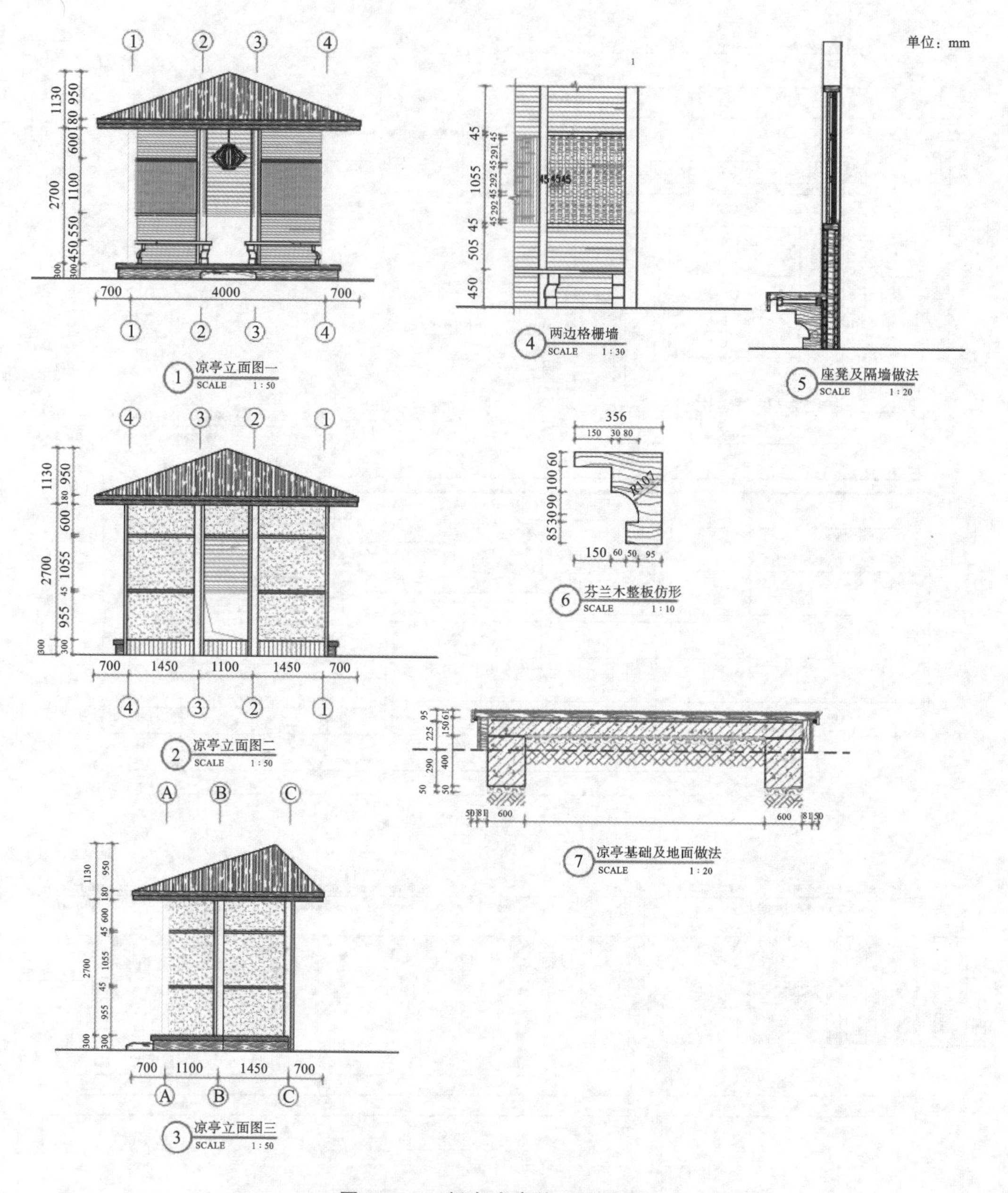

图 1.4.5　新中式亭施工设计图

图 1.4.6　新中式大门效果图

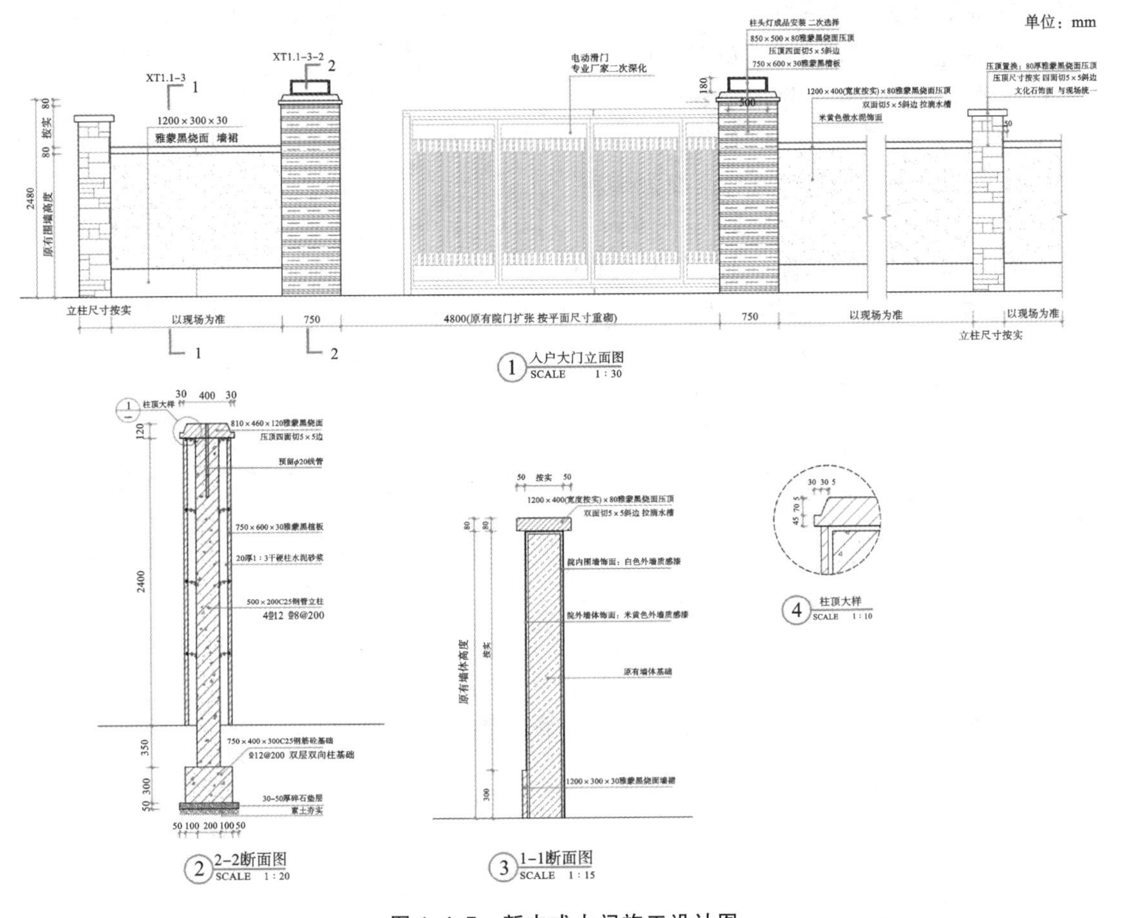

图 1.4.7　新中式大门施工设计图

知识拓展与复习

1. 园林建筑作为造园四要素之一，是一种独具特色的建筑，按使用功能，其可分为(　　)。

A. 管理类园林建筑　B. 服务性园林建筑　C. 功能性小品　D. 装饰性小品

2. 下列选项中，属于点景的是(　　)。

A. 石刻　B. 雕像　C. 喷泉　D. 园灯

3. 公园内公用的条凳、座椅、美人靠(包括一切游览建筑和构筑物中的)的数量为(　　)。

A. 游客容量的 5%～10%　B. 游客容量的 10%～20%

C. 游客容量的 20%～30%　D. 游客容量的 30%～35%

4. 当邻幢间距(D)与建筑高度(H)的比值 D/H (　　)时，空间有相对封闭感。

A. 小于 1　B. 等于 1　C. 大于 1　D. 大于 1.5

5. 廊按整体造型可分为(　　)。

A. 双面空廊　B. 单面空廊　C. 复廊　D. 以上都不是

6. 亭在园林绿地中的作用主要有(　　)。

A. 景观　B. 使用　C. 造景　D. 点景

7. 步行道路旁行路灯的灯杆高度为(　　)。

A. 2.5～4.0 m　B. 2.5～6.0 m　C. 4.0～8.0 m　D. 5.0～6.0 m

8. 夜景照明设计要从源头上控制和防止(　　)。

A. 光污染　B. 耗电　C. 高亮度　D. 照明干扰

专题五　植物景观设计

知识目标：了解植物景观配置的原则，掌握植物生态和形态配置要点，掌握本地区常见园林植物品种。

能力目标：能够根据不同的园林风格进行植物品种选择和景观营造；掌握小型空间绿地植物的组团配置及花镜配置方法。

思政目标：培养生态保护意识，尽量使用乡土植物，遵循自然生态的搭配原则，充分考虑植物的生态特性，科学合理地进行配置。

任务　植物景观设计

园林植物设计是指在满足植物生态习性、艺术审美要求和园林功能需要的基础上，将造景所需要的植物搭配成一种较为平衡的人工种植群落景观。当代植物造景设计不仅要继承和发扬传统文化的艺术精髓，还要兼顾时代对生态可持续发展的要求，这样才能创造更符合现代审美的植物景观。

一、植物景观配置的原则

"微景园植物的美学搭配"

（一）自然仿生原则

针对各类景观绿地自然环境、地貌、风景、建筑等的不同，应"因地制宜"地选择表现不同风貌的植被景观。此外，在选择植被时既要注重保持自然景观的相对稳定性，也应全面掌握植被的季节性变化规律，并"因时制宜"地创建城市园林景观。在搭配上要以天然植物群落的组成方式为参照，通过合理搭配达到"师法自然"、"虽由人作，宛自天开"的效果，努力做到"因材制宜"，充分利用各类植物的观赏特点，最大化地发挥植被“自然美”的吸引力。

（二）生态原则

在植被材料的选用、植被种类的搭配方面，应当以改善环境品质为出发点，尽可能多地合理选取和利用乡土树木，以创建出稳定的植被群落；在全面了解植被的生物学、生态学特性的基础上，合理布局、科学配套，使各类植被和睦共生，使植被种群健康稳定，进而充分发挥出植被最佳的生态效益。而用作都市防护林的植被，应当具有生长发育快速、生存寿命较长、易栽易活、管护粗放、病虫害较少等特点；在环境污染较严重的工厂，则应选用能抗有害气体、能吸附烟尘的植被，如皂荚、臭椿、夹竹桃等；而在医院，可考虑栽植杀菌力较强的植被。

（三）文化意境原则

意境是中国文化和绘画的重要艺术表现特征，一直贯穿我国传统园林设计。意境是意与境的结合，这种结合不但带给人愉悦、心旷神怡的体验，同时还能让具备不同审美经验的人形成不同的审美感受。我国传统园林的植物配置受到了文化的深刻影响，在表现形式上，重视植物的色、味、姿、韵、声；在表现手法上，使用了比喻等手法，把园林植物的特征人格化，借以表现人的思想品质、意志、人生观等，让欣赏者们在赏景的同时，感受到植物的内涵美，由此触景生情，从而达到陶冶情操、寓教于乐的目的；在造景方法上，注重“立意”而使园林环境更富有诗意。

（四）景观美学原则

园林植物造景既不是植被的简单组合，也不是对大自然的一味模仿，而是在人们审美基础上进行的艺术创作，是对园林美学的提炼、概括、创新与提升。在配置中，植物的形体、颜色、质感和比例应当遵从统一、调和、均衡、韵律四项基本原则，既要突出植物个体的美，同时也要展现植物的群体美，以达到整体和局部的和谐统一。

（五）适地适树原则

适地适树生长是指根据植物特性为其配置具体环境（包括土质、温度、湿度、光线、水分等各种条件），每种植物都有自己的生长习性，对光线、水分、气温、土质、空气等环境因子，均有不同的需求。在选择植被时，应当全面掌握植被的生态特征，按照立地环境要求选用合适的植被，如在日照较丰富的地区，可选用喜光的阳性植物，而在庇荫的地区可栽植抗阴性植被，在干燥瘠薄的地区可选用抗旱性较强的植被，同时亦可采取引种驯化方式或改善立地生长条件。

二、植物空间分析

植物空间是指利用由地面充当的平面、由植物材料充当的立面和顶面所构成的具有明示或暗示作用的特定范围。选择不同的植物材料可以营造出不同的植物空间类型，一般分为“开敞空间”、“半开敞空间”、“渗透空间”、“封闭空间”四种类型（见图 1.5.1）。

（一）开敞空间

开敞空间是利用低矮植物界定的空间，是区域内可被一眼看穿且有明显界限的空间类型。开敞空间是没有私密性的、对公众开放的，能够吸引多数人进入空间内部进行人为活动。如通过在整个场景周边栽植丰茂的植物围合成一大片开阔的草坪就可形成开敞空间（见图1.5.2）。

(二) 半开敞空间

半开敞空间整体与开敞空间类似，只是由多面植物围合成的封闭空间的一侧可以实现视线向外渗透，通常会运用到复合场景中满足不同人群的空间需求。如图 1.5.3 所示，连廊右侧通过绿篱封闭视线，左侧打开，将人的视线吸引至左侧草坪的开敞空间，将整个廊下的空间很好地进行延展，减少行人在廊架下的压迫感。

(三) 渗透空间

渗透空间也可以称为林下空间，通常由同一树种(大乔木)成片栽植而成，通过密实的树冠封堵顶部空间与地面，形成林下的平视空间，平视点处没有任何障碍，可以看到树林外。

(四) 封闭空间

封闭空间利用多层次植物封堵人的视线进行空间的界定。此类空间私密性高，主要针对具有特定需求的人群开放使用，配置形式常为“大乔木＋中乔木＋灌木”，以此形成密实的植物背景。高大的乔木在整个休憩环境四周及上方都形成了植物覆盖，营造了静谧的环境。

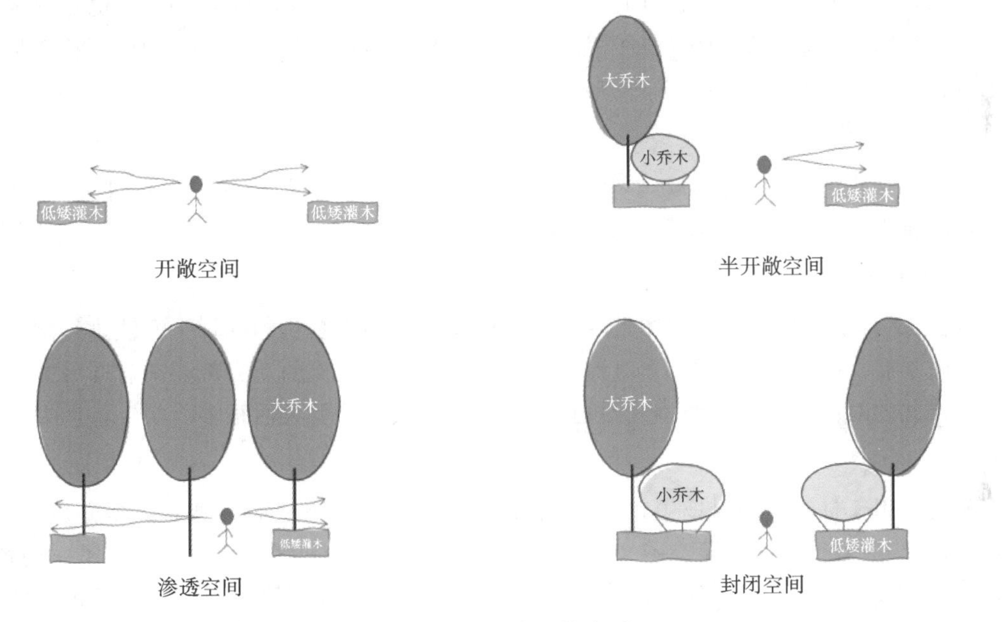

图 1.5.1 植物空间的类型

图 1.5.2 日本东京新宿御苑

图 1.5.3 成都保利和光屿湖示范区

三、植物景观配置方法

（一）孤植

孤植是指将园林中冠幅较大、树形较美或极具观赏价值的乔木栽植在重要地段以取得主景效果的栽植方式。孤植重点表现植物的个体特征，如独特的造型、艳丽的颜色、经济价值等。在选用树木时，应选用具备树冠开展、姿态优美、寿命较长、病虫害较少、成荫效果好等特征的树木，如银杏、黄葛树、元宝枫等。而栽植孤植树的场所，通常需要相对开阔，保留适当的观景视距。一般孤植树可以栽植在草地、休闲广场、马路交叉口、转弯处或亭廊等建筑小品旁或建筑物的前庭，起到聚焦、引导和点缀的作用。利用孤植树造景时必须注意其形态、高矮、姿势等都要和空间大小相协调。如宽阔空间中应选用较高大的树木等作孤植树，而狭窄空间中则应选用小乔木和灌丛等作主景。

（二）对植

植物栽植在建筑物的出入口两侧或阶梯、桥梁、小品的两旁，可烘托主景，也能形成配景、夹景。对植时通常选用造型优美的乔灌木，如罗汉松、桂花、杨梅、红枫等，而根据构图形式，对植则可分成对称式和非对称式两种方式。

1. 对称式对植

以主体景观的中心轴线为对称轴，左右两侧对称地栽植了两株（丛）以上种类、尺寸、高度均相同的植株。

2. 非对称式对植

两株（丛）以上的植株，在主体景观的轴线两端按中心构图法和杠杆平衡法进行配置，从而形成动态平衡。必须注意的是，非对称式对植的两株（丛）植株的动势都要向着同一方向发展，以形成彼此的对应状态。和对称式对植比较，非对称式对植要灵活很多。

（三）丛植

丛植多用于自然式的绿地中，构成丛植的植被种数为 3～10 种，植被以不等距的形式疏密有致配置，构成若干植物组团。一个植物组团往往由大小不同、高度不同、形态不一的植物组成，并根据艺术构图原则进行配置。因此，构图时需要注意植物的体型、姿态、颜色等的选择；注意植物之间的主次关系；同时留足植株正常生长发育需要的生长空间，即植物栽植的株行距应既满足造景需要的郁闭效果，又不会危害植株的正常生长发育。

在设计丛植景观时，必须注意的配置准则如下。首先，对于由同一种植物组成的景观，植株间在形状与姿态等几个主要方面都应有所区别，既要有主次之分，又要彼此照应，如丛植应遵循"不等边"三角形布置，多株植物的配置均以此方法进行合理组合（见图 1.5.4）。其次，丛植讲究植物的组合搭配，原则上以乔木作为主景统管上层空间，具体分为主乔木（最高）、添乔木（次高）及对植乔木（较矮、品种和形态可变），灌丛（灌木）包围着乔木种植，可使整个树丛变得比较密集，如果在四周再种植上花草则会显得更加自然和宜人，因此，灌木地被的设计更能影响人的观赏视线，设计时应遵循前低后高、前浅后深、开合有致的原则（见图 1.5.5）。再次，树丛既可用作主景，也可用作背景及配景。作主景时的特点与选择方法类同孤植树，只不过要以"丛"为单元，如在斜坡上种植的一丛红枫森林树，其鲜亮的色彩分外引人注目，但为了取得较好的观景效果，要注意留足树高 3～4 倍以上的观赏视距；而若是多种乔木搭配，则应避免组

团间植物品种交叉(见图 1.5.6)。

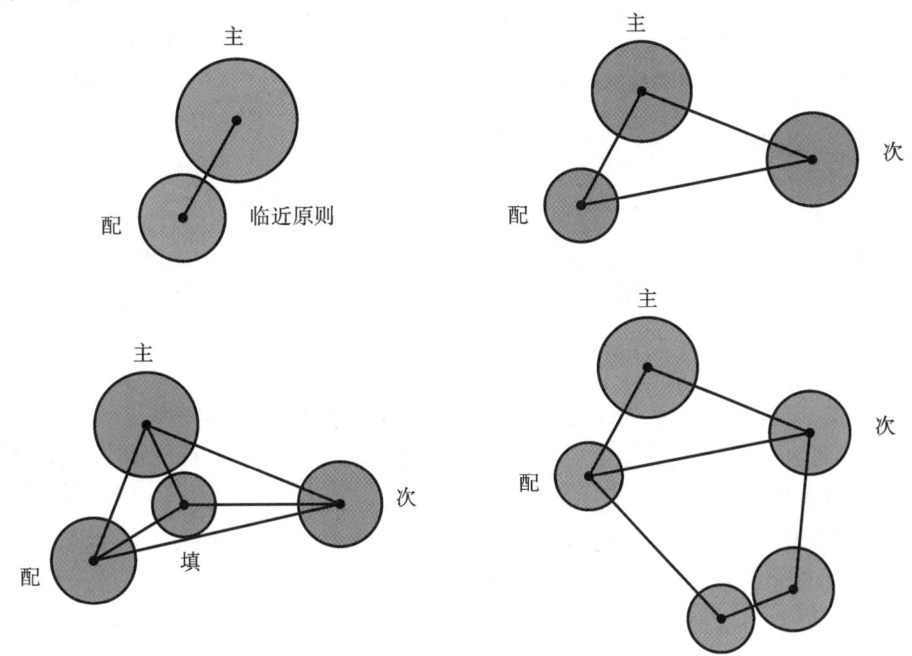

图 1.5.4　丛植的两株、三株、四株、五株基本布置法

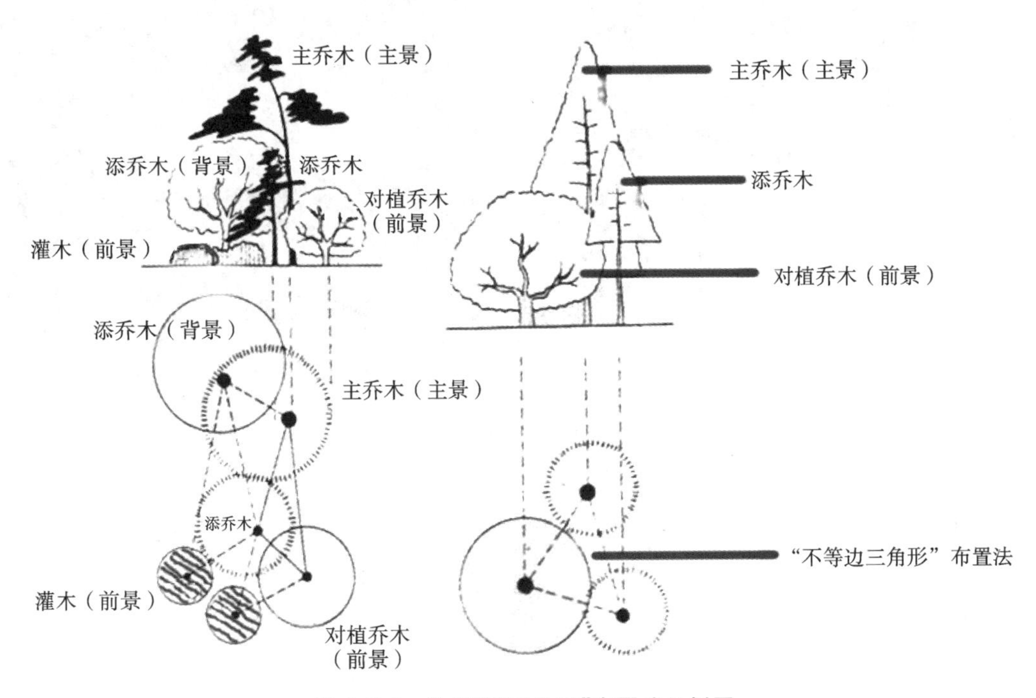

图 1.5.5　丛植的“三角形”布置法示例图

(四) 群植

群植一般适用于自然式景观营造,其是将同一种植物按不等间距方式大面积种植的形式,所体现的一般是群落美,对树木的个体美并不注重。树群常布置在大草地边缘、湖旁、河边、坡地等区域。树群做主景时,需要四面空旷的观景场地,起码在树群高 4 倍、树木宽 1 倍的间距

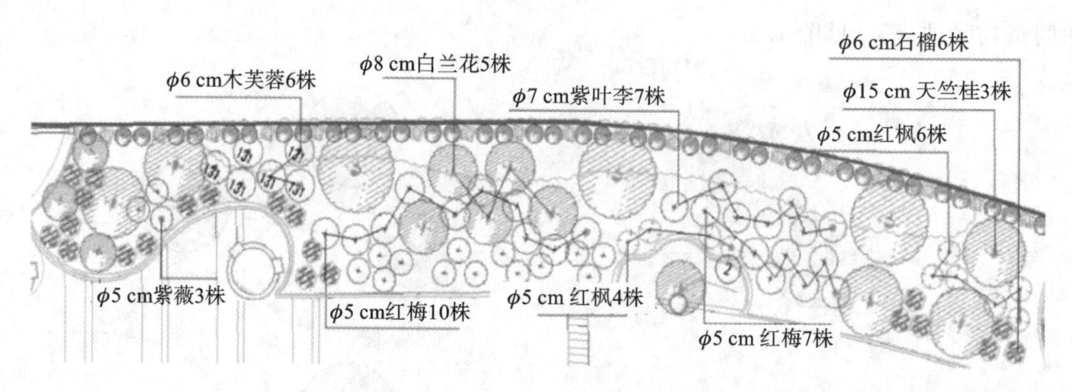

图 1.5.6　多种乔木丛植示例图

上要预留足够的空间以方便游客观赏；树群也可用作背景或配景，以映衬周围环境、屏蔽不良视线、围合或分隔空间（见图 1.5.7、图 1.5.8）。树群可按如下方式设置。第一层设大乔木，且必须为阳性乔木；第二层设亚乔木，依据栽植的位置，其可能是阳性的，也可能是阴性的（栽植于大乔木庇荫下或北面的亚乔木是阴性的）；其次，从景观角度考虑，要注意树群的林冠线应有高低交错的变换；最后，树群应四季都有景可赏，因此，常选用常绿与落叶的配合、针叶与阔叶的配合、乔木与灌丛的配合。

“园林小空间植物的配置设计”

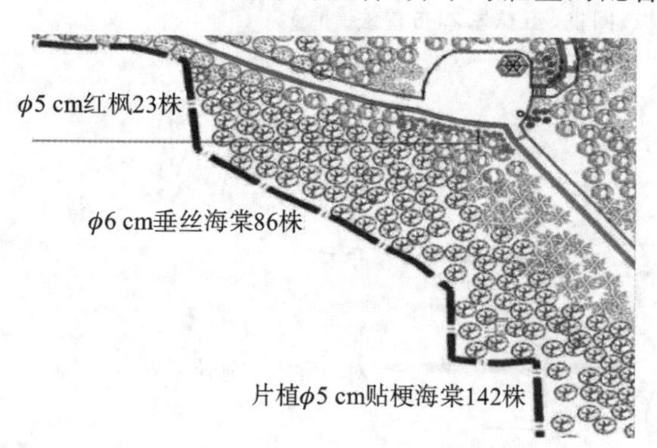

图 1.5.7　群植平面设计

图 1.5.8　日本东京新宿御苑樱花

在进行群植植物景观设计时，需要注意下列问题。

1. 品种数量控制

乔木种类多为 1～2 种，骨干树木要有相当数量，作衬托的乔木和灌丛种类不能多于 5 种，不然会显得很杂乱。

2. 植物的选择和搭配

树群应选用高大、形状优美的树种，构成整个树群的骨架；以枝干紧密的植株为衬托，并选择树枝平展的植株作为边缘的过渡，以得到连贯、顺畅的林缘线；按照生态原理模拟自然植物群落的垂直分层现象，选择合适植被以得到较为稳定的植物群落。

3. 布置方法

群植多用于自然型庭园中，植株栽植时应有疏有密，不能成行、成列或等距种植；林冠线、林缘线都要有水平起落和委婉迂回的变化；林中还可铺上草地或设置“天窗”以利阳光进入，提高游客参观兴致；群植景点则既要有自然景观中的主要乔木，也要有衬托主体的添景和配景，但种类不宜过多，且灌木的应用主要为低矮的耐荫品种。

（五）林植

凡利用成片、成块、大规模种植的乔木（灌木）林形成林地和森林自然景观的应用方法都叫作林植。林植多应用于公园、风景游览区、疗养区、自然环境防护区和健康防护林带等地域，包括密林和疏林两种形态。

1. 密林

密林的郁闭度在 0.7 以上，光线极少可透进林下，林中相对湿度大，地被植物含水率高，组织松软，不耐人践踏，不方便游客活动。栽培密林时，大面积地区可选择片状混合，小面积的则多选择点状混合，但通常不做带状混合。应重视常绿林和落叶林之间的搭配比例，一般在长江流域比例为 1∶1，而在北方地区，落叶林的占比较大。

密林可以分成单一密林和混交密林。单一密林由一种乔木群构成，如水杉林、毛竹林、马尾松林等纯森林树木，有简约之美；混交密林由不同植物种类混栽形成，是由乔、灌、草等多层构造的植物群体。往往在林缘部分地区栽培色泽明亮的观花、观叶树木及草本花木，以提升观赏效果。

2. 疏林

疏林的郁闭度一般为 0.4～0.6，林内可设置纯林，或以乔、灌、草丛等构成疏密有致的风景林。疏林下草地上应有坚韧抗践踏的花卉种类，但最好选择秋季不会枯黄的种类，尽可能使游客可以在草地上活动，林下及边缘可种植多种宿根花卉作为景观。

（六）花境

花境是模拟自然景观中林缘旁边野生花卉的生境特点而来的种植形式，十分野趣、自然。花境在实际运用中以斑块或条状的形式种植于绿地旁、马路两侧或建筑墙基等地，可以作为主景或配景运用。花境的形式多变，植物材料选择多样，可以根据种植点的环境特点进行设计，以与其很好地融合。花境非常适合庭院、公共绿地种植。

1. 花境的分类

花境分类较为复杂，可根据选用材料的属性、颜色、观赏面、运用位置等来进行分类，目前得到广泛认可的分类有以下几种。

1）按照选用的植物材料属性划分

以多年生宿根花卉为主导的花境称为花卉型花境；以灌木为主导的花境称为灌木花境。

2)按照选用的色彩划分

以一种颜色为主导的花境称为单一色花境；以两种以上颜色为主导、其他颜色为辅的花境称为混色花境；利用渐变色打造的花境称为渐变色花境。

3)按照观赏面划分

花境按照观赏面可分为单面观赏型花境和双面观赏型花境（见图 1.5.9、图 1.5.10）。单面观赏型花境的配置方式通常为：设天然或人工背景，从背景往外依次逐渐降低植物的高度，形成主要以背景前侧为观赏面的花境类型。双面观赏型花境通常以植物中部为最高层，然后以此往外逐渐降低植物的层次，形成能够在四个方位都可以欣赏花境的类型。

2. 花境空间层次搭配方法

花境的空间层次可以分为三个：前景、中景、背景。根据花境的观赏特性，常把最高的植物

图 1.5.9 单面观赏型花境——成都麓湖麓客岛

图 1.5.10 双面观赏型花境——成都麓湖麓客岛

种在后面，把低矮植物种植在最前面或四周；但不可盲目按照此原则种植花境，这样会显得花境空间层次索然无味，因此偶尔会在中景或者前景适当种植高层植物，使花境更显趣味。

3. 花境的材料选择

花境材料选择的主要原则为选择具有长效性和低维护性的材料。因此，大部分花境的植物材料以多年生花卉为主导，适当搭配一、二年生花卉或球根花卉等。

1）花境搭配中常见的多年生灌木材料

丁香、珍珠梅、榆叶梅、圆锥绣球、棣棠、金缕梅、火炬树、红花玉芙蓉、山茶、牡丹、水果兰、溲疏等。

2）花境搭配中最常见的多年生宿根花卉材料

松果菊、百子莲、荷兰菊、萱草、宿根福禄考、矾根、耧斗菜、鼠尾草系列、芍药、大花飞燕草、钓钟柳、毛地黄、绣球、玛格丽特、佩兰、花烟草、蓍草、绣线菊、迷迭香等。

3）花境搭配中最常见的一、二年生花卉材料

美国薄荷、花毛茛、毛地黄、千日红、大滨菊、金鱼草、美女樱、羽扇豆、紫罗兰、白晶菊等。

4)花境搭配中最常见的球根花卉材料

郁金香、风信子、洋水仙、雪滴花、百合等。

“园林植物的组团搭配原则”

4. 花境的设计方法

花境的各种植物在平面上呈不均的斑块状，花卉混合种植的面积或大或小，但不能过分零散、均匀和凌乱；立面上花卉的高度错落有致，色彩、形态、季相变化丰富多彩，且在体量、颜色、姿态上应该有植物独特的自然美，不可呆板一致。在配置花境植物时应该注重植物的生长习性、形态、色彩、数量的和谐运用，这样才能设计出科学、永续、优美的花境作品。

1）合理的植物组合

在进行花境植物设计时应该注重植物高度、色彩、花期、形态等方面的合理组合。在设计花境时，合理的层次设计将直接影响整体呈现效果。如果是双面观赏的花境，最好在中部最高层设置花灌木或高大的观赏草作主景，并在其附近种植中层次的多年生宿根类花卉衔接层次，如玉蝉花、天蓝鼠尾草、佩兰等，外围配置松果菊、迷迭香、美女樱等，镶边花卉则用中华景天、矾根等，最终形成高、中、低三个层次关系。同理，如设计单面欣赏的花境时，应合理运用花境所依靠的背景，在靠近背景处种植高度较高的植物，然后依次往外选择背景较低矮的植物，这样才会让植物的层次关系更加清晰明了，使设计出的花境更加优美自然。

花境设计中色彩的设计也尤为重要。在设计过程中要充分了解色彩关系和氛围，这样组

团种植植物时才不会显得杂乱无章。合理运用色彩将会将花境的艺术氛围和魅力充分体现出来。如我们在设计花境时一定要注意色彩之间的相互呼应及互补，不可利用明度、饱和度较高的植物进行大面积种植，这样的色彩搭配容易瞬间点燃人的情绪，从而失去花境给人无意间带来的情绪感。

花境设计中植物习性的合理配置将为花境的长效观赏性提供有力的保障。如我们在设计花境中相邻的组团植物时，选择将荷包牡丹和耧斗菜进行搭配，这两种植物在酷热的夏季中均会发生休眠，其茎叶在此时会发生大面积枯死的现象，这样将会为花境的整体结构和效果带来不利影响，所以我们在搭配这样的组团植物时应该在其中混合一些在夏季生长发育旺盛的植物，如鼠尾草系列、山桃草、迷迭香等。

2）花境的融合性

花境的优美和多变是人们喜欢它最直接的原因，因此花境所处的位置也十分多变，比如花境经常出现在建筑周围、墙基、山坡、台阶及路边等。因此我们在设计花境时应该充分考虑花境与周边花境的融合性，不能显得花境过于独立从而显得突兀。在花境周围色彩比较单一的环境中，如深绿色、灰白色的墙壁旁等，可以适当点缀颜色较鲜亮的花卉，从而调动整个环境氛围，反之则应采用颜色较淡雅的花材，如红墙前的花境，应选择形态优美、颜色较浅的花卉来进行搭配。

3）合理的空间尺度

花境设计本身并没有特定的尺度限制，在实际进行尺度设计时通常会参考其所处空间的尺度。如在一个狭长的道路两侧，不宜将种植区域铺满，应该使花卉适当与道路保持观赏距离，这样的设计才能充分体现花境整体的尺度美。

4）花境的布局

花境的设计布局应该注意节奏与韵律，不可以进行均质的植物斑块设计，要有大小的变化且相互呼应。种植植物时应为其预留足够的生长空间，不可令植物相互拥挤在一起，这些预留的空间可以铺设有机覆盖物进行美化。花境设计应具有良好的植物背景，其在建筑物前应该与建筑物保持一定的距离，这样有利于植物的生长也便于植物后期的管理养护。

5）花境的植床

花境的植床设计一般整体高于地面。不管道路是否具有路牙花境，植床外缘都应该略微低于草地或路基，中部及内侧则略微高起形成一定的斜坡，这样的设计便于花境的排灌、植物层次塑造和观赏。

（七）花坛、花带和花池

1. 花坛

1）花坛的概念

在几何形轮廓的种植床内，栽植一、二年生的各种不同颜色的观花、观叶类园林植物，形成色彩艳丽或图案繁复的植物景观。

2)花坛的分类

(1) 按照布置形式可分为独立式花坛、组合式花坛、立体式花坛。

(2) 按照植物品种可分为盛花花坛、草皮花坛、木本植物花坛、混合式花坛。

3）花坛的设计

花坛设计表现的是植物的色彩美和图案构图。应尽量选择花期一致、开花繁茂的花卉品种，常用的有金盏菊、三色堇、金鱼草、福禄考、紫罗兰、石竹类等。园林中，花坛常用于广场中心、道路交汇处的主景或建筑小品、喷泉附近的配景，具有较高的装饰性和观赏性。设计时，为了观赏方便，圆形独立式花坛往往采用中间略高、四周低的布局形式，如：中间至高处布置乔木或灌木植物组团、雕塑或喷泉等，四周布置花卉模纹，模纹以见花不见叶的盛花为佳；组合式花坛往往借助一定的种植池造型完成；立体式花坛的内部具有钢架支撑和造型，构图常常体现一定的活动主题。

2. 花带

在道路两侧或疏林下，多布置由一、二年生或多年生花卉构成的线状布置形式的层次分明的植物景观，可布置一条或进行多条组合配置，形成颜色互补、高低错落的植物景观。

3. 花池

花池是指在种植池中栽植花卉形成的园林建筑小品。花卉栽植不具有复杂的模纹造型，花池常布置在需要调整高差的坡地上、大门或建筑物出入口两侧，或与建筑小品结合。

(八) 绿篱

绿篱是耐修剪的灌木或小乔木以等距的栽植形式多行密植排列而成的规则式绿带。其在园林绿地中的应用很广泛，常用于划分空间，作为屏障、边界，或作为花境、雕塑、喷泉的背景，或供建筑基础造景使用。绿篱按照高度可分为：绿墙(1.6 m 以上)、高绿篱(1.2～1.6 m)、中绿篱(0.5～1.2 m)、矮绿篱(0.5 m 以下)。按修建方式，绿篱可分为规则式及自然式两种，一般规则式绿篱常用于市政道路两侧、房屋建筑基部、广场入口两侧等比较重要的景观处，而自然式绿篱常被用于小游园的道路两侧、次干道或配合花镜使用。从观赏和实用价值来讲，分为常绿篱、彩叶篱、落叶篱、观果篱、花篱、编篱、蔓绿篱等多种。

(九) 草坪地被

1. 草坪景观的设计

根据采用的材质，草坪可分成纯草地、混合草坪和缀花草地。根据用途，草坪可分为休闲草地、观赏草坪、体育场草地、交通安全草坪和护坡草地等。草坪通常铺植于建筑、道路、广场周边及林间空地等处，供人观光、休闲、运动使用。配置草坪时，除了需要考虑观景、休闲和运动等功能外，还需要考虑的因素如下。

1)面积

虽然草坪景观视野开阔、气势宏大，但是因为维护成本较为高昂、物种结构单一，所以不建议广泛使用。在符合城市功能、景观等要求的前提下，应减少草坪的使用面积。

2)空间构成

从空间构成角度，草地景观要尽量和周边的建筑物、树丛、地势等紧密结合，产生相应的空间感和领域感，即在以上景物的观景面留足观赏视距，且该视距范围通过草坪过渡和联系。

3)形状

为达到自然的景观效果，以及便于对草皮进行修剪，草皮的边缘必须尽可能简洁而圆滑，并尽量避免繁复的尖角。如：在建筑的拐角、规则型铺装的转角处可种植地被植物，以减少对尖角造成的不良影响。

4) 品种选择

现代城市园林绿化中常见的草分为暖季型和冷季型两种，暖季型草有结缕草、狗牙根草、野牛草、地毯草、假俭草、马尼拉草、天堂草、高羊茅等；冷季型草有黑麦草、早熟禾、剪股颖等。虽然可选择的草地类型较多，但从景观效益和维护成本等方面考量，最好选择耐旱、防病虫害

的优质草种，如结缕草、狗牙根草。进行草坪品种搭配时多将冷、暖季型草种混播，但要注意植物的色彩、叶片质地、生态特点，如高羊茅的叶片有宽有细，在与早熟禾混播的时候尽量采用细叶的，否则草坪会显得粗糙；同时，黑麦草具有直立分支生长的特性，在与高羊茅混播的时候用量可以达到50%，但与早熟禾混播的时候只能用20%的量。

5)技术要求

草坪栽植需要一定的自然条件，如土厚约30 cm、土壤pH值为6～7、边坡角度≤30°时，土壤的排水良好、自然安息角稳定、土质疏松，利于草坪的生长。

2. 地被植物

地被植物有种类多、抗性强、管理粗放等优势，除一些矮生草本之外，还包含一些茎叶紧密、较低矮的或匍匐式的矮生乔木、竹类，或带有蔓生特征的藤本花卉等。在配置时，首先大面积配置各种相同色系的地被植物以取得整体效果，然后在内部配置具有斑块状的横纹种类，或颜色亮丽的草花和叶色亮丽的观叶地被，如紫花地丁、白三叶、黄花蒲公英等。

学习任务如表1.5.1所示。

表1.5.1　参考性学习任务

任务名称	微景园植物种植设计
实训目的	了解园林常用植物品种及其生态习性，了解施工图制图规范，掌握植物种植设计的方法，增强生态保护意识及社会责任感。
实训准备	方案可以用电脑软件CAD绘制；需要一块小型园林绿化场地，场地内具有建筑小品、水景、铺装；具备简单的植物品种(杜鹃、金叶女贞、南天竹、桂花、孔雀草、玉簪、红枫、绣球花等)及栽植工具；采用教师引导、小组合作讨论的方法，设计出一个符合植物生态特性和美感的植物景观。
实训内容	(1) 绘制植物种植设计图、乔木或灌木的断面施工图，编写设计说明(300～500字)。 (2) 编写方案汇报PPT。 (3) 根据设计方案，在微景园实训基地进行小组优秀项目的落地。 (4) 作业经教师点评后上传至平台，完成学生互评。 “微景园植物调查实训”
实训步骤	(1) 下达任务书。 对下图所示的微景园总平面图进行识图、审图，进行植物种植设计工作。

续表

任务名称	微景园植物种植设计
实训步骤	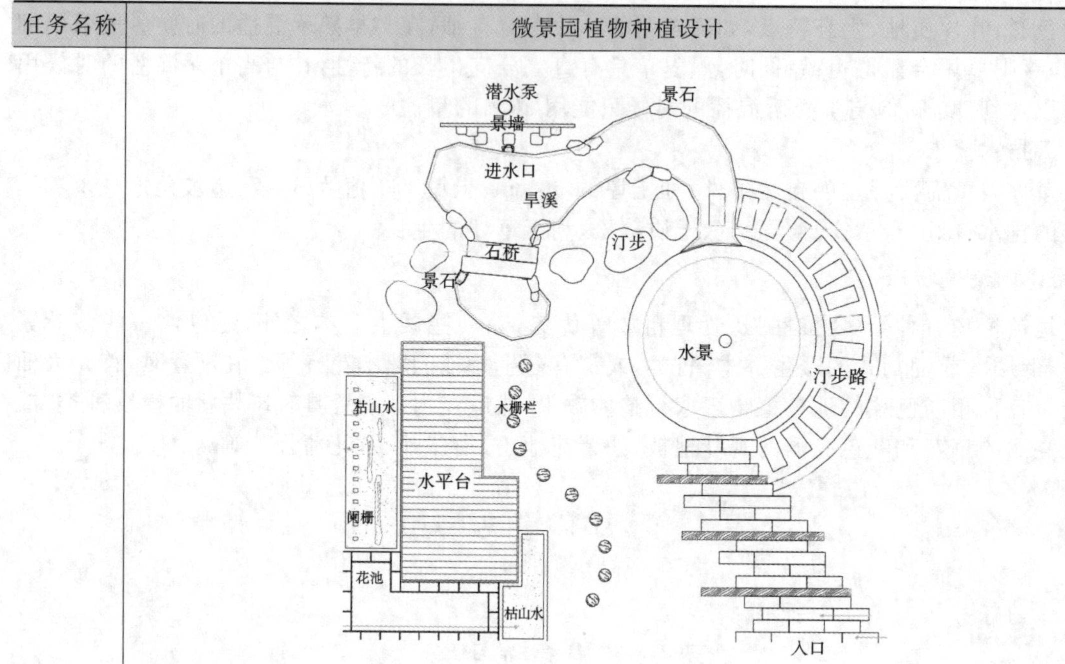 (2) 任务分组。 班级：　　　　　　　组号： 组长：　　　　　　　指导老师： 组员： 任务分工： (3) 工作准备。 ① 阅读工作任务书，查阅和收集相关资料，进行现场勘察和技术交底，并填写质量技术交底记录。 ② 收集《公园设计规范》及《全国职业院校技能大赛赛项规程(园艺)》中有关设计方面的知识。 ③ 工作实施。 ★ 引导问题 1：园林常用植物品种有哪些？哪些类型的植物适合应用于微景园？ ★ 引导问题 2：微景园植物的设计风格怎样确定？

续表

<table>
<tr><th>任务名称</th><th colspan="3">微景园植物种植设计</th></tr>
<tr><td>实训步骤</td><td colspan="3">★ 引导问题 3:哪些位置需要用植物重点点缀？如何运用植物框景、点景和隔景？

★ 引导问题 4:植物种植设计图的施工图制图规范是什么？</td></tr>
<tr><td rowspan="6">参考评价</td><td rowspan="3">过程性评价(55%)</td><td>知识掌握度(25%)</td><td></td></tr>
<tr><td>技能掌握度(25%)</td><td></td></tr>
<tr><td>学习态度(5%)</td><td></td></tr>
<tr><td rowspan="2">总结性评价(30%)</td><td>任务完成度(15%)</td><td></td></tr>
<tr><td>规范性及效果(15%)</td><td></td></tr>
<tr><td>形成性评价(15%)</td><td>网络平台题库的本章知识点考核成绩(15%)</td><td></td></tr>
</table>

案例导入

城市发展速度越来越快，很多城市病随之暴露出来，其中，内涝、干旱现象尤为突出。为了更好地利用自然资源改善居住环境。国家提出海绵城市的概念，以对我国城市病进行治理。20 世纪 90 年代末，海绵城市理念发展起来，暴雨洪水及地面源污染物管理技术是其主要研究点。按照国家对海绵建设颁布的指导意见，要求降雨后地面要发挥吸纳、蓄、渗入、净化的作用，以让雨水在城市发展中实现自然转移和有效利用。

海绵城市的建设中，雨水花园是重要的呈现形式之一。雨水花园是一种人工或自然下凹的绿地，主要的作用是汇集、收纳来自于建筑屋面或地面的雨水，并利用植物、覆盖物等措施将雨水进行净化使其逐渐渗透土壤涵养土地的地下水，也可将其集中收集在隐形收集池内用于补充景观或用作城市用水（见图 1.5.11）。

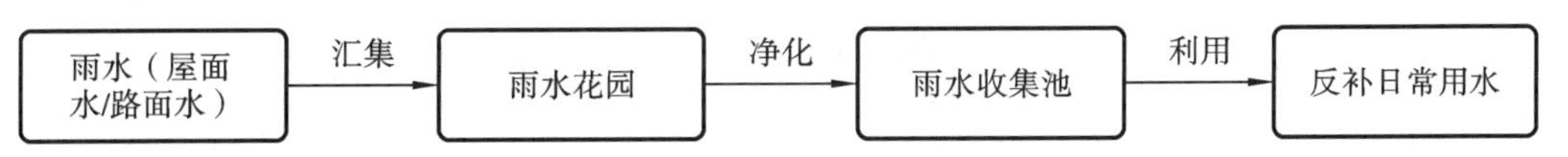

图 1.5.11　雨水花园流程图

雨水花园多设置在雨水汇水区域内的低点（见图 1.5.12），配置植物需要注意以下几点。

(1) 选用耐旱耐涝的品种(如千屈菜、梭鱼草、再力花等)。

(2) 选用具有净化能力的植物(如芦苇、芦竹等)。

(3) 选用维护成本低廉的植物(如细叶芒、紫叶狼尾草、蒲苇等)。

图 1.5.12　龙湖昱湖壹号雨水花园实景

本案例为居住区绿地景观中的雨水花园设计。本案例中雨水花园以自然式种植为主,主要采用多年生宿根植物与观赏草进行搭配。在雨水花园的边缘栽植抗性极强的植物,如紫叶狼尾草、凤凰山苔草。在靠近雨水花园中部种植耐水湿植物,如黄花鸢尾、再力花、梭鱼草等(见图 1.5.13)。

图 1.5.13　雨水花园实景

知识拓展与复习

1. 中国十大传统名花是(　　)、牡丹、月季、茶花、桂花、水仙、荷花、杜鹃。

A. 梅花　　B. 兰花　　C. 菊花　　D. 竹

2. 根据《公园设计规范》,城市高压输配电架空线以外的其他架空线和市政管线不宜通过公园,特殊情况时,管线从乔灌木设计位置下部通过,其埋深应大于(　　)。

A. 1.2 米　　B. 1.5 米　　C. 1.8 米　　D. 2.0 米

3. 影响园林树木的生态因素有(　　)。

A. 气候　　B. 土壤　　C. 地形　　D. 生物

4. 植物景观配置的原则有(　　)。

A. 自然仿生原则　　B. 文化意境原则　　C. 适地适树原则　　D. 生态原则

5. 三株树丛的配置原则是(　　)。

A. 各株树应有姿态、大小的差异

B. 树种搭配不超过两种

C. 三株不在同一条直线上且不为等边三角形

D. 最大的一株稍远离

6. 根据树种的喜光程度可将树种分为喜光树种、中性树种和(　　)。

A. 厌光树种　　B 不耐阴树种　　C. 耐阴树种　　D. 非中性树种

7. 下列树种中,要求生于酸性土壤的是(　　)。

A. 马尾松　　B. 侧柏　　C. 青檀　　D. 柏木

8. 下面植物中,属于挺水植物的是(　　)。

A. 荷花　　B. 菖蒲　　C. 睡莲　　D. 芦苇

9. 下列植物中,适合做草本花镜的有(　　)。

A. 细叶芒　　B. 紫叶狼尾草　　C. 芦苇　　D. 红瑞木

10. 下列植物中,适合用在海绵城市建设中的有(　　)。

A. 芦苇　　B. 梭鱼草　　C. 菖蒲　　D. 铺地柏

下篇

项目实训

项目一 微景园设计

学习目标

知识目标：理解园林构图中点、线、面的概念，掌握平面构图基本原理。

技能目标：能合理应用折线和曲线绘制微景园园林平面构图，并理解不同园林构图中线条应用的特点。

思政目标：根据《世界技能大赛园艺项目比赛规程》和《公园设计规范》，培养工匠精神。

任务 微景园设计

相关知识

园林平面构图主要由点、线、面(形)构成，点、线、面是形成空间形式的主要视觉因素，园林平面构图是园林空间形式美的基础，也是园林美的主要内容。

一、点

"音乐与构图"

点是指具有一定空间方位的视觉单位，其本身并没有方向、大小、形状和体积等属性。但当点处于一定的环境中时，点的扩大、缩小及排列方式就会产生一定的方向性和形状的变化。在园林景观中，点常常以景点的形式出现，其可以是植物球、假山石、凉亭等，景点在园林平面构图中的合理性，直接关系到园林景观整体布局的科学性。同时，点具有很强的视觉属性，最为人熟知的是视觉中心点和透视消失点两个类别，在园林造景中常常使用点景营造空间焦点，使游客视线随景点变换而变化，从而带给游客良好的视觉体验。

二、线

线是点在一个方向上的延伸，点移动的方向发生变化时就产生了线的曲折变化。线具有长度和宽度的属性,可以表示出一定的方向性。常见的线条形式有:直线、曲线、折线、弧线等。在园林景观中,线是造型中最基本的要素,是面的边缘,既是独立优美的景观,又是各个景点的组织链接,是园林景观中不可或缺的基本要素。线可以代表高低起伏的地形线、曲径通幽的道路线、蜿蜒曲折的河岸线、美丽婀娜的拱桥线、丰富变换的林冠线、庄严肃穆的广场线、高耸挺拔的峭壁线等。同时,园林景观中的线也可以是虚的,如景观视线与中心轴线等。

三、面(形)

面是线平移产生的,具有一定的形状,所以面也称为"形"。形又分为"自由形"和"几何形"两大类。"自由形"是不规则的感性形状,其特点是自由、随意、自然、流动、不对称、活泼、柔美。"几何形"是有序的机械的几何形态,是按一定的数比关系和轴线关系进行组合排列的形状,传达出稳定、有序、规则的设计,如圆形、三角形、正方形、六边形等规则图形。在园林中,水平的"面"常指代水面、广场铺装、大面积草坪等图形,垂直的"面"常指代墙体、绿篱和成排的树木等。

圆形、正方形和三角形是任何"几何形"的演变基础,如椭圆和螺旋线可以看作是由圆形衍生而来的,矩形是由正方形衍生而成的,六边形、不规则多边形等则可以由三角形排列组合衍生而来。它们通过放大、缩小、排列、重组等逻辑变换就组成了我们今天看到的丰富图形(见图2.1.1、图2.1.2)。

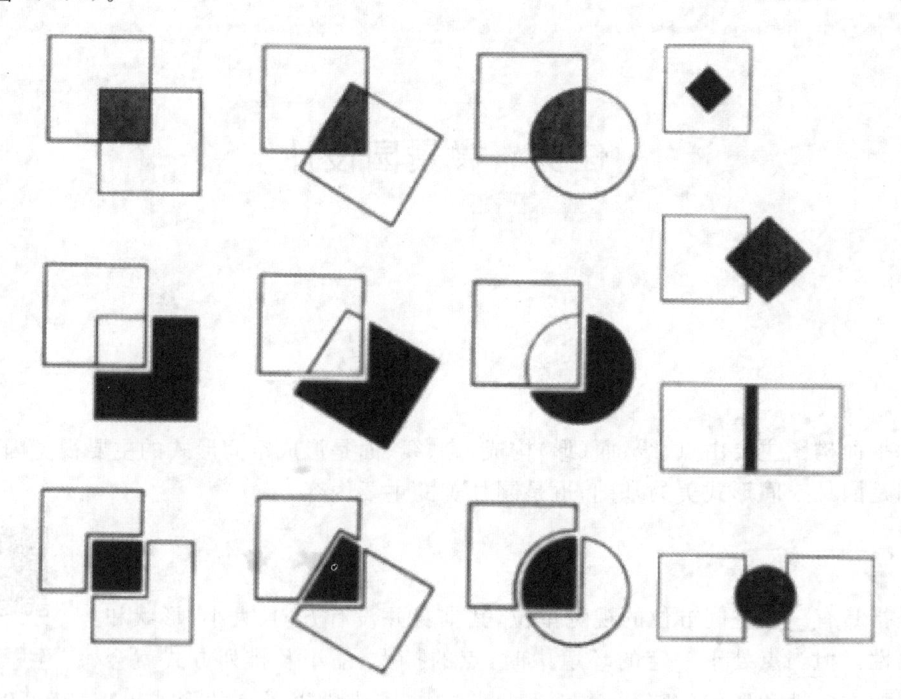

图2.1.1 几何形构图

(一)圆形构图

单个圆形给人以柔美、完整的感觉,极具向心性,往往给人强烈的空间限定感;多个圆组合的基本模式往往可以认为是不同大小的圆的组合,或是不同尺度的圆相叠加或相交,最常见的手法有圆的分割、圆的部分图形组合、多个圆叠加、椭圆及螺旋线等。值得注意的是,圆形可很容易地以"蜘蛛网"状的同心圆网格作底图来实现分割,但它们必须是由这一圆心发出的射线或弧线(见图2.1.3(a))。而多圆叠加时要尽量避免交接点处形成尖角或锐角,也要避免出现

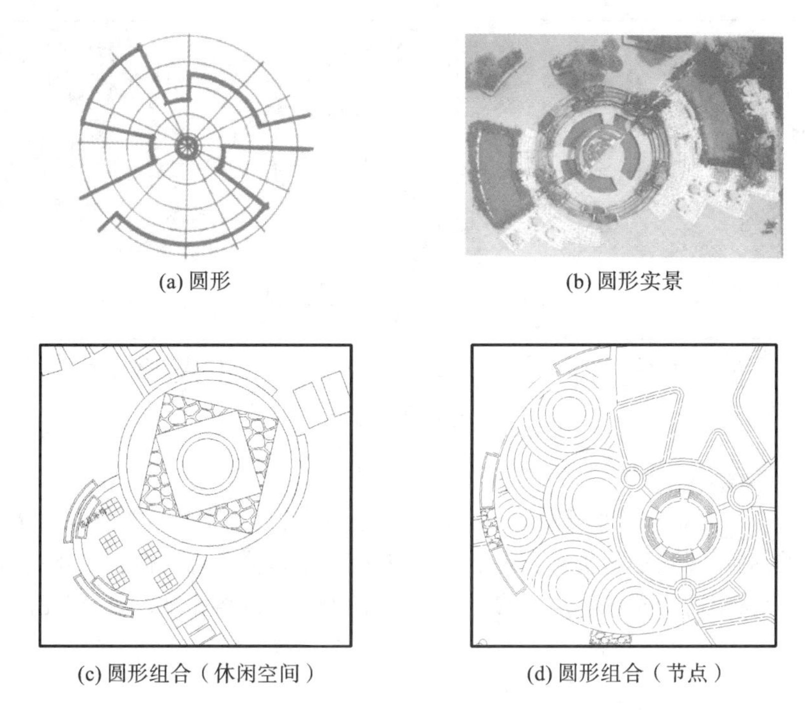

(a) 圆形　(b) 圆形实景

(c) 圆形组合（休闲空间）　(d) 圆形组合（节点）

图 2.1.2　圆形构图

“相切圆”，但要把相交的圆弧尽量调整到接近 90°，以突出视觉效果。另外需注意各圆圆心与周围出入口的对正关系（见图 2.1.3(b)）。也可先将单圆四等分，再将每份扇形扩大或缩小，最后沿着横轴或纵轴将其平移（见图 2.1.3(c)、(d)）。

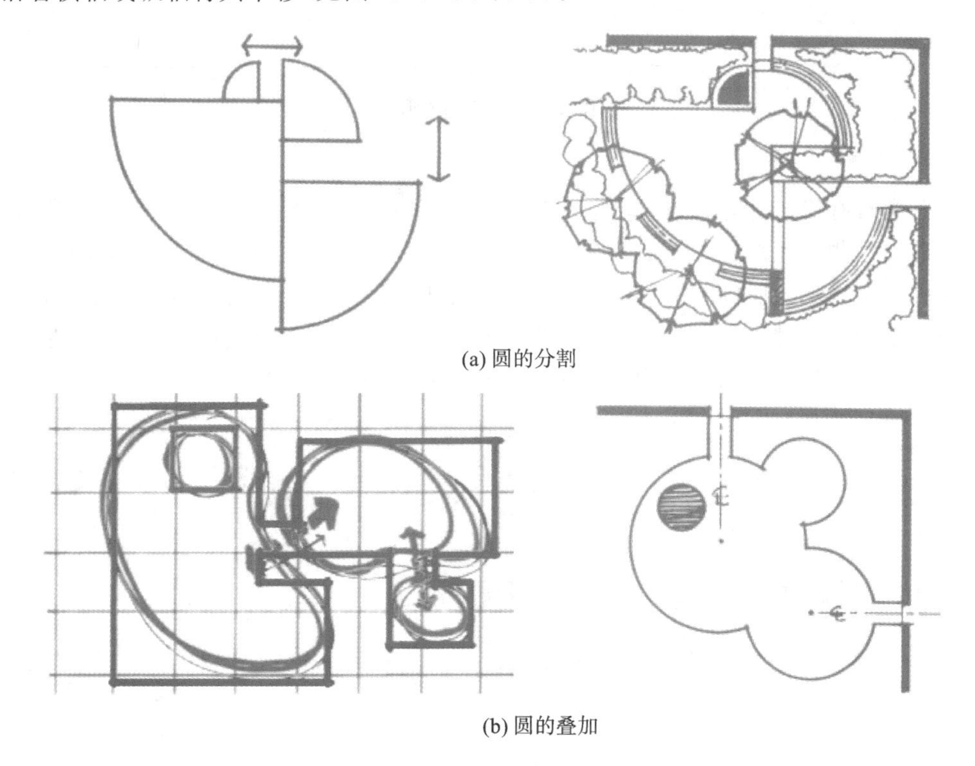

(a) 圆的分割

(b) 圆的叠加

图 2.1.3　“圆”的构图

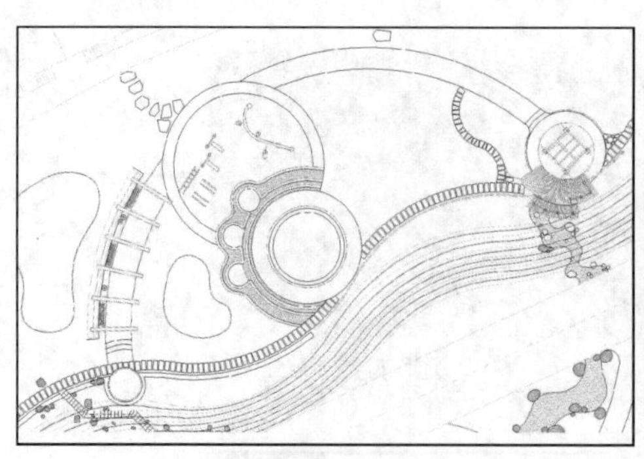

(c) 圆的部分图形组合

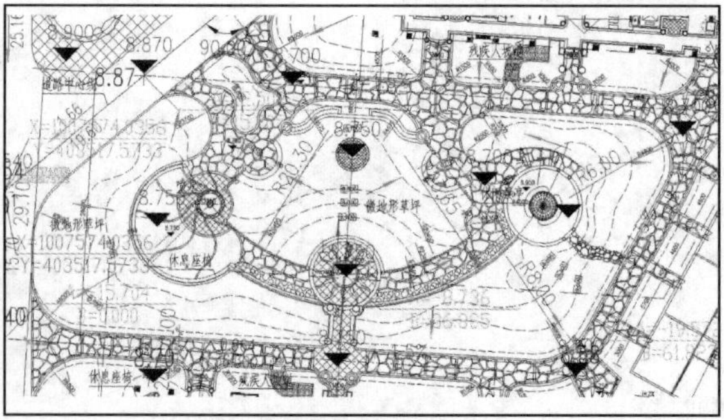

(d) 圆形构图实景

续图 2.1.3

（二）矩形构图

矩形是最简单也是最有用的设计图形，几乎所有的规划设计中均可见它的身影，设计师们为打破矩形呆板的感觉，对它进行了排列重组，并适时引入各部分内容的高程变化或具有娱乐趣味性的元素，从而丰富空间的特性。矩形构图可以 90°的网格作底图来实现划分(见图2.1.4)。

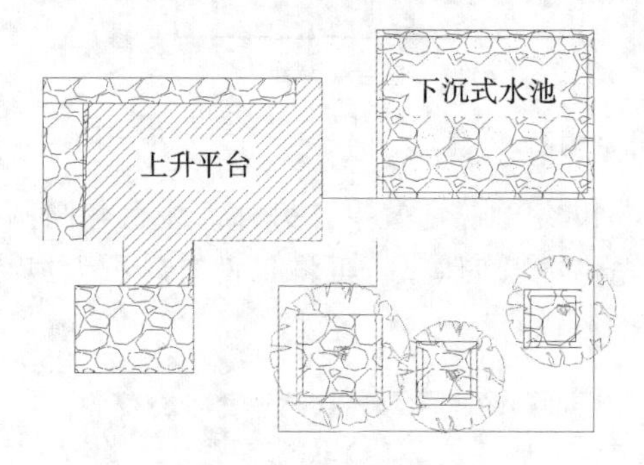

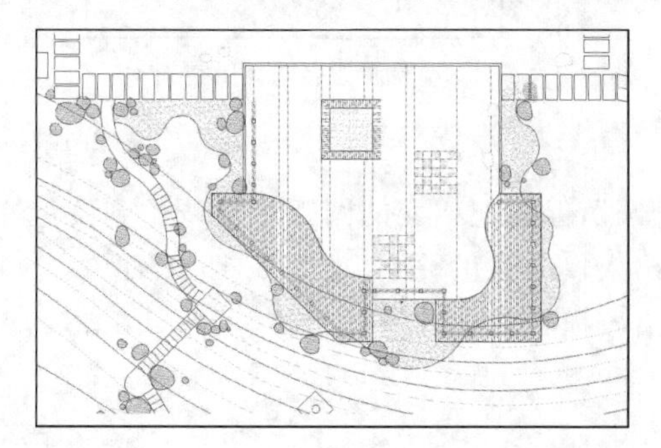

图 2.1.4　矩形构图

（三）三角形构图

三角形既具有稳定性，给人以坚挺而有力的感觉，又具有一定的指向性，富有运动的趋势，往往能制造出一些令人意想不到的效果，给人以视觉冲击力。“三角形组合”可以 45°或 90°的网格作底图来实现划分(见图 2.1.5(a))，但实际制图时要尽量避免内角为 45°，否则容易产生不可利用的空间。同理，以 30°或 60°的网格作底图可划分出六边形，将这些六边形进行放大、缩小、平移等，再通过简化及删除内部线条即可得“六边形组合”(见图 2.1.5(b))。

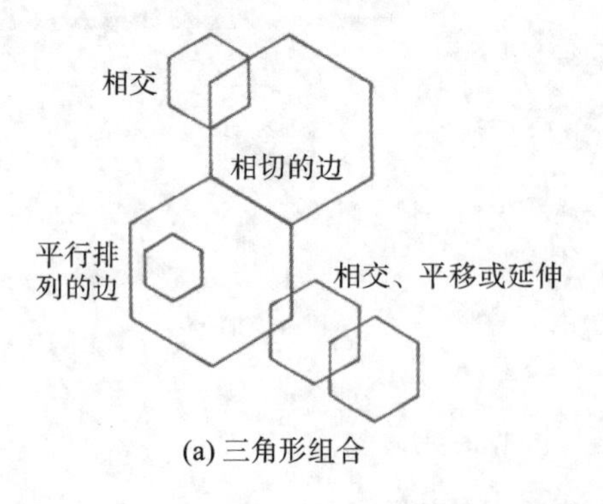

(a) 三角形组合

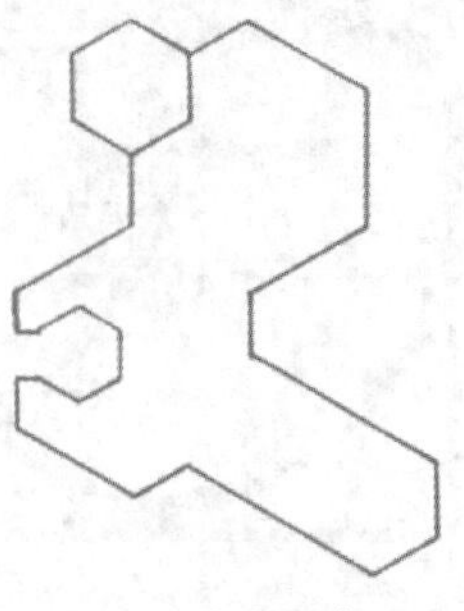

(b) 六边形组合

图 2.1.5　三角形构图

(四) 自然形构图

自然形是对自然界的模仿、抽象或类比，是造园造景的重要手法。模仿是指对自然物体的形状、大小等特征进行模拟，达到“虽有人作，宛如天开”的意境，如人造小溪；抽象是指对自然物体的形态特征加以提炼，对其重新解释并用于特定场地，如具有不规则形状的假山；类比常超出外形的限制，通常把两样东西进行功能上的类比，如排水沟和小溪。

1. 蜿蜒的曲线

蜿蜒的曲线是园林景观设计中使用最广泛的元素，其由一些逐渐改变方向的曲线组成，但它的方向性表现得并不明显，往往显得柔和而舒缓。在园林中，经常用它来表示自然的河岸、弯曲的道路、小品或植物变化等(见图 2.1.6)。

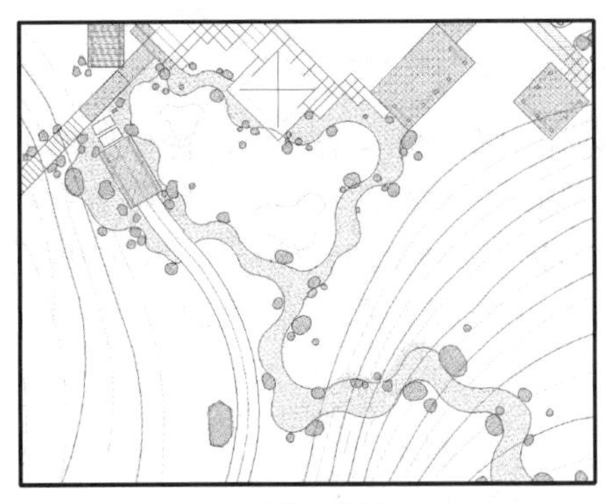

(a) 平台水景

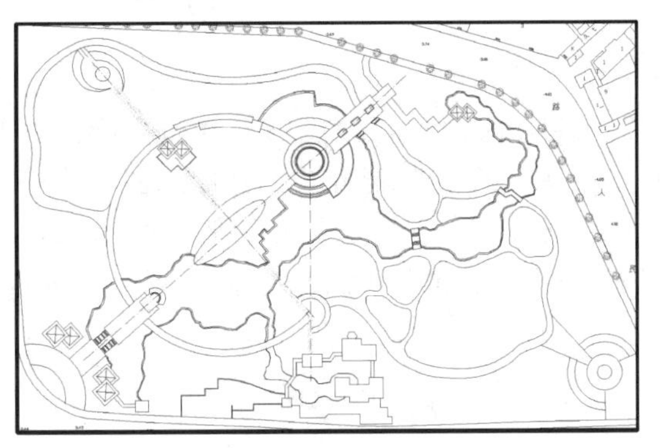

(b) 中庭水景

图 2.1.6　蜿蜒的曲线构图

2. 自由螺旋形

螺旋形是由一个中心形状逐渐向远端旋转形成的，它可以分为三维螺旋体(如旋转楼梯)或二维螺旋体(如鹦鹉螺的壳)，园林中一般主要研究二维螺旋体。其主要表达形式为：螺旋线上任意点的翻转、螺旋形和椭圆形的组合(见图 2.1.7)。

(a) 螺旋线上任意点的翻转

(b) 螺旋形和椭圆形的组合

图 2.1.7　自由螺旋形构图

3. 不规则多边形

不规则的线段以松散、随机的排列方式可以创造出充满激情的表现效果。在园林中，这种不规则的图形广泛存在于地面铺装、小品、水体及绿地的构图中(见图 2.1.8)。但需注意的是，在构图中应尽量避免使用锐角或直角。

(a) 不规则地面铺装

(b) 不规则水体

图 2.1.8　不规则多边形构图

4. 随机自然形

以一种完全随机的形式改变线条方向能得出极不规则的图形，这类图形在自然界中非常常见，如石头上的青苔、融化中的浮冰、斑驳的水岸线等，这些繁多的形式背后隐藏着一种可见的序列，这种序列是物体对自然环境无序变化和不确定因素干扰的反应结果。园林中，设计师经常利用聚合和分散的手法来实现自然形，如进行植物配置、置石布置等(见图 2.1.9)。

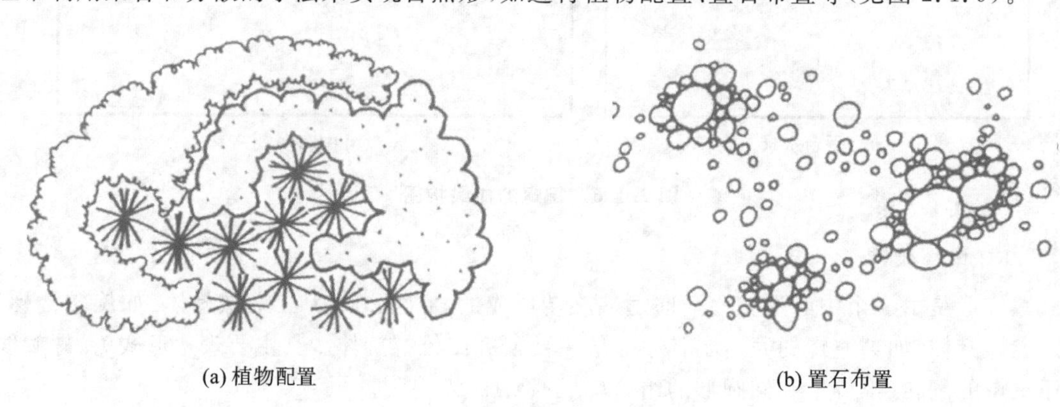

(a) 植物配置　　(b) 置石布置

图 2.1.9　随机自然形构图

四、微景园要素设计

"微景园设计与施工"

(一) 地形要素设计

由于微景园规划区域比较小，因此，地形多处理为中心或一侧为低洼(水景)、四周以微地形包裹成围合空间，排水设计需要考虑雨水收集。

(二) 植物要素设计

由于微景园土壤层较浅，因此，只能栽植小乔木、灌木及地被，选择植物品种的时候应尽量选择浅根性的。小乔木一般起到主景或点景的作用，往往可作为主景树或配景树，如：幸福树、红枫、罗汉松等；乔木尽量栽植在树池里或微地形上，以满足根系生长需要；另外，注意生态性搭配，阳性植物位于上层，阴性及耐阴性植物位于下层，微景园花卉的使用量较大，但一般位于乔木层的边缘、花池、出入口及中心等处；绿篱一般用于框景或分隔空间。

（三）水景要素设计

水景的风格应依据整体设计风格而定，一般分为规则式、自然式和混合式。水景的设计需要做出水口、水道、池底和池岸设计，并适当考虑与水景结合的建筑小品，如出水口往往结合小假山、小景墙或树池等高于地面的物体；而水道的设计需要考虑水面的收放、立面的高程变化，以及平台、小桥、汀步等趣味性小品。微景园的池底一般用塑料薄膜做防水，因此不具有美观性和耐践踏性，需要被卵石、瓷砖等覆盖；水池的池壁一般多进行砌筑，或用卵石、河套石、黄石镶边点缀。

（四）铺装要素设计

微景园铺装设计图案主要由方砖（面铺）、条石（框边）、碎石和砂砾（填充）等共同组成。为营造具有创意的铺装构图，将十一种平面构成理论引入铺装设计，即重复构成、变异、渐变、发射、肌理、近似构成、密集构成、分割构成、特异构成、对比构成、平衡构成。常用的铺装参考样式见图 2.1.10。

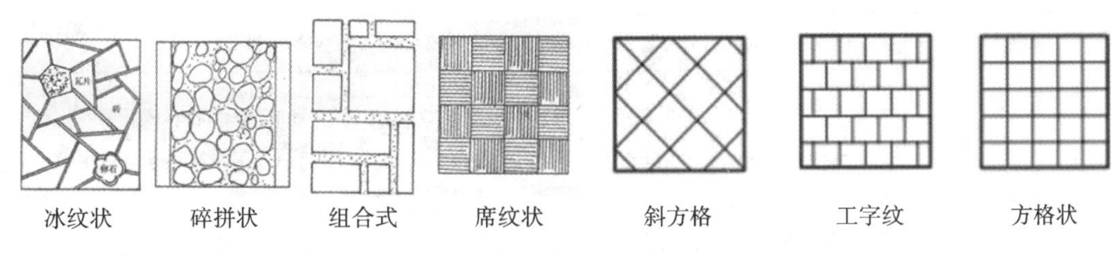

图 2.1.10　铺装样式

（五）建筑小品要素设计

由于微景园立地狭小，因此，园林建筑主要以景墙、平台、花池、树池、花架、小桥为主，且园林建筑小品的体量应进行适当缩小（见图 2.1.11、图 2.1.12）。

图 2.1.11　花架、平台示例图

图 2.1.12　景墙、花池、小桥示例

设计实训

“微景园施工图设计”

学习任务如表 2.1.1 所示。

表 2.1.1　参考性学习任务

任务一名称	微景园的矩形构图设计
任务二名称	微景园的圆形构图设计
实训目的	本任务主要选择2020年中华人民共和国第一届职业技能大赛园艺项目赛题，学生可以根据教师的提示，想象周边的环境条件，练习园林基本构图，从练习中理解园林构图的基本原理，特别是一些基本线条的应用，包括直线、曲线和折线的应用，以及了解植物配置基本方法，熟悉标准图框规范，确定图纸比例等。 知识方面：完成相关规范的查阅和收集，在全国职业院校技能大赛网上学习相关要求；掌握电脑CAD绘图方法；思考如何运用矩形(圆形)构图法进行园林小空间绿地构图设计。 能力方面：掌握职业技能大赛园艺项目的比赛方案要求，学会运用矩形(圆形)进行内容创新设计。 素质方面：掌握现场进度管理要求、提升团队协作能力。
实训准备	纸、画板、铅笔、橡皮、直尺、电脑、绘图软件(CAD)、办公软件。
实训内容	(1) 熟悉地形，分析地形的平面特点，并在实践中了解地形的空间体量。 (2) 绘制草图，教师结合地形演示平面构图方法和技巧(CAD或手绘演示)，学生根据设计要求绘出平面设计草图，指导教师审查修改。 (3) 部分同学汇报方案，教师点评。 (4) 细化方案草图，细化设计方案中应主要突出图纸的表达规范。
实训步骤	(1) 下达任务书。 进行一个5m×7m的矩形微型园林的构图设计工作。 (2) 任务分组。 班级：　　　　　　　组号： 组长：　　　　　　　指导老师： 组员： 任务分工： (3) 工作准备。 ① 仔细阅读工作任务书，识读往届获奖的方案图纸，进行图纸会审或技术讨论。 ② 收集相关的质量检测标准及行业规范。 ③ 结合任务书分析项目设计中的难点和问题。 ★ 引导问题1：微景园的平面图设计步骤包括哪些？

续表

<table>
<tr><th>任务一名称</th><th colspan="3">微景园的矩形构图设计</th></tr>
<tr><td>实训步骤</td><td colspan="3">★ 引导问题 2：微景园的施工现场土层厚度能满足哪些植物的栽植及建筑小品施工？

★ 引导问题 3：微景园的园林要素设计要点是什么？比赛中，有哪些关键给分点？

★ 引导问题 4：微景园施工图一般是由哪几个部分组成的？</td></tr>
<tr><td rowspan="6">参考评价</td><td rowspan="3">过程性评价(55%)</td><td>知识掌握度(25%)</td><td></td></tr>
<tr><td>技能掌握度(25%)</td><td></td></tr>
<tr><td>学习态度(5%)</td><td></td></tr>
<tr><td rowspan="2">总结性评价(30%)</td><td>任务完成度(15%)</td><td></td></tr>
<tr><td>规范性及效果(15%)</td><td></td></tr>
<tr><td>形成性评价(15%)</td><td>网络平台题库的本章知识点考核成绩(15%)</td><td></td></tr>
</table>

案例导入

1. 背景资料

2017 年全国职业院校技能大赛园林景观设计赛项中首次引入微景园施工。2019 年第 45 届世界技能大赛中的园艺项目是进行 20～50 m^2 微型场地的施工，2022 年引入了设计部分。其中，设计部分统一给定施工总平面图、平面尺寸图、竖向标高图，需要选手进行园林建筑小品的结构创意设计，如：景墙的内部结构创意设计、木质创意绿墙的设计、木作小品的创意设计、木平台龙骨布置、木座凳的基座设计等。施工部分的内容包括在 20～50 m^2 的场地内进行土方平衡、铺装、砌筑、水景及植物栽植等。

2. 设计要求

全国高职学生职业技能大赛的竞赛内容是 5 m×6 m 的小花园景观设计和施工，赛卷中提供木平台方案及位置，选手按照提供的材料和设计指标要求，在此基础上对小花园场地进行设计，需绘制场地设计鸟瞰图和完整的施工图一套，并将设计方案按图落实到施工竞赛工位。

需设计一个出入口，应根据提供的材料清单，合理运用地形、水体、植物、景观小品等景观设计要素，确保布局合理，交通流畅，构思新颖，能充分反映时代特点，具有独创性、经济性和可行性。应注意乔、灌、草的合理配置。设计需满足以人为本的基本理念，符合人体工程学要求。图面表达应清晰美观并符合园林制图规范，设计应符合国家现行相关法律法规。

施工图深度必须达到施工要求，至少包括总平面图、平面(网格)定位放线图、竖向设计图、种植设计图、景观小品结构详图等。选手必须将施工图中所有的定位尺寸、标高、材料等标注完整并确定无误，否则会影响施工测量。选手在完成方案设计和施工图设计后，必须填写设计标准值(表格在比赛现场提供)。

设计指标要求如下。

(1) 铺装面积不大于总面积的 20%。

(2) 水体面积不大于总面积的 18%。

(3) 建筑或小品(景墙或花坛等)的占地面积不大于总面积的 4%。

(4) 植物的种类不少于 7 种。

比赛样图见图 2.1.13。

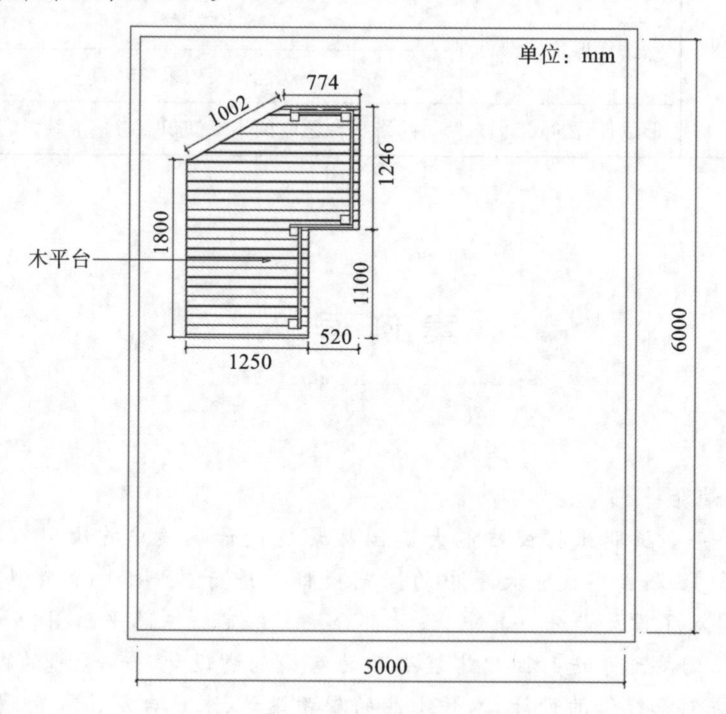

图 2.1.13　比赛样图(原始图)

3. 设计成果

设计成果见图 2.1.14、图 2.1.15。

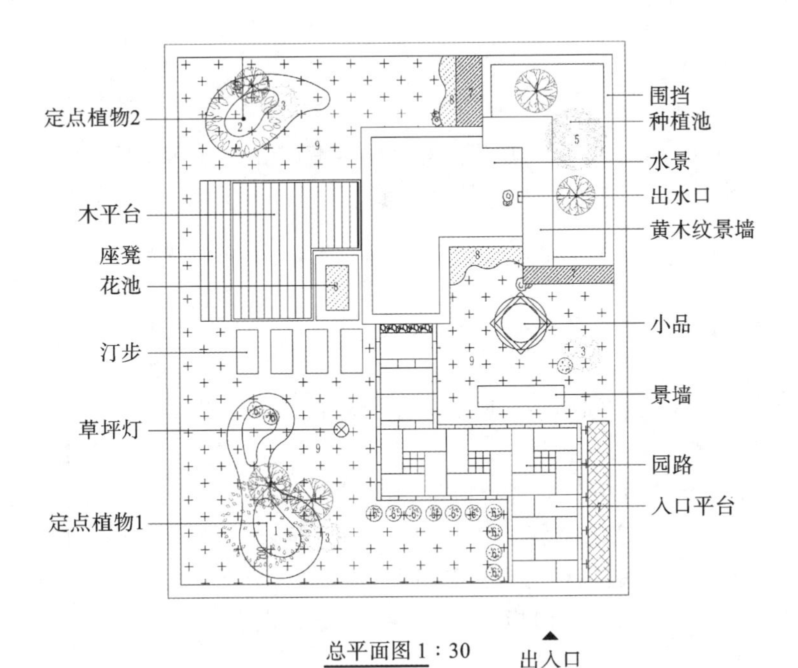

图 2.1.14　5 m×6 m 构图练习总平面图(学生作品)

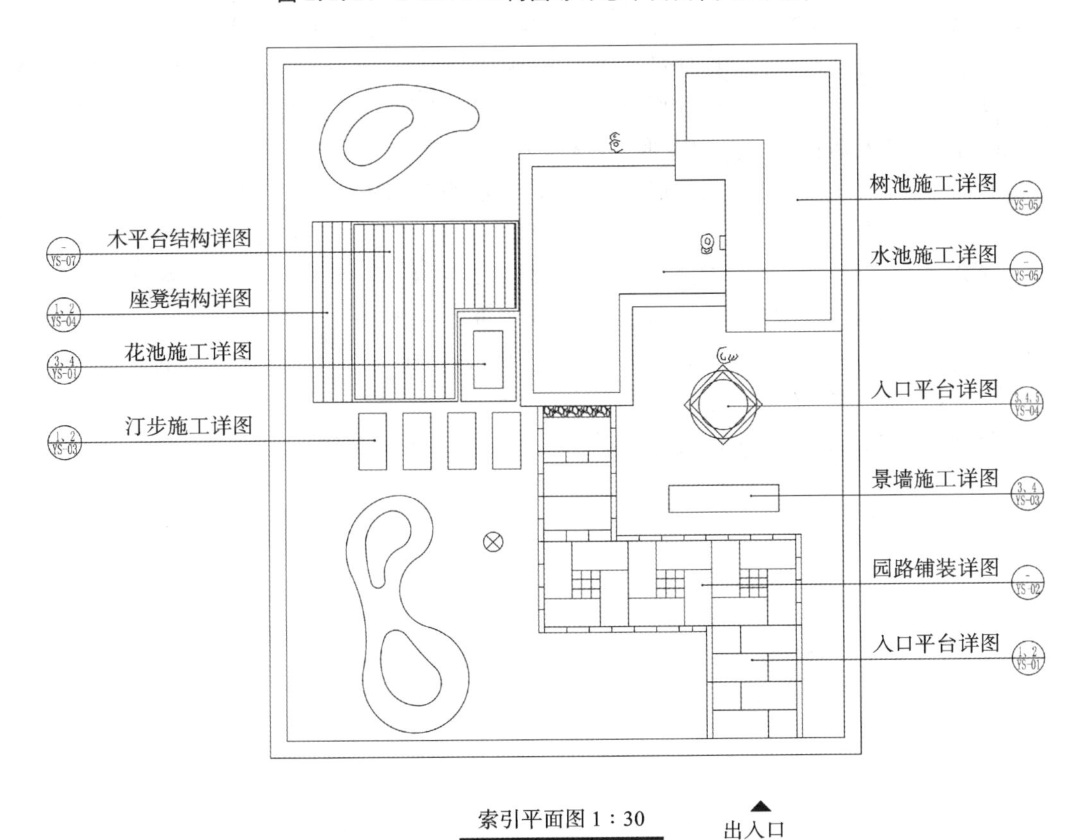

图 2.1.15　5 m×6 m 构图练习索引平面图(学生作品)

知识拓展与复习

1. 世界技能大赛每(　　)年举办一次。
A. 1　　B. 2　　C. 3　　D. 4
2. 2020年中华人民共和国第一届职业技能大赛在(　　)举办。
A. 重庆　　B. 上海　　C. 广东　　D. 浙江
3. 点是指具有一定空间方位的视觉单位，其本身并没有(　　)等属性。
A. 方向　　B. 大小　　C. 形状　　D. 体积
4. 点具有很强的视觉属性，最为人熟知的是(　　)两个类别。
A. 视觉中心点　　B. 方向指向点　　C. 扩散点　　D. 透视消失点
5. 线可以代表(　　)。
A. 高低起伏的地形线　　B. 曲径通幽的道路线
C. 蜿蜒曲折的河岸线　　D. 丰富变换的林冠线
6. (　　)是任何“几何形”的演变基础。
A. 圆形　　B. 正方形　　C. 三角形　　D. 不规则图形
7. 设计中，给人视觉冲击力的图形是(　　)。
A. 圆形　　B. 正方形　　C. 三角形　　D. 矩形
8. 设计中，给人强烈的空间限定感的图形是(　　)。
A. 圆形　　B. 正方形　　C. 三角形　　D. 矩形
9. 自然形是对自然界的(　　)，是造园造景的重要手法。
A. 模仿　　B. 抽象　　C. 类比　　D. 替代
10. 自然形的分类有(　　)。
A. 蜿蜒的曲线　　B. 自由螺旋形　　C. 不规则多边形　　D. 随机自然形

项目二　屋顶花园设计

学习目标

知识目标：了解屋顶花园的概念及特点、构造及设计原则。

技能目标：掌握不同类型屋顶花园的设计要领，能合理进行空间布局，并将植物、水景、园林建筑等进行有序组织；能充分考虑安全性因素，如屋顶的防水性、承重性，设计出实用、经济、美观的屋顶花园。

思政目标：培养生态保护意识，能根据屋顶花园的环境及建筑特点，合理选择植物品种（一般选择耐旱节水型慢生植物品种）；屋顶花园设计应同时满足《公园设计规范》、《屋面防水施工技术规程》及《城市园林绿化养护管理规范》要求。

任务　屋顶花园设计

“屋顶花园设计（动画1）”

屋顶花园又称屋顶绿化，是建筑工程科技和现代园林美学的有机融合。2013年9月16日世界屋顶绿化大会于南京举行，住建部相关负责人表示，城市建设一定要向屋顶要绿、墙体要绿、建筑物及构筑物要绿发展，构建城市绿色生态工程。屋顶花园的建造历史悠久，最早的屋顶花园建成时间距今已有2000年以上。修建屋顶花园可以有效增大绿化面积，扩大城市绿色空间，充分发挥园林改善环境的生态功能。

一、屋顶花园的概念及特点

（一）屋顶花园的概念

建设屋顶花园可以广泛地理解为在各类建筑物、构筑物、城围、桥梁（立交桥）等的屋顶、露台、阳台或大型人工假山山体上进行造园或种植树木花草。

（二）屋顶花园的特点

建设屋顶花园应注意以下几方面。

(1) 荷载方面:对地形不做大的改造,在园内布置道路广场、建筑物、构筑物时应注意承重问题。

(2) 可选植物方面:在树种选择上,要避开易倒伏及深根性树种,选择抗旱、抗病虫能力强的树种。

(3) 防渗漏及给排水方面:注意防水层、隔离层、排水层的铺设,并注意定期检修。

二、屋顶花园的分类

(1) 按使用要求可分为公共游憩型屋顶花园、营利型屋顶花园、家庭型屋顶花园、学校及医院屋顶花园。

①公共游憩型屋顶花园。

"屋顶花园设计(动画2)"

公共游憩型屋顶花园在设计上不仅需要满足绿化量的要求,还需要符合公众的需求,要有较强的功能性和韧性。在场地平面布置、出入口设置、园路小径布局、园林植物配植、园林小品设施布置等方面都应该满足人们在屋顶上游憩休息、活动娱乐等的需求。因此,在这类屋顶花园的设计过程中,应当充分考虑良好的可视性和便捷的游客可达性。

②营利型屋顶花园。

营利型屋顶花园多用于商场、星级酒店等,为顾客增加游憩空间。这类花园一般档次较高、功能多、投资高、设备复杂。营利型屋顶花园不但为繁华的商业中心营造了一个充满鸟语花香的绿色自然环境,而且吸引了大量的消费者,为商业中心导入了大量的流量,从而实现了绿色资源向经济资源的转化,达到了环境效益和经济效益的双赢局面。

③家庭型屋顶花园。

随着我国经济社会的蓬勃发展,许多适宜做屋顶绿化的房屋建筑应运而生,同时,随着居民收入的增加,人们对美好环境的需求越来越强烈,这使屋顶绿化走入了千家万户,出现了家庭型屋顶花园。这类屋顶绿化的特点是:面积小、荷载小、私密性强。所以,家庭型屋顶花园在设计上应遵循轻型、简洁、安静的原则。

④学校及医院屋顶花园。

学校及医院的屋顶花园是针对某些特定人群开放的屋顶绿化。医院屋顶花园是对病人开放的,应兼具疗养功能。其应尽量具备自然、开敞的空间,考虑充足的光照、丰富的植物配植,同时花园应与病房联系方便,设置无障碍通道和扶手,方便病人游憩休息。学校屋顶花园可以为师生提供就近的绿色室外活动空间,供人们进行交往、短暂休憩,同时还应为课程教学中的实践环节提供条件,设计时应注意多元素的融合和设计。

(2) 按其周边的开放程度可分为开敞式屋顶绿化、半开敞式屋顶绿化、封闭式屋顶绿化。

①开敞式屋顶绿化。

开敞式屋顶绿化一般建设在单体建筑屋顶上,其四周不与其他建筑连接,视野较开阔,通风良好,光照非常充足。多层住宅屋顶绿化通常也使用这种形式。

②半开敞式屋顶绿化。

半开敞式屋顶绿化是指屋顶的一面或多面被建筑物的墙体或门窗包围的屋顶开放绿色空间。

③封闭式屋顶绿化。

封闭式屋顶绿化的四周被高于它的建筑物围住,构成天井式空间。其采光和通风效果不如开敞式屋顶绿化的，但是其给人以安全感。

“屋顶花园设计（动画3）”

（3）按绿化布置的形式可分为自然式屋顶绿化、规则式屋顶绿化、混合式屋顶绿化。

①自然式屋顶绿化。

自然式屋顶绿化体现了自然生长之美，能够反映自然界的山水与植物群落。自然式屋顶绿化要求植物的自然形态与周围的环境、建筑协调。

②规则式屋顶绿化。

规则式屋顶绿化是指规则式建造的屋顶绿化。由于建筑的屋顶形状多为几何形状，为了使屋顶绿化的整体布局与屋顶场地相统一，一般采取规则式的布局。

③混合式屋顶绿化。

混合式屋顶绿化具有自然式屋顶绿化和规则式屋顶绿化两种形态的特点，其主要特征是种植池通常采用规则的形式，而植物配置往往采用自然式的种植方法。

（4）按营造的位置可分为低层建筑屋顶花园、高层建筑屋顶花园。

①低层建筑屋顶花园。

低层建筑屋顶花园是指建设在一层楼至几层楼的屋顶，距地面高度较低的屋顶花园。其包括两种形式，一种是低层建筑物的顶楼屋面，其出入口在楼体的顶部；一种是建筑群体中的某一层的部分或者顶部，花园的一侧仍然与其他建筑体相连接，在建筑群的高处可以俯视观赏整个屋顶花园的景色。

②高层建筑屋顶花园。

高层建筑屋顶花园是指建设在高层建筑屋顶的花园，建造成本较大、经济效益相对不好，由于楼顶设备较多，留给景观设计的空间并不充足，设计时需要合理使用屋顶空间，应以简洁、美观、精致为主。

三、屋顶花园的设计原则

（一）经济适用

对于不同的单位或场所，屋顶花园的设计要求是不一样的，其设计与建造应该充分考虑经济适用性，满足游客的使用需求。医院屋顶花园主要用于打造一个安静优美的疗养环境，宾馆屋顶花园主要是为顾客打造一个舒适的休息区，学校和科研单位主要是为了进行教学和实验，因此不同的屋顶花园应该有不同的设计方案。

（二）安全科学

屋顶花园的设计与建造要充分考虑屋顶的荷载计算、防水层设计，植物配植要考虑抗风要求，还应充分考虑活动者的游园安全，避免出现安全隐患。如北京最牛建筑“花果山”荷载超标，其瀑布的防水排水也存在问题，这样的屋顶绿化属于违建。

（三）精致美观

精致美观是造景艺术的要求，亦是屋顶花园的特征。屋顶往往面积较小，如何在有限的空间中营造出精美的园林景观，是屋顶花园设计不同于一般公园的地方，设计屋顶花园时要注意花园的尺寸、位置和植物配植等，要注意运用多种造园手法实现目标。

四、屋顶花园的构造

屋顶花园的构造如图2.2.1所示。

图 2.2.1 屋顶花园的构造

(一) 防水层

屋顶花园在使用过程中面临的最大问题是防水系统容易遭到破坏，影响屋顶的维护成本。防水材料品种繁多，按其主要原料分为 4 类：沥青类防水材料、水泥类防水材料、橡胶塑料类防水材料、金属类防水材料。

(二) 排水层

排水层一般安排在防水层之上，屋顶种植土的下渗水和雨水可通过排水层排入暗沟或管网，此排水系统应与屋顶雨水管道统一设计，它应该设计较大的管径，以利于清除堵塞物。

(三) 过滤层

过滤层一般安排在排水层的上面，其主要的功能是防止种植土伴随着浇灌和雨水流失，其需要选择透水性良好的材料，同时材料应能防止土壤中的成分和养料流失。过滤层的材料主要有玻璃纤维、细炉渣、粗沙、稻草等。

(四) 土壤层

土壤层是屋顶花园植物种植必不可少的，是植物生长的保障。屋顶的荷载是屋顶花园设计与建造所需要考虑的关键因素，为减轻屋顶的附加荷载重量，种植土一般需要满足以下要求：一是质量密度小，二是满足植物生长。因此，常常采用人工配置的方法，比如将蛭石、珍珠岩、海泡石、沙土等与腐殖质土、草炭土配制在一起。

目前，常用的屋顶花园种植土有：土壤与轻骨料（珍珠岩、蛭石、草炭土和煤渣等）的体积比为 3∶1，质量密度约为 1400 kg/m^3，种植土深度为 20～70 cm；草炭土、蛭石、沙土的比例为 7∶2∶1，质量密度约为 780 kg/m^3，种植土深度为 30～105 cm。

五、屋顶花园植物的选择

(一) 植物层设计原则

1. 选择阳性、耐瘠薄的浅根系植物

屋顶光照时间长，且日照强度较大，在选择植物时，应尽量选用阳性植物。考虑到屋顶的整体荷载要求，屋顶花园的种植层较薄，一般以种植浅根系和耐瘠薄的植物为主。

2. 选择耐旱、抗寒性强的矮灌木和生长速度较缓慢的树种

屋顶花园土壤的保湿能力较差，夏季温度相对较高，冬季气温较低，因而屋顶花园应以种植耐干旱、抗寒性强的植物为主；考虑到屋顶的承重能力，应多选用生长速度较缓慢的树种和低矮灌木，以方便植物的搬运、栽培和管理等工作。

3. 选择耐积水、抗风、不易倒伏的植物

通常情况下，屋顶花园的土壤相对较薄，蓄水能力不强，很容易造成短时间的积水情况，同时屋顶的风力较强，所以应尽可能选择一些耐积水、抗风、不易倒伏的植物。

4. 以常绿植物为主，适当增加景观色彩

屋顶花园是城市绿地景观的重要组成部分，营建屋顶花园有利于美化城市的"第五立面"，提高城市绿化美化品质。在屋顶花园的植物选择上，应尽可能以常绿植物为主，还应考虑到香花美化功能；同时应选择株形和叶形秀丽，以及颜色富于变化的色叶植物或草花。

5. 尽可能选用本土植物，适当引种观赏性较强的品种

本土植物能更好地适应当地的气候和土壤条件，有利于屋顶花园的营建，同时考虑到屋顶花园的面积普遍较小，往往在景观设计上追求精致美观，可选用一些观赏性较强的植物，来提升屋顶花园的整体景观品质。

（二）植物种类

（1）草花类：景天属、石竹属、百里香属、紫菀属等。

（2）灌木类：各类兰花、栀子花、榆叶玫、黄刺玫、玫瑰、月季、六月雪、锦葵、木槿、黄杨、女贞、假连翘、扶桑、小檗等。

（3）小乔木：紫薇、红枫、南天竹、桂花、金丝桃、酒瓶兰、红花檵木、八角金盘、苏铁、散尾葵、樱花、桃树、石榴、枇杷树、玉兰 、南洋杉、紫叶李、合欢、龙爪槐、圆柏、杜松及各类竹。

（4）藤本类：紫藤、凌霄、爬山虎、常春藤、三角梅、葡萄、络石、蔷薇、蔓长春花等。

六、屋顶花园的荷载计算

屋顶花园的总荷载量为活荷载加静荷载。

1. 屋顶花园活荷载

建筑屋顶一般在设计时分为上人屋顶和不上人屋顶。不上人屋顶的活荷载为 50 kg/m²；上人屋顶的活荷载为 150 kg/m²；如果要在屋顶上建造花园，屋顶的荷载系数要相应增加，其活荷载标准为 200～250 kg/m²。

2. 屋顶花园静荷载

包括植物种植土、防水层、排水层、保温隔热层、构件等的自重，以及屋顶花园中常设置的山石、廊架、水体等的自重，其中，以种植土的自重最大，具体见表 2.2.1、表 2.2.2。

表 2.2.1　园林各要素静荷载密度参考

类型	静荷载密度
植物	草坪的为 5 kg/m²；小灌木的为 10 kg/m²；大灌木的为 25 kg/m²；乔木的为 60 kg/m²；大乔木的为 150 kg/m²。

续表

类型	静荷载密度
种植土	轻质合成土的为 700～1600 kg/m²。
水体	水深为 30 cm，密度为 300 kg/m²，水深每增加或减少 10 cm，密度增加或者减少 100 kg/m²。

表 2.2.2　其他相关材料密度参考值一览表

材料	混凝土	水泥砂浆	河卵石	豆石	青石板	木质材料	钢质材料
密度/(kg/m³)	2500	2350	1700	1800	2500	1200	7800

对于有设立屋顶花园需求的新建建筑，应在设计时考虑屋顶花园的荷载要求，计算出屋顶每平方米的总荷载，再根据屋顶总荷载要求来确定楼板和大梁的荷载及楼板选用板的型号。对于具有相同厚度、宽度和长度的楼板，其荷载不同，承载能力可相差 3～4 倍之多。如：预应力短向圆孔板荷载密度范围为 292～1175 kg/m²；预应力长向圆孔板荷载密度范围为 350～1254 kg/m²；加气混凝土屋面板荷载密度只为 100kg/m² 或 150 kg/m²。

七、屋顶花园的设计步骤

(一) 构思

进行屋顶花园设计时需要综合考虑实用功能需求、游客游憩需求、生态景观需求、建筑的承重情况、屋顶防水和隔热处理、抗性植物运用。

(二) 确定主题

根据进行环境调查和资料收集所得的信息，明确服务人群的要求及景观小品的体量、大小、重量等，从而确定景观主题。

(三) 防水处理和地形设计

依据屋顶原有结构，需要做好防水隔热处理；应充分考虑微地形的重量和土方量，地形必须位于建筑承重结构上；设计应当符合排水相关规定要求。

(四) 确定功能分区

大型公共建筑上的屋顶花园设计要考虑分区，应针对不同年龄段游客活动特点，不同兴趣爱好游客的需要，设立不同的分区。一般小型屋顶花园(庭院)面积有限，使用功能比较简单，分区并不明显。

(五) 园林要素设计

1. 道路设计

根据场地的现状条件，明确全园的主要出入口、次要出入口和专用出入口的设置位置与尺度；在图纸上用虚线画出等高线，画出道路及广场；初步确定主要道路的路面材料、铺装形式等。

2. 园林建筑小品设置

根据场地分析，确定小品的主要类型和相对位置，以满足人们休憩的需求。

3. 植物景观设计

根据屋顶总体设计图的布局、设计的原则，以及环境状况，选择树型较小、抗性强、不易倒伏、观赏性好的树种，注意树木的栽植方式、种植点的位置等。

"屋顶花园设计（方案赏析）"

（六）完成屋顶花园设计方案图纸绘制

经过一系列的思考分析，逐步绘制屋顶花园设计的方案图纸。

学习任务如表 2.2.3 所示。

表 2.2.3　参考性学习任务

任务名称	商厦屋顶花园设计
实训目的	(1) 知识方面：完成相关规范的收集和查阅，在风景园林设计网上收集相关案例，掌握电脑 CAD、PS、SU 及 LUmion 绘图方法。 (2) 素质方面：在实践操作中注意项目进度管理，培养团队协作能力。 (3) 能力方面：熟悉公共建筑屋顶花园设计的要点，能合理进行屋顶花园绿地植物配置，在遵守相关规范的前提下，运用所学知识分析屋顶花园的特点及要求，完成方案设计，重点考察景观元素配置的合理性，培养构图能力、图纸表现能力等。
实训准备	纸、画板、铅笔、橡皮、直尺、电脑、绘图软件(CAD)、办公软件。
实训内容	(1) 各组完成指导教师布置的现场踏勘及资料收集和统计工作，包括现有地形图及管线资料收集、可利用的现场资源收集、所需的设备收集等。 (2) 各组进行图纸表达规范及屋顶花园相关技术规范的收集工作，并收集同类型屋顶花园设计案例。 (3) 结合气象、周边环境、顶楼现浇板负荷情况，进行建筑结构的分析。 (4) 绘制功能区图，完成总平面图、意向图、鸟瞰图等。 (5) 汇报方案，教师点评。 (6) 绘制施工图(选作)，包括小品施工图、种植施工图。
实训步骤	(1)下达任务书。 进行一个 15 m×25 m 的商厦屋顶花园的设计工作，要求屋顶花园满足商厦白领休息、交流和观赏需要。 (2) 任务分组。 班级：　　　　组号： 组长：　　　　指导老师： 组员：

续表

<table>
<tr><th>任务名称</th><th colspan="3">商厦屋顶花园设计</th></tr>
<tr><td>实训步骤</td><td colspan="3">任务分工：

(3) 工作准备。
①仔细阅读工作任务书，识读同类方案图纸，进行图纸会审或技术讨论；收集相关标准及行业规范；结合任务书分析项目设计中的难点和问题。
②收集有关屋顶花园设计方面的知识。
★引导问题1：屋顶花园的类型有哪些？哪种适合此屋顶花园的设计？

★引导问题2：公共屋顶花园设计需要考虑哪些功能？设计要素有哪些？

★引导问题3：在屋顶花园规划设计中，如何处理好防水、承重和植物选择之间的关系？

★引导问题4：如何结合立地条件的环境特点选择屋顶花园植物？

★引导问题5：屋顶花园荷载的计算方法是什么？</td></tr>
<tr><td rowspan="6">参考评价</td><td rowspan="3">过程性评价(55%)</td><td>知识掌握度(25%)</td><td></td></tr>
<tr><td>技能掌握度(25%)</td><td></td></tr>
<tr><td>学习态度(5%)</td><td></td></tr>
<tr><td rowspan="2">总结性评价(30%)</td><td>任务完成度(15%)</td><td></td></tr>
<tr><td>规范性及效果(15%)</td><td></td></tr>
<tr><td>形成性评价(15%)</td><td>网络平台题库的本章知识点考核成绩(15%)</td><td></td></tr>
</table>

案例导入

（重庆市风景园林规划研究院提供）

1. 背景资料

1）项目概况

重庆市合川区某大厦屋顶花园景观设计，主要为顶楼商用建筑提供室外休闲空间。

2）立意构思

此大厦为写字楼，主要面对的群体是企业白领，屋顶花园为他们提供了一个交流、休息、放松的环境。屋顶花园设计主要考虑以下几个方面。

（1）美化环境，改善人居环境。

屋顶花园与城市其他园林绿地一样对人们的生活环境赋予绿色的享受，它对人们心理所产生的作用比其他物质享受更为重要。绿色植物能调节人的神经系统，使人们紧张疲劳的神经得到缓和，屋顶花园可以使生活或工作在高层建筑的人们俯视到更多的绿色景观，有利于创造人与自然协调共生的环境。

（2）提高生态价值和建筑节能效果。

在南方温度较高的地区，气温日温差很大，这就容易导致屋面防水层开裂漏水，而建有屋顶花园的屋顶表面日温差大概只有1.5℃，这样既减少了开裂还使顶楼住户室内冬暖夏凉，减少了空调的使用率，同时提升了城市上空空气质量，有利于节能环保。

（3）节约水资源和土地资源。

对于设计良好的屋面景观，其单位面积能蓄积70%的雨量，雨水再通过水蒸气的形式供应植物生长发育，这便充分利用了水资源，减少了水资源流失，并可形成屋顶雨水利用系统。随着城市人口密度、建筑物的增加，城市绿色空间越来越紧张，屋顶景观已成为城市绿色空间的重要组成部分。

2. 整体设计

（1）协调建筑外环境横平竖直的平面布局，选择折线型设计，从一定程度上形成不一样的构图形式。

（2）避让出风口、空调外机，连通步行道路。

（3）采用跳动折线等设计元素，将步行道路以不规则的、富有变化的折线表现出来，在空间允许的情况下，设置休息节点（见图2.2.2至图2.2.4）。

3. 细部设计

（1）考虑到屋顶花园覆土较浅的限制条件，采用阳性耐旱灌木进行搭配，充分考虑种间竞争关系，利用植物间的相互作用控制其生长速度。

（2）注意季节变化对植物的影响，尽量实现多季可观花、四季有色彩的景观。

植物选择如图2.2.5所示。

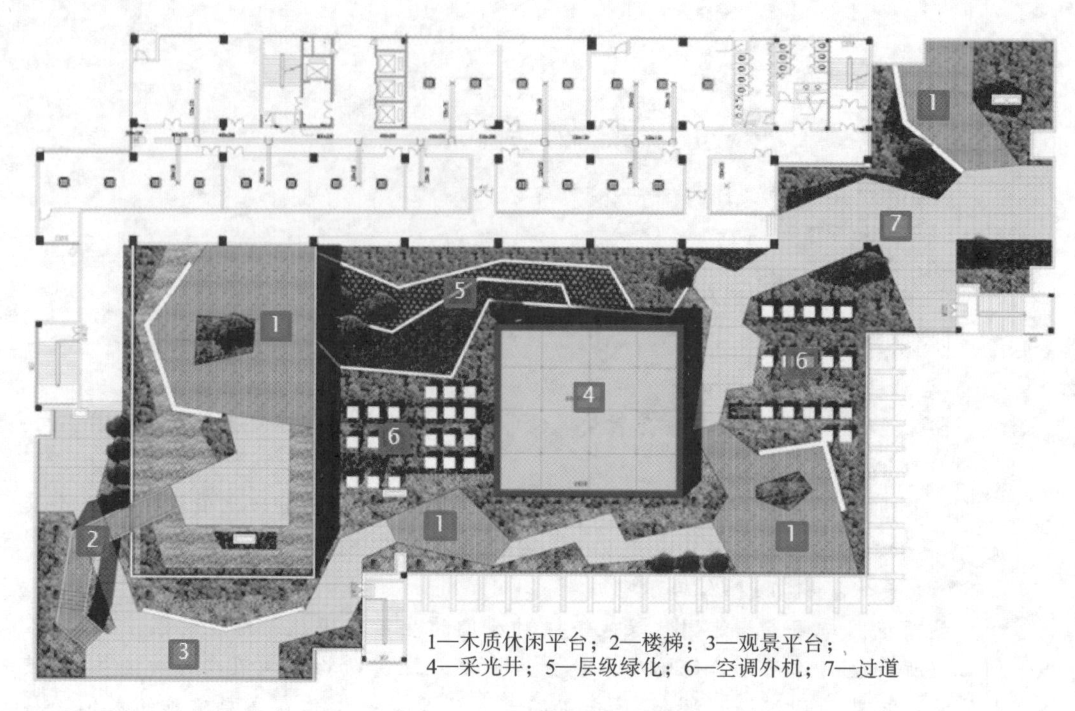

图 2.2.2　屋顶花园总平面图

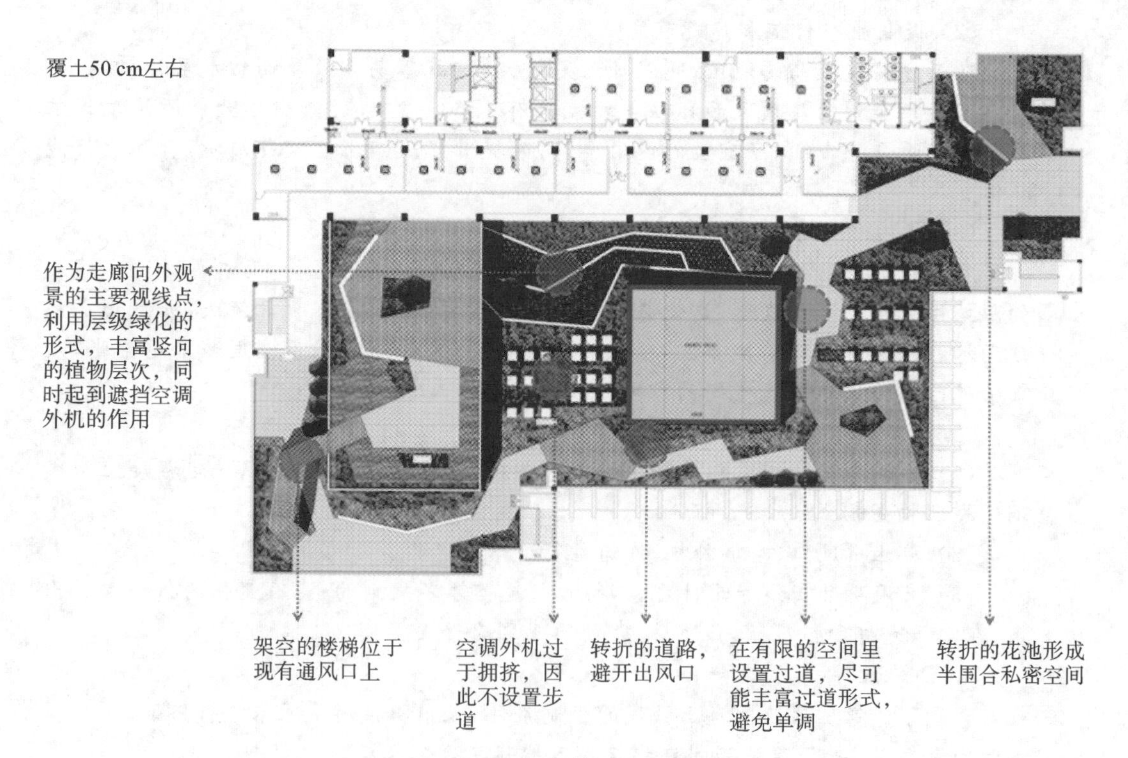

图 2.2.3　屋顶花园设计构思

图 2.2.4　屋顶花园效果图

佛甲草

佛顶珠，初花期为8月中下旬，盛花期集中在9月上旬至次年元旦，再持续开花到春节后结束，花期长达半年之久

玉簪，花期为8—10月

红花檵木

春鹃，花期为4—5月

红叶石楠，春季新叶红艳，夏季转绿，秋、冬、春三季呈现红色，霜重色显浓，低温色更佳

红瑞木，秆为红色

肾蕨

红枫

图 2.2.5　植物选择

知识拓展与复习

1. 2021 年，住建部在回复全国政协委员的提案中指出，屋顶绿化在(　　)等方面发挥重

要作用。

A. 增加城市绿量　　B. 提高建筑节能效益

C. 缓解热岛效应　　D. 助力碳达峰碳中和

2. 2019 年世界生态城市与屋顶绿化大会的主题为(　　)。

A. 创建新型海绵城市·圆美丽中国梦　　B. 生态城市·健康家园

C. 生态文明·蓝天白云中国梦　　D. 立体绿化治理雾霾,生态文明美丽城市

3. 屋顶花园按使用要求可分为(　　)。

A. 公共游憩型屋顶花园　　B. 营利型屋顶花园

C. 家庭型屋顶花园　　D. 学校及医院屋顶花园

4. 屋顶花园按其周边的开放程度可分为(　　)。

A. 开敞式屋顶绿化　　B. 半开敞式屋顶绿化

C. 封闭式屋顶绿化　　D. 包围式屋顶绿化

5. 屋顶花园按营造的位置可分为(　　)。

A. 低层建筑屋顶花园　　B. 中层建筑屋顶花园

C. 高层建筑屋顶花园　　D. 空中屋顶花园

6. 下列关于屋顶花园植物设计的原则中,说法错误的是(　　)。

A. 选择耐旱、抗寒性强的矮灌木和生长速度较缓慢的树种

B. 选择深根系植物

C. 选择耐积水、抗风、不易倒伏的植物

D. 尽可能选用本土植物,适当引种观赏性较强的品种

7. 屋顶花园的防水层材料包括(　　)。

A. 沥青类防水材料　　B. 橡胶塑料类防水材料

C. 水泥类防水材料　　D. 金属类防水材料

8. 屋顶花园的过滤层材料包括(　　)。

A. 玻璃纤维　　B. 细炉渣　　C. 稻草　　D. 粗沙

9. 屋顶花园的土壤层中的(　　)材料可为植物提供生长所需的营养。

A. 蛭石　　B. 珍珠岩　　C. 腐殖质土　　D. 草炭土

10. 屋顶花园的荷载量包括(　　)。

A. 活荷载　　B. 超荷载　　C. 静荷载　　D. 负荷载

项目三　别墅花园设计

学习目标

知识目标：了解别墅花园（或庭院、庭园）的概念、布置形式及绿化设计要点。

技能目标：能根据规划范围及使用环境合理规划花园绿地布置形式；能进行花园绿地的绿化种植设计。

思政目标：培养生态保护意识，能根据别墅花园的周边环境及建筑特点，合理选择设计风格；别墅花园设计应同时满足《公园设计规范》及《城市园林绿化养护管理规范》要求。

任务　别墅花园设计

相关知识

随着经济发展、科技进步，人们对生活质量的要求在不断提高，别墅庭院建筑设计从满足人们日常生活中的健身散步、聚会餐饮等多种活动的需要，逐渐发展为与生态、环保、节约的绿色设计理念相融合。建筑与绿化浑然天成是设计的目标，以人居体验为第一位的"舒适自然"是设计的根本。郊野别墅作为美丽乡村建设项目中所规划的重要内容，其代表的文化含义非同凡响，其继承了中国本土建筑文化特征。以郊野别墅为中心开展建筑景观的整体规划和建筑设计，是中国美丽乡村建设项目的重心，所以在园林设计上，既要充分融入本土建筑文化特征，也要兼顾人居环境的设计，以实现生态、环保和文化的有机融合。

一、别墅花园的概念

别墅为独门独户独院，具有二至三层的结构形态，建筑面积特别大，容积率非常低。通过人工筑山理水、栽植植物营造的别墅室外景观，就是别墅花园。

"别墅庭院绿地设计（动画1）"

二、别墅花园的分类

（1）按地域风格可分为中式花园、欧式花园和日式花园。

①中式花园。

中式花园主要有三大支流:北方的四合院庭园、江南的写意山水、岭南的庭园,其中,以江南园林贡献最大,作品总量最多。中式花园具有浓厚的古代水墨山水画意境。结构上建筑设计以曲线居多,讲究曲径通幽,忌讳一览无余。庭园是由山、水、建筑、植物等一起构成的工艺品,一般建筑都由木质的亭台、台、廊、榭等组成,月洞窗式、花格窗式的黛瓦粉墙可起到或阻挡、诱导或分割视野和游径方向的功能。庭园植物有明显的象征意义和规范的位置。如屋后栽竹,厅前栽桂,花坛种牡丹、芍药,阶前栽梧桐,转角栽芭蕉,坡地栽白皮松,水池栽莲花,点景用青竹、石笋,小品用石桌、孤赏石等(见图 2.3.1)。

图 2.3.1　中式花园

②欧式花园。

欧式花园分为意大利台地园、法国水景园、荷式规则园、英式自然园、英式主题园等。各国庭园的发展一脉相承,庭院中央大多有广场、雕塑和喷水池,道路是笔直的,两侧多花丛和花钵,有修剪整齐的篱笆墙等(见图 2.3.2)。

图 2.3.2　欧式花园

③日式花园。

日式花园源于中国秦汉文化,时至今日,中国古代庭园的历史印迹仍依稀可辨,中国庭园从模仿自然山水画走向模仿文人山水画,在此过程中,日本庭园也逐步脱离传统诗情画意与浪漫情调,其用朴实的素材、抽象的艺术手法表达玄妙深邃的儒、释、道法理。用园林话语来阐述“长者诸子,出三界之火宅,坐清凉之露地”的精神境界。日式枯山水是其主要的代表形态之一(见图 2.3.3)。

(2) 按布局可分为规则式花园、自然式花园、混合式花园。

①规则式花园。

图 2.3.3　日式花园

构图多为简单几何图形，垂直要素常是规整的半球面、圆筒体、圆锥体等。规则式花园分为对称式花园与不对称式花园。对称式花园的两个中心轴与庭园中心线交叉，把整个庭园分为完全对称的 4 个部分，规则对称式花园庄严大气，给人以宁静、稳重、井然有序的感受；不对称式花园的两条主轴并不在整个庭园的中心线上交叉，且单种构成要素的数量常是奇数，不同几何形式的构成要素布局只注意调整庭园视觉中心而不强调重复。因此，相对于前者，后者较有动感且更显活力。

②自然式花园。

完全模仿纯天然景观的野趣美，不使用有明显人工痕迹的建筑结构与材料。建筑设计上崇尚“虽由人作，宛自天开”的艺术境界。即使一定要建造硬质建筑物，也应当选用天然木材或当地的石材，使其融于环境。

③混合式花园。

大多数庭园都兼具规则式花园与自然式花园的特征，这便是混合式花园。其主要有三类表现：第一类是采用规则式的组成，呈现自然式布置，英国的古典贵族庭园多具此特征；第二类则是采用自然式的组成，呈现规则式布置，如中国北方的四合院；第三类是将规则的硬结构材料和周围天然的软质元素自然相连，如上海别墅庭园的大部分场地尽管不对称，但靠近住宅的部分却是很规整的，可以把内部方或椭圆的硬质铺地和周围天然的植被景观及外缘不规则形的小草地组合在一起。若一块地既无严格的几何造型也无奇形怪状的天然状态，此法就可在此找到平衡。

三、别墅花园设计的特点

“别墅庭院绿地设计（动画 2）”

（一）私密性

现代别墅庭园的建筑设计不但能符合传统庭园的基本要求，更关键的是能把庭园设计成一种享受生活的居所，以满足人们精神上的追求。别墅庭院是业主完整的私人空间，其设计要满足业主的喜好。而针对业主的不同需求，别墅庭院的设计体现多样化与个性化。

（二）延展性

庭院作为别墅居室空间的延伸，给人们提供重要的活动场地。在限定的庭院空间里，应合理运用庭院自然景观，开阔视野，让人感受自然的魅力。

（三）丰富性

别墅庭院除了应满足住宅的基本功能之外，还需要有更完善的基础设施，人们对其内部环境的功能、舒适度有高度的需求。

四、别墅花园景观的要素设计

在别墅花园设计中，最核心的内容就是景观元素的构成，庭院景观的风格乃至功能都取决于景观元素的选择。

（一）铺装

铺装是一种庭院装点方法，利用自然或人工的铺地材料，按照不同的方法对地面加以铺设，表现庭院的主题。铺装作为别墅庭院的一种基本结构要素，它所体现的建筑形态各式各样，可由类型、颜色、图案、材料、尺寸和造型等不同的基本要素组合而成（见图 2.3.4）。

图 2.3.4　庭院铺装

铺装的应用主要体现在园路和平台两个方面。园路是庭院的主要交通网络，是联系不同景观的重要纽带。园路设计要从实用、美观、简洁出发，给人以精致、细腻的感受，增添庭院的美感。庭院园路具有组织交通、引导游览的功能。当人们顺着园路行走时，可观赏到沿路的庭院小景，拥有因景得路、步移景异的感受。其与植物、亭廊、山石、水景等相互配合，可形成和谐的别墅院落风光。总体来说，无论是笔直修挺、轴线对称的西方园林园路，还是蜿蜒起伏、曲折有致的中式园林园路，都要满足以下基本特点：坚固、平稳、耐磨、防滑、灰尘少、易于清洁。无论是在外观造型上，还是在使用功能上，都要体现出园路的实用美与艺术美。

别墅庭院平台必须使用防滑材料，以确保安全性。入口平台和休闲平台是平台的两种分类。入口平台是指从庭院大门到园林建筑入口之间的空间，我们一般称其为入口平台。除了满足功能需求以外，还应将其精细化，它是人们进入别墅的第一空间。休闲平台是居住者日常聚会、休闲娱乐、生活工作、观赏景观的地方，是功能与艺术的结合体。

1. 铺装色彩

铺装在庭院中很少成为主景，常常作为大色块背景衬托景点，在颜色上需要淡雅一些，与周围建筑环境色调相协调，将园林景致相统一。在出入口、拐弯及水池边等需要提醒的重点地段，可以采用突出色彩。

2. 铺装图案

不同的铺装图案可以区分尺度空间，不同的填充图案能够体现庭园功能上的区别。多样的铺装图案可表现出千姿百态的主题风格，成为约定俗成的符号，如波浪状的图形会让人联想到大海的层层海浪，如意的形状被赋予万事如意的寓意。

3. 铺装材料

铺装材料一般有混凝土、石材、花岗岩、广场砖、透水砖、鹅卵石、木材等。花岗岩质地坚硬、牢固可靠，可表现出厚重、稳定、雄伟、壮丽的特色，在外观上能够给人一种较为高档的感觉。透水砖颜色应按需选择，它对生态环境无任何影响，可透气、可渗水，符合树木的生长条件。天然鹅卵石可衬托出庭院返璞归真的艺术风格，被广泛应用于路面铺设、水池底部装饰、地面彩画拼图等方面，可表现出自然之美。木材纹理清晰、自然纯朴，是一种多功能的材料，被广泛应用于平台、小桥、景墙、栏杆等。

4. 铺装尺度

庭院逐步由单一的供人们放松、休息的场所转变为可同时被人们欣赏的精致美景。铺装图案的尺寸会对外部空间形成微妙的影响。大面积的庭院匹配相应的大图案，会使空间显得更加宽阔，可形成气派恢宏的整体效果。如果空间有限，则宜采用小的铺装图案，使空间具有包围感、亲密感。

5. 铺装形状

多种多样的铺装图案会带给居住者不同的视觉效果，对于庭院的整体风格也会产生别样影响，点、线、面的应用是其中最基本的表现形式。

正三角形与正方形特征相似，显得安定稳重；斜三角形虽不稳定但具有动感，活力十足。菱形具有三角形的部分特征，也具有自己独特的特性，可体现一种对称和谐的美。铺设于地面的圆形饱满圆润，富有张力，它对周围的空间有极强的占有欲。使用不规整的形状，会给人带来洒脱的感受。一般来说，在庭院设计中，我们较多采用正方形、长方形、圆形作为平台形状，园路一般采用直线或曲线，令人如同置身于乡间小道，自由自在，无拘无束。

（二）水景

庭院水景的特点是“小”（见图 2.3.5）。若要显得精致，水池既不能做得太深，也不能做得太浅，还需看用户的实际需要，如家有小孩，需考虑小孩的安全问题等。庭院水体的应用形式大致有如下几个方面。

（1）动水景观。利用喷泉、瀑布、水池等构成主景，改善庭院环境，调节城市气候，抑制噪声污染。水具有医疗作用，负离子具有美容功能，都不能忽略。

（2）静水景观。为庭院观赏性水生动植物提供良好的繁殖条件，为生物多样性创造必需的生存环境，如有利于各类水生植物荷、睡莲、芦荻、菖蒲等的栽培，以及家禽、鱼等的养殖。

（3）游泳池。游泳池水景以静为主，当然也可以结合假山流水等，营造出一个可供人休闲锻炼的环境。别墅庭院内设置游泳池可满足居住者健身、娱乐、休闲的需要。私人游泳池不仅具有实用价值，而且具有较高的观赏价值。

图 2.3.5　庭院水景

（三）植物

“别墅庭院绿地的植物配置”

别墅庭院景观设计中最重要的就是植物的运用，只有做到配置得宜，才能使整个庭院变得鲜活、有生气，达到良好的效果。在庭园景观植物的选用上，要注重充分发挥植物的个性特征，同时也要针对具体的地理位置选择合适的植物种类，注重植物中不同品种的配合、颜色的配合、植株层次的变化，以及生长季节的变化等（见图2.3.6）。

根据栽植的平面关系和结构层次，小庭园的植物栽培可分成规则式、自然式和混合式三个形态。小庭园植物的规则式栽培，特别强调了植物布置均整、有条不紊，其具有统一、抽象的美学表现。自然式栽培比较接近大自然，如农村的田园就是根据小庭园蜿蜒曲折的地形、水体、道路等来布置植物景观的，不需要植物工整对称，而是利用随性修剪的花草树木，表现出自由、随意的自然气息，其是富有山林野趣之美的植物栽培形式。中国古典园林喜把千姿百态的植物形象拟人化，并给予其特殊的品格与含义，如松之坚贞不屈，梅之清标雅韵，竹之刚正不阿，菊之凌霜傲骨，莲之出淤泥而不染的君子风范等，使人产生联想和具有认同感。现在，很多使用者在庭院中种植能开花结果的园艺植物，更具实用性。

图2.3.6　庭院植物

（四）建筑小品

建筑小品作为个体艺术景观，具有独特的艺术审美价值，是别墅庭院中自成一体的风景。其在色调、质地、肌理、尺寸、形状上的差异，可给予人不同的感受。建筑小品具有独特鲜明的个性，可吸收当地的艺术语言符号，进行适当布局，得到具有本土意识的景观小品。

1. 功能性景观小品

庭院景观小品包括凉亭、廊架、花架、假山、景墙、景门、围墙、小桥等，对别墅庭院景观的空间进行有效隔断、解构、贯穿，可充实园林景观的空间构图，加强景深。凉亭、廊架、花架都是供人们遮阳休息、欣赏景色的地方，其自身还可点缀园景，因而它们经常设计在最有景致的地方。

此外，小品可为人们提供多种便利的功能性服务设施。在别墅庭院景观中，常见的设施一般包括造型各异的洗手池、体现生态的果皮箱、室外健身器等，它们体积小，可节约空间，造型特异，色彩多变，具有实用性，在摆放时应充分考虑它们与庭院景观之间的关系，以及居住者的使用习惯，它们既能点缀庭院、丰富园趣，又能为居住者提供诸多便利。另外还有一些供给人们休息，起到装饰、照明作用的功能设施。该类小品一般体积小巧，造型精致，气质独特，摆放于庭园中既能提升环境美感，又能给居住者提供休息的场所，更能带给居住者不一样的意境。例如：成品的户外园艺座椅为居住者提供了休息与娱乐的空间，有效提高了庭院的使用率。对于园灯，除基本照明功能之外，观赏效果也是其选用的主要依据，其造型、色调、质地等均应与整个庭院环境协调，从而达到渲染庭院景观的效果(见图 2.3.7)。

图 2.3.7　功能性景观小品

2. 艺术性景观小品

我们一般将艺术性小品分为装饰小品、雕塑小品(雕刻小品)和水景小品三种类型。装饰小品，如陶罐、花钵、饰瓶、花箱等，在别墅庭院景观中起点缀作用，其可以移动，而且还可以经常更换其内的花卉，从而时刻保持欣欣向荣的景象。例如有些地产公司就比较注重装饰小品的使用，这些小品可以对空间气氛起烘托作用，还可以随意移动组合它们，从而形成新的景观效果。雕刻小品在古今中外的造园中被大量使用并发挥重要的功能，有故事性雕像、动物雕像、人物雕像和抽象派雕像等形式。水景小品是以水景为主线的小品设施。在欧洲园艺中，安静的滴泉是惯用的园艺表现形式；静谧的水滴舒缓地结合在一起，慢慢地滴落，有非常轻微的响声，优雅浪漫，只需要接上电源就可以运转(见图 2.3.8)。

图 2.3.8　艺术性景观小品

五、别墅花园设计注意事项

(1)花园设计应服从建筑整体风格。

设计前应慎重考虑别墅花园的格调。一般来说，花园的格调必须与别墅自身协调统一，如此才能和谐。例如，中式豪宅适宜园林格调的花园，看上去相得益彰；而欧式风格的中国别墅与欧式的花园相互搭配，让人能感受到欧式建筑的文化底蕴。当然，风格及搭配方式没有严格规定，完全不必墨守成规，如将中国别墅和日式风格的花园搭配在一起，因为日式风格受中国传统文化影响颇深，大气的建筑设计和精美的花园同样可体现主人不拘一格的品味。

对于开敞式布局的花园,其应与周围社会景观对应,这类花园通常主要由社会统筹协调管理;对于围合式的花园,即独门独院,通常由业主自己打理。但无论怎样,花园均需要符合环境的整体性要求。

(2) 环境要素决定花园的布局方式。

一般来讲,花园的类型、功能要求、面积、投资金额等均影响花园的风格和布局选择。

①家中人员结构决定花园的布置方法。

假如主人无暇打理花园,可以选择简单地在园内栽种一点花卉;有小孩的家庭的花园应该避开深水和岩石等危险因素,可设置能存放玩具的大草地,并栽种色彩艳丽的一、二年生草花和球根花卉;如果家里有老年人,则需要顾及老年人在室外的娱乐习惯和活动需求;如果主人喜欢露天烧烤,则可以设计一个烧烤平台;如果主人喜欢游泳,则可以设计一个私人游泳池;如果主人喜欢商务会客,则可以设计一片大草坪用于聚会。

②花园的面积大小决定花园的布置方法。

别墅花园的建筑面积大多为 50～2000 ㎡不等,花园的规模是建筑设计应考虑的关键问题。小型花园或许符合日式风格,在布置小品时应格外注重环境与建筑之间的融合和过渡。而花园建筑面积在 1000 m^2 以上的,可选择大气方正的欧式风格。对于占地面积大的独栋别墅,可以选择中式的园林或者欧式的庄园风格,可种植一定量的树木,再添上各种花草作为装饰,打造私密的花园空间,大气得体。

③自然环境决定花园的布置方法。

一般来说,若花园是南向的,能够栽种的花草选择也相当多,可在此休闲小歇,或是与好友聚餐,在日光的照耀下,一切都显得明朗惬意。若花园是朝北的,则太阳的曝晒时间较短,不适宜在此休闲娱乐,可以做个水池,用来避暑。此外,有的花园是面对水系的,这样的花园可设置亲水性平台,作为周围建筑物的延续,成为接触大自然的媒介,以小溪、湖水等为建筑基址的前景,形成宽广平远的视线范围,使花园的赏景功效更加突出。

(3) 别墅花园的功能分区考虑。

进行功能分区是花园景观方案设计的关键一步,应综合思考花园功能同客户要求、小气候、风景营造之间的关联,为后期的细部设计提供指引与参照。私家花园一般供私家住宅使用,主人的喜好不同,花园的功能也存在差异。花园一般有如下几种功能:居家娱乐、种植花卉、体育文娱。而对于开发中的别墅庭院、露台庭院等,可以进行多种功能划分,交融多种功能。

在进行功能分区工作时,还要思索各个地方对天气的适应性。比如,人们聚会娱乐的地点应当避开夏季阳光直接暴晒的地方等。

花园中的娱乐聚会空间布置在客厅左近是可行的,但如果布置在卧室、厨房、卫生间左近,就会造成空间功用互相影响;将用于露天用餐、烧烤等活动的空间布置在厨房左近则可减少运送餐具和食物的行走间隔。因此,硬质地段的规划还需要思考其同四周环境及其他建筑结构之间的关系。

六、别墅花园设计的发展趋势

(一) 现代简约主义风格的别墅庭园景观设计

简约主义的庭园景观设计的主要特征如下。一是化繁为简,把最复杂的庭园文化内容用最简洁、直观的形态呈现;二是自然生活化,指院落的根本功能是使人回归自然、享受生命、保

持心理舒适；三是创新性，在院落景观植物的选用、材料的选择、空间结构的选择及灯光的搭配上都有很大的创新。

（二）开放式庭园的景观设计

开放式的庭园没有外墙的围合与分隔，其设计风格特点是注重自然与景观环境的有机融合。其将会越来越受到青年人的喜欢。

（三）生态庭园的景观设计

按照土地资源的合理配置和循环再利用的基本原则，生态庭园在策划、设计、施工和维护等各环节，力求有效节约土地资源、增加空间利用率、降低建筑耗能。这种设计是未来重要的发展方向之一。

设计中，比较注重自然景观的塑造、地域文化及人与景的"天人合一"思想的表达，充分发挥庭院自然景观的优越性。设计师在设计庭院景观时，要根据地方的人文特点，从庭院本质出发，用现代简约的艺术形式体现出庭院中的丰富内容，从而设计出富有创意的现代别墅庭院景观，要以实用性为先，强调庭院与特定地点的精神和情感上的沟通，强调外部景色和内在景观之间的和谐。

"别墅庭院绿地设计(方案赏析)"

学习任务如表 2.3.1 所示。

表 2.3.1　参考性学习任务

任务名称	现代独立式别墅花园设计
实训目的	熟悉相关设计流程，掌握现代新中式别墅花园的设计方法，注意自然生态要素的引入。
实训准备	纸、画板、铅笔、橡皮、直尺、电脑、绘图软件(CAD、PS)、办公软件。
实训内容	(1) 绘制总平面设计图、小品及铺装意向图，编写设计说明(300～500 字)。 (2) 绘制方案系列分析图，包括现状分析、道路分析、功能分析、视线分析、种植分析等。 (3) 编写方案汇报 PPT。 (4) 作业经教师点评后上传至平台，完成学生互评。
实训步骤	(1) 下达任务书。 对某新中式别墅的绿地进行规划设计，要求根据不同类型的使用者需求、建筑内部功能布局及周边立地环境进行科学规划。 (2) 任务分组。 班级：　　　　组号： 组长：　　　　指导老师： 组员：

续表

<table>
<tr><th>任务名称</th><th colspan="3">现代独立式别墅花园设计</th></tr>
<tr><td>实训步骤</td><td colspan="3">任务分工：

(3) 工作准备。
① 阅读工作任务书，查阅和收集相关资料，进行现场勘察和技术交底，并填写质量技术交底记录。
② 收集《公园设计规范》中有关设计方面的知识。
★ 引导问题 1：别墅的建筑风格是什么？应选用哪种园林形式？

★ 引导问题 2：现使用者的年龄阶段是什么？有哪些功能需求？

★ 引导问题 3：建筑内部功能分布与庭院功能布局的联系是什么？需要考虑哪些外部环境影响因素？

★ 引导问题 4：预算是多少？这些功能区内部应该设计哪些园林要素？

★ 引导问题 5：新中式的设计风格应怎样通过园林要素表达？</td></tr>
<tr><td rowspan="6">参考评价</td><td rowspan="3">过程性评价(55%)</td><td>知识掌握度(25%)</td><td></td></tr>
<tr><td>技能掌握度(25%)</td><td></td></tr>
<tr><td>学习态度(5%)</td><td></td></tr>
<tr><td rowspan="2">总结性评价(30%)</td><td>任务完成度(15%)</td><td></td></tr>
<tr><td>规范性及效果(15%)</td><td></td></tr>
<tr><td>形成性评价(15%)</td><td>网络平台题库的本章知识点考核成绩(15%)</td><td></td></tr>
</table>

案例导入

（重庆蓝调城市景观规划设计有限公司提供）

1. 项目概况

以中式风格为主基调，打造一个简奢禅意的定制花园。可在这里与家人一起浇花品茗，与亲朋好友喝茶聚会。这是一个充满诗意的港湾（见图 2.3.9）。

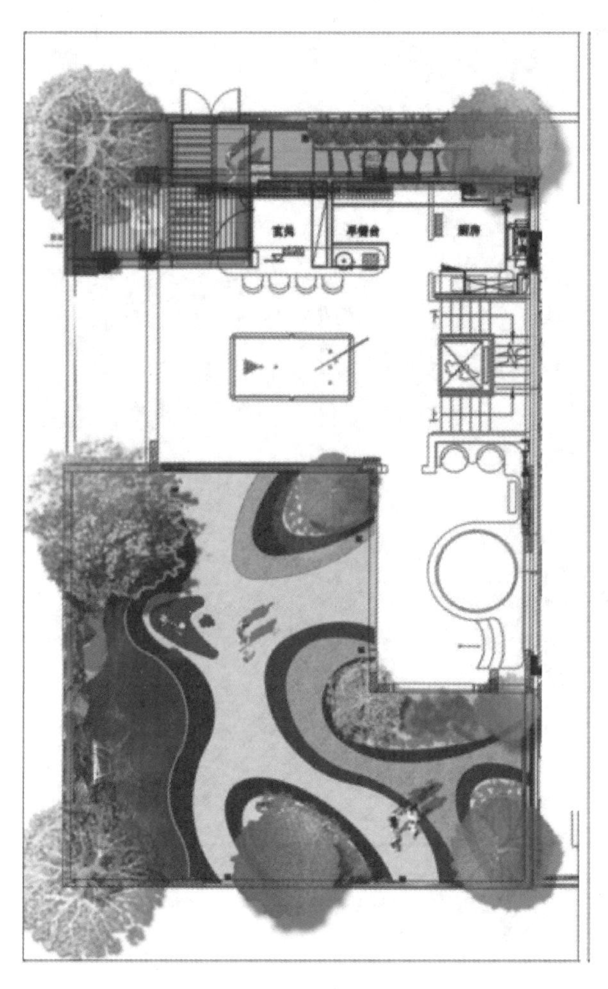

图 2.3.9　总平面图

2. 设计思路

沿袭中国古典园林造园手法，再现“庭院深深深几许”的园林雅致。

3. 功能分区

考虑到别墅居住者的使用需求，在入口区域旁、连接室内厨房的位置设置艺术菜园；在别墅庭院的中庭设置小花园，供使用者赏花和观水；并在花园旁设置休闲座椅，以供居住者休息、品茗、读书（见图 2.3.10）。

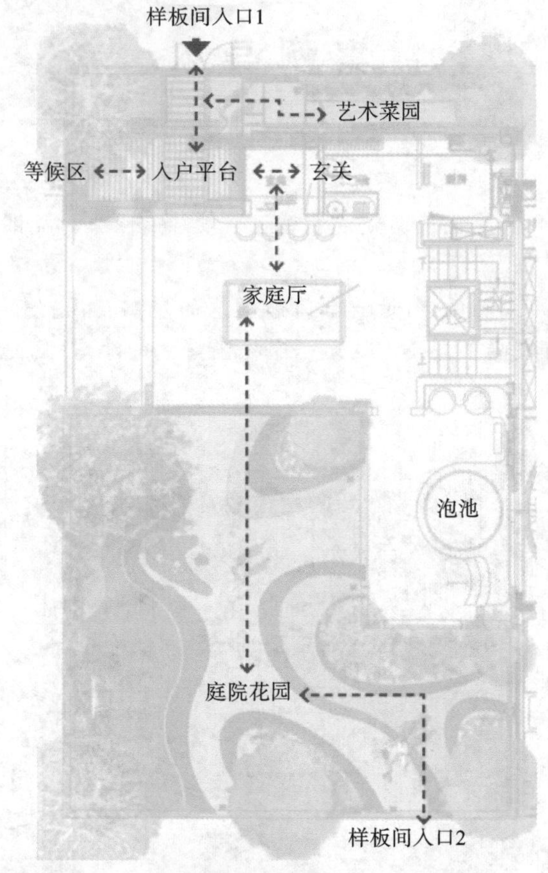

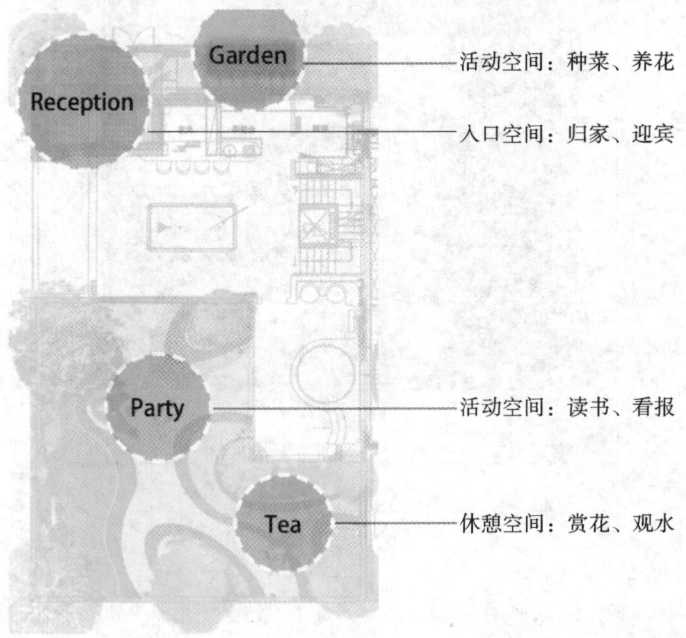

图 2.3.10　功能分析图

4.效果表现

效果图如图 2.3.11 所示。

图 2.3.11 效果图

知识拓展与复习

1. 城市(　　)通常依据已预测的城市人口,以及与城市性质、规模等级、所处地区的自然环境条件相适应的人均城市建设用地指标来计算。

A. 规模　　B. 用地规模　　C. 用地容量　　D. 环境容量

2. 住宅间距内的组团绿地,以及小块公共绿地的设置应满足有不少于(　　)的绿地面积在标准的建筑日照阴影线范围之外。

A. 1/2　　B. 1/3　　C. 1/4　　D. 1/5

3. 别墅花园按地域风格可分为(　　)。

A. 中式花园　　B. 欧式花园　　C. 日式花园　　D. 地中海式花园

4. 别墅花园按布局可分为(　　)。

A. 规则式花园　　B. 自然式花园　　C. 混合式花园　　D. 嵌套式花园

5. 别墅花园设计的特点有(　　)。

A. 私密性　　B. 延展性　　C. 丰富性　　D. 功能性

6. 以下关于庭院铺装的说法中,正确的是(　　)。

A. 园路是庭院的主要交通网络,是联系不同景观的重要纽带

B. 别墅庭院景观中的铺装材料应尽量选择木材、卵石等,以衬托出庭院返璞归真的艺术风格

C. 无论是笔直修挺、轴线对称的西方园林园路,还是蜿蜒起伏、曲折有致的中式园林园路,都要满足以下基本特点:坚固、平稳、耐磨、防滑、灰尘少、易于清洁

D. 铺装在庭院中很少成为主景,常常作为大色块背景衬托景点,在颜色上需要淡雅一些,与周围建筑环境色调相协调,使园林景致相统一

7. 以下关于庭院水景的说法中,正确的是(　　)。

A. 庭院中一般利用喷泉、瀑布、水池等构成主景,改善庭院环境,调节城市气候,控制噪声污染

B. 别墅庭院内设置游泳池可满足居住者健身、娱乐、休闲的需要

C. 水景的深度不宜过深,要考虑节约用水和儿童安全问题

D. 静水景观一般放在庭院大门口附近

8. 以下关于庭院植物的说法中,正确的是(　　)。

A. 在庭园景观植物的选用上,要注重充分发挥植物的个性特征,同时也要针对具体的地理位置选择合适的植物种类,注重植物中不同品种的配合、颜色的配合、植株层次的变化,以及生长季节的变化等

B. 根据栽植的平面关系和结构层次,小庭园的植物栽培可分成规则式、自然式和混合式三个形态

C. 中国古典园林喜把千姿百态的植物形象拟人化,并给予其独特的品格与含义,如松之

坚贞不屈，梅之清标雅韵，竹之刚正不阿，菊之凌霜傲骨，莲之出淤泥而不染的君子风范等，使人产生联想和具有认同感

D. 荷、莲、芦苇、菖蒲、垂柳等适宜栽植在自然式水景附近

9. 以下关于庭院建筑小品的说法中，正确的是(　　)。

A. 庭院景观小品包括凉亭、廊架、花架、假山、景墙、景门、围墙、小桥等，对别墅庭院景观的空间进行有效隔断、解构、贯穿，可充实园林景观的空间构图，加强景深

B. 凉亭、廊架、花架都是供人们遮阳休息、欣赏景色的地方，经常设计在最有景致的地方

C. 在别墅庭院景观中，艺术性服务设施一般包括：造型各异的洗手池、体现生态的果皮箱、动物雕像等

D. 户外园艺座椅为艺术性景观小品

项目四　城市道路绿地设计

知识目标：了解城市道路绿地的概念、设计专用语、布置形式及绿化设计要点。

技能目标：能根据规划范围及使用环境合理规划道路绿地布置形式；能进行道路绿地的绿化种植设计。

思政目标：培养生态保护意识，能根据道路的周边环境特点，合理选择设计风格；道路设计应同时满足《公园设计规范》、《城市道路绿化规划与设计规范》及《城市园林绿化养护管理规范》要求。

任务　城市道路绿地设计

"城市道路绿地设计"

城市道路是联系城市中各个主要功能区及景点的重要纽带，主要承担城市的交通、运输功能。城市道路绿地是城市道路的主要组成部分，也是城市绿地系统的重要组成部分，它反映了一座城市的景观特色，有效缓解了道路与环境、道路与人类的矛盾。根据国家标准，道路红线宽度为 10 m 以上时应预留道路绿化用地，不同区域的道路的绿地率具有较大差距。随着城市化进程的加快，城市污染度越来越高，道路绿地的规划设计不仅要满足环境美化和交通功能，还要体现安全功能、生态功能、景观联系功能及文化宣传功能。本章主要介绍城市道路绿地规划设计的基本知识和国家规范标准，以及各类城市道路绿地及其各构成部分的绿化设计方法及要点。

一、城市道路绿地的概念

城市道路绿地是指道路用地红线范围以内的所有行道树、分隔带绿化、交通岛绿化及附设在红线范围内的林荫道等，此外，立交桥下绿地和停车场绿地也属于城市道路绿地的范围。

二、城市道路绿地的作用

（一）城市美化功能

绿化带（简称“绿带”）可软化街道硬环境，良好的植物配置不仅可以提升城市整体形象，创造宜人的空间活动区域，还可消除行人及司机的视觉疲劳。

（二）安全功能

绿化带可起到分隔交通、保障人车分流的作用。同时，良好的绿化形式可有效减缓车速，增加行车安全性。同时，道路两侧休息节点的设计也可有效增加行人出行、减少车辆的使用度，从而缓解交通压力。

（三）生态功能

城市道路绿地有庇荫、滞尘、吸附有害气体、降低噪音等改善道路沿线生态环境的作用。乔木、灌木、地被结合配置（以乔木为主）的方式，具有更好的生态功能。

（四）景观联系功能

道路是城市的骨架，合理引入绿化可有效加强道路同周边环境的联系。不同的植物品种相联系可起到组织城市景观秩序的作用。

（五）文化宣传功能

我国多地区已经出台相应的道路规划导则，提倡保留具有当地特色和能体现传统文化的行道树、高大树木及珍贵树木，通过栽种市树市花或通过将植物组合成不同图案，表达特定的设计思想，达到宣传城市特色的目的。

三、城市道路绿地设计专用语

（一）道路红线

一般为道路用地的边界线。

（二）道路分级

根据道路所在的位置、发挥的作用和性质来决定道路宽度和线性设计的主要指标，从而确定道路的等级。

（三）路幅宽度

指道路的用地范围，包括横断面上各组成部分用地的总称。

（四）分车绿带

车行道之间可以直接绿化的分隔带，其中，上下行机动车道之间的为中间分车绿带（或称“中央分车绿带”）；机动车道与非机动车道之间或同方向机动车道之间的为两侧分车绿带。

（五）人行道绿化带

人行道与车行道之间的绿化区域，为条形绿带，其中，栽植行道树是最简单、最原始的方式，也可采用遮蔽式栽植方法。

（六）防护绿带

将人行道与建筑物分开的绿化带，通常宽度大于 5 m，可以搭配设置乔木、灌木、绿篱等，可降低噪音、减少灰尘和日晒，也可减少空气中有害气体对环境的危害。

（七）交通岛

为便于交通管理而在路面设置的岛状设施。

中心岛：设置在交叉路口中心位置引导车辆行驶。

方向岛：为把车流导向指定行进路线而设置的区域。

安全岛：道路中供行人避车的区域。

（八）道路绿化覆盖率

道路绿化覆盖率为道路红线范围内各种绿地面积之和占红线范围内总面积的比例。园林景观路段的绿化覆盖率不应小于60%，宜大于80%。计算公式为

$$绿化覆盖率 = \frac{绿地面积}{总面积} \times 100\%$$

城市道路路段绿化覆盖率控制指标如表2.4.1所示。

表2.4.1　城市道路路段绿化覆盖率控制指标

道路	绿化覆盖率
园林景观路段	不小于60%
城市道路红线宽度大于45 m路段	不小于20%
城市道路红线宽度为30～45 m路段	不小于15%
城市道路红线宽度为15～30 m路段	不小于10%
城市道路红线宽度小于15 m路段	酌情设置

（九）装饰绿地

主要以装点、美化街区为主要目的，行人不得进入该绿地。

（十）开放式绿地

可在开放式绿地中铺设游步道、设置座椅及游乐设施等，开放式绿地为供大家游览、休息等的绿地。

（十一）安全视距

当司机发现对面有来车时，立即刹车恰好能停车的距离。

（十二）视距三角形

根据两条相交道路的最短视距，可在交叉平面图上画出一个三角形，称之为视距三角形（见图2.4.1）。在此范围内，不得设置阻碍视线的物体，如若设置绿地，则植物的高度不得超出小轿车司机的视高。

四、城市道路绿地的设计原则

（一）统筹考虑原则

由于城市道路绿地受场地条件的限制，较一般的设计有较大的空间局限性，故应合理科学地进行规划布局，如合理选择各类地下管网与绿化树木的空间位置，确保植物能够正常生长，同时不影响道路的正常使用。

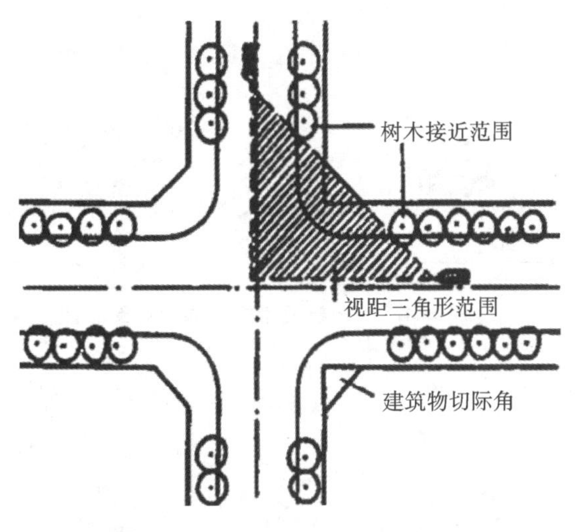

图 2.4.1　交叉口视距图

（二）适地适树原则

针对不同区域的天气、水文和土壤的特点，根据绿化植物的形态、习性、养护条件等因素，合理地选择树木种类，尽量多选用本地植物品种，引入外地植物品种需进行封闭引种实验。

（三）远近结合原则

选择绿化植物必须考虑近期、远期效用，令植物在种植期与生长期尽量都具有良好的视觉效果，同时预留出合理的空间生长位置。

（四）科学规划原则

进行道路绿地设计时，不仅要考虑城市的整体布局，科学选用植物品种，还应考虑如何满足道路的通行能力，确保行车安全，满足城市环境景观要求、地域文化要求等。

五、城市道路绿地的布置形式

（一）按道路的断面布置形式划分

道路绿化断面布局类型和道路横断面组成息息相关，目前我国城市道路断面多采用一块板、两块板、三块板、四块板等类型，相应的道路绿化断面布局类型有一板两带式、两板三带式、三板四带式、四板五带式等。确定道路绿化布局的形式时，应当从实际出发，不可片面地追求形式，应考虑行车方便、行人庇荫方便、植物生长不受阻等多种因素。

1. 一板两带式

在车行道两侧人行道上种植行道树的优点是用地经济、管理方便；缺点是当车行道过宽时庇荫效果不好，且景观较单调。一板两带式布局一般用在行驶车辆少的道路上（见图 2.4.2）。

2. 两板三带式

除了可在车行道两侧的人行道上种植行道树之外，还可用一条绿带将车行道分为单向行驶的两个车道，其优点是可以降低对向车流之间的互相影响和减少夜间行车时因对向车流之间头灯的照射而引起的交通事故，且绿带数量较多，生态效益显著。其缺点是仍解决不了机动车辆和非机动车辆混合行车时会互相影响的问题。该布局一般适用于高速公路等比较宽敞的道路（见图 2.4.3）。

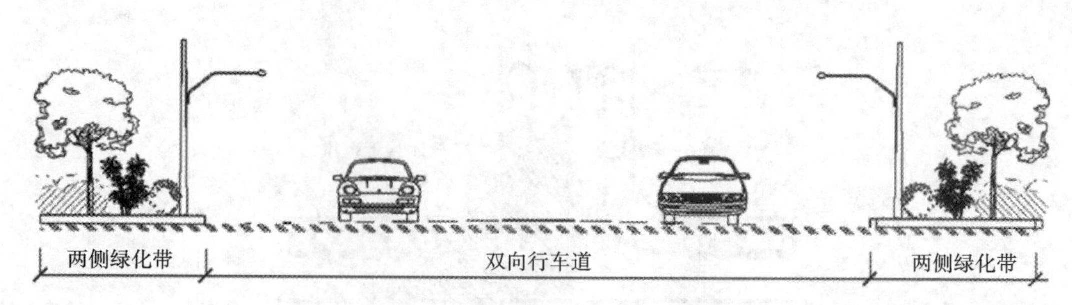

图 2.4.2　一板两带式布局示意图

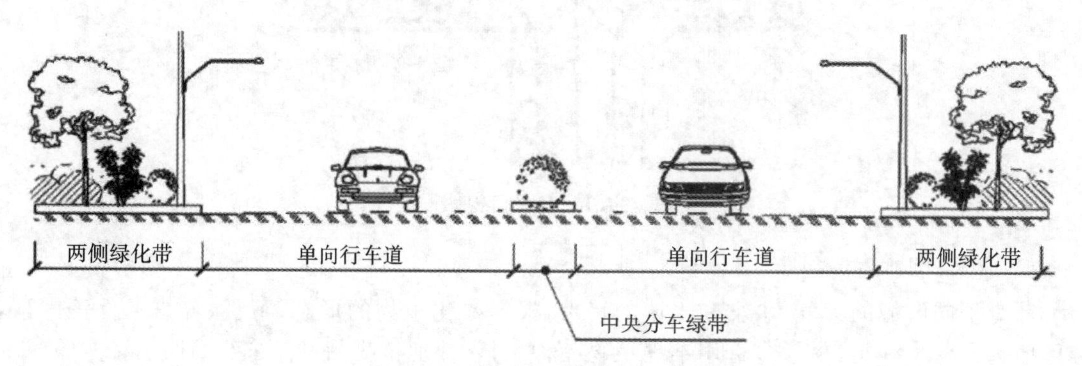

图 2.4.3　两板三带式布局示意图

3. 三板四带式

用两条绿带把车行道分成三块，中间为机动车道，两侧是非机动车道，再加上车道两侧的行道树共有四条绿带，道路总体遮阴效果较好，同时也解决了机动车和非机动车混合行驶而相互影响的问题，安全系数较高。在机动车较多的情况下，多采用三板四带式布局方式（见图 2.4.4）。

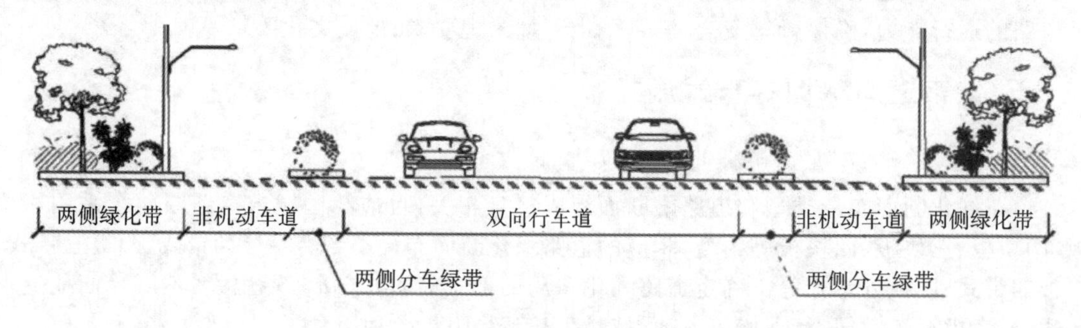

图 2.4.4　三板四带式布局示意图

4. 四板五带式

利用三条绿带将车行道分成四块，使机动车和非机动车分上下行，各种车道互不影响。其好处是行驶安全性有保证，弊端是道路交通用地面积较大，基于此，有些城市会采用高 60 cm 左右的护栏代替绿带以节省空间（见图 2.4.5）。

（二）按道路绿地的景观特征划分

随着社会整体的发展，人们对绿地的需求越来越高，城市道路绿地的布置形式可分为以下几种。

(1) 密林式道路绿地，一般设置在城乡交汇处，或者环绕着城市布置。

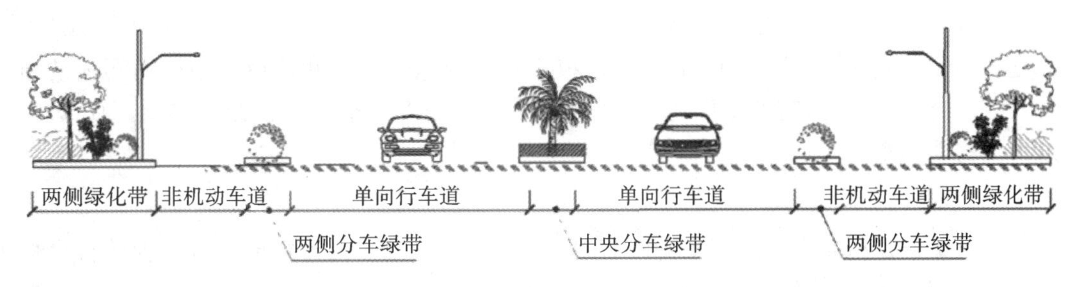

图 2.4.5　四板五带式布局示意图

(2) 自然式道路绿地，一般设置在人流量较小的地方，根据场地条件模拟自然界环境。主要在路边休憩场所、街心花园、路边小游园等人流量较小的环境中应用，其优点是采用组团式的自然植被，减少了后期养护的费用。

(3) 花园式道路绿地，沿道路外侧设置的绿化空间，有小广场、小游园，同时设有必要的公共设施、建筑小品，适合设计在商业区和居住区内。

(4) 田园式道路绿地，两侧的植物均在视野线以下，空间相对广阔，与耕田、苗圃相伴，此种形式多适用于铁路两侧的绿化。

六、道路绿带设计

(一) 分车绿带设计

分车绿带也称隔离绿带。分车绿带有组织交通、分离上下车辆、将快慢车道或逆行车辆分开、保证快慢车行使安全的作用。

1. 分车绿带设计原则

(1) 分车绿带的植物配置应遵循形式简洁、树形整齐、排列一致的原则。乔木树干中心与机动车道路缘石外侧的距离不宜小于 0.75 m。

(2) 中央分车绿带应能阻挡相向行驶车辆的眩光，在距相邻机动车道路面高度 0.6～1.5 m的范围内配置的植物的树冠应常年枝叶茂密，其株间距不应大于冠幅的 5 倍。

(3) 两侧分车绿带宽度大于或等于 1.5 m 的，应以种植乔木为主，同时搭配灌木、地被植物。分车绿带宽度小于 1.5 m 的，应以种植灌木为主，并和地被植物相结合。

(4) 分车绿带如若被人行横道或道路出入口断开，其端部应采取通透式配置。

2. 分车绿带的构图设计

“城市道路分车绿带设计”

(1)“点”的设计。

点是设计领域中最小的视觉单元，点没有大小，没有方向，只有位置。为了凸显设计的主旨或者丰富景观文化内涵，在园林景观设计中，经常创建一些景点为点。比如，园林景观的入口节点、雕塑、喷泉或中心广场等，这些节点通常是视觉的焦点和构图的重心，具有画龙点睛的效果。在道路绿地设计中，这些点可以由一些较大的灌木球、乔木或其集群组成，形成韵律性的视线焦点，减缓车速。

(2)“线”的设计。

在现代园林景观设计中，线可起到引导视线的作用，其具有位置、长度、宽度和方向特征，以及形状、粗细、疏密的变化。线可分为直线和曲线两大类，而折线、抛物线、交叉线、几何曲线、自由曲线都是由这两大基本线形衍生出来的。

(3)“面”的设计。

“面”的设计包括以下三个方面:因不同植物品种的色彩和叶片质感的不同而形成的植物平面;因不同植物品种的高度不同而形成的植物立面(一般需满足一定的高度要求和通透性要求);由植物季相变化所形成的面。

(二)行道树绿带设计

行道树绿带是指布设在人行道与车行道之间,以种植行道树为主的绿带。种植行道树可以较好地发挥庇荫的效果。

1. 行道树绿带设计原则

(1) 以行道树为主,并结合乔木、灌木、地被植物,形成连续的绿化带。在行人较多的路段,如不能连续栽植行道树,则应在行道树之间选择铺装透气性路面,树池上应覆盖箅子。

(2) 行道树植株间距应根据树种壮年期冠幅大小确定,一般最小种植株距应为 4 m。行道树树干中心与路缘石外侧的最小距离宜为 0.75 m。

(3) 行道树苗木的胸径:速生树不应小于 5 cm,慢生树不应小于 8 cm。

(4) 在道路交叉口视距三角形范围内,行道树绿带应采用通透式配置。

2. 行道树绿带的形式

(1) 树带式。

人行道与车行道之间留出的不加铺装的种植带为树带式绿带,在其中种植一行大乔木与树篱,其一般宽度不小于 1.5 m。如宽度适宜也可以种植两行或多行乔木与树篱。在交通量小、人流量相对较小的路段采用这种形式的绿带。通常在树带下铺设草皮,并留出铺装过道,以便行人通行或车辆停站。

(2)树池式。

在交通量大、行人较多、人行道窄的路段采用树池式绿带。

3. 行道树的品种选择

一般来说,行道树主要根据交通状况、道路性质、道路宽度、行道树与车行道的间距、树木分枝角度等来确定,通常有以下选择原则。第一,尽量选择乡土树种,其适应能力强、易成活。第二,宜选择冠幅较大、树枝茂密、抗性较强且耐瘠薄的树种。第三,宜选择耐寒、耐旱、耐修剪、落果较少且没有飞絮的树种。第四,宜选择发牙早、落叶晚的树种。此外,在中国南方地区,行道树大多以常绿树种为主;在北方地区,行道树常以落叶树种为主。

(三)路侧绿带设计

路侧绿带位于道路侧方,为布设在人行道边缘至道路红线之间的绿带,包括基础绿带、防护绿带、花园林荫路、街头休息绿地等。

1. 路侧绿带设计原则

(1) 路侧绿带应按照周边的用地性质和防护与景观要求加以设计,并应保持在设计路段内景观效果的完整性与连续性。其中,基础绿带与建筑物相连,一般宽度小于 5 m,绿带内可种植灌木、绿篱及攀缘花卉以美化建筑物的外立面,栽植时要把握好与建筑物的最小距离、保证室内的采光和通风。防护绿带宽度应达到 5 m,以乔、灌、草三层绿化为主,有效隔绝噪音、烟尘及汽车尾气污染。

(2) 当路侧绿带的宽度大于 8 m 时,可以设计为开放型绿地,该段绿化用地面积不应小于绿带总面积的70%。路侧绿带与相邻的其他绿地一起设为街旁游园时，其设计应当遵循现行行业标准《公园设计规范》的有关规定。同时应提供场地、少量的公共设施及建筑，以供附近居民和行人短暂休憩。

（3）濒临江、河、湖、海等水体的路侧绿地，可以根据水面与岸线地形设计成滨水绿带。滨水绿带的绿化应在道路和水域之间留有相应的透景线。若水面十分宽阔，沿岸风光秀丽，沿水岸可设置较为宽阔的绿带，同时还可以设置游步道、草坪、座椅、游乐设施等。

（4）应结合工程措施在道路护坡处栽植地被植物或攀缘植物。

2. 路侧绿带植物设计形式

设置道路绿地的目的是美化街道环境。按街道风格及使用方式不同，将城市道路绿带植物设计形式分为规则式、自然式和混合式。一般来讲，分车绿带以规则式为主，路侧绿带的形式则根据环境而定。

（1）规则式。

①路侧整形模纹绿带。

底层为多年生花灌木＋常绿整形灌木，中层为大灌木＋开花/变色乔木，背景层为2～3行常绿背景林。设计应注重层次性和重复性，形成整体的韵律感。

② 路侧行道树。

以地被、低矮灌丛与高大树木的组合，营造通透的林下空间。乔木层品种单一、树冠较大、遮阴性好，采用定距栽植方式。

（2）自然式。

底层为草本＋多年生花卉＋灌木，中层为大灌木＋开花小乔木，上层为落叶大乔木/常绿中乔木。布局自由灵活，地被类边缘不规整。

（3）混合式。

前景为多年生花灌木＋整形常绿灌木，中景为自然式大灌木＋开花小乔木，背景层为2～3行常绿背景林。地被类边缘采用圆滑的自由曲线构图，灌木类多整形。

（四）交通岛绿地设计

交通岛绿地设计原则如下。

（1）交通岛周边的植物配置应加强引导效果，在行车视距范围内采取通透式配置，主次干道汇合处或转弯处不适宜栽植会挡住视线的树木，出入口处必须设有指示性标识，便于司机快捷地找到道路出口。

（2）中心岛绿地应保证各个路口之间的行车视线通透，其可布置成装饰型绿地。中心岛绿地一般多呈圆形，直径为40～60 m，城镇中心岛绿地直径应不小于20 m。

（3）立体交叉绿岛应该栽植草坪等地被植物，草坪上可以点缀一些花灌木、孤植树，从而产生疏朗、开阔的景观效果。桥下适宜栽植耐荫型植物。墙面宜进行垂直绿化。绿地面积较大的绿岛可以以草皮为主，点缀一些常绿树或花灌木及宿根花卉；也可以选择街头花园或小广场的布置类型。

（4）导向岛绿地应该配置地被植物。

设计实训

"道路绿地设计(获奖方案)"

学习任务如表 2.4.2 所示。

表 2.4.2 参考性学习任务

<table>
<tr><th>任务名称</th><th>两板三带式入城道路绿地设计</th></tr>
<tr><td>实训目的</td><td>熟悉景观绿化设计程序;在练习中理解道路绿地设计的基本原理,能科学合理地选择植物品种,并注意构图韵律性的表达;熟悉相关制图及设计规范等。
完成相关规范的收集和查阅,在风景园林网上收集相关案例;掌握 CAD、PS、SU 及 Lumion 软件;思考在道路绿地上是否可以栽植花卉,若能栽植,则思考可以栽植的花卉品种又有哪些。
在实践操作中总结注意事项,学会进行现场进度管理,培养团队协作能力。
本任务的重点是掌握道路绿地植物方案设计方法,特别是分车绿带的植物搭配形式,本任务的难点是雨水花园的设计。</td></tr>
<tr><td>实训准备</td><td>纸、画板、铅笔、橡皮、直尺、电脑、绘图软件(CAD)、办公软件。</td></tr>
<tr><td>实训内容</td><td>(1) 各组完成指导教师布置的现场踏勘资料。
(2) 各组进行图纸表达规范、道路绿地设计相关技术规范、同类型道路绿地设计案例的收集工作。
(3) 结合现场踏勘情况对气象、地形地势、地下管线、消防通道位置、土壤条件进行分析。
(4) 绘制植物配置详图,完成总平面图、意向图、鸟瞰图等。
(5) 进行方案汇报,教师进行点评。
(6) 完成施工图绘制(选作),包括水景施工图、种植施工图。</td></tr>
<tr><td>实训步骤</td><td>(1)下达任务书。
对 15 m×200 m 的两板三带式的入城道路绿地进行设计,要求科学合理选择植物品种,并注意构图韵律性的表达,熟悉相关制图及设计规范等。
(2) 任务分组。
班级:　　　　　　　组号:
组长:　　　　　　　指导老师:
组员:
任务分工:

(3) 工作准备。
①仔细阅读工作任务书,识读同类方案图纸,进行图纸会审或技术讨论;收集相关标准及行业规范,结合任务书分析项目设计中的难点和问题。</td></tr>
</table>

续表

任务名称	两板三带式入城道路绿地设计		
实训步骤	②收集关于城市道路绿地设计规范方面的知识。 ★ 引导问题 1：在入城道路绿地设计中，如何处理好植物栽植位置和地下管线位置的关系？ ★ 引导问题 2：入城道路的设计风格和形式是什么？ ★ 引导问题 3：如何选择行道树的树种？ ★ 引导问题 4：如何运用植物展现韵律和节奏？分车绿带的设计要点是什么？ ★ 引导问题 5：绘制方案总平面图的注意事项有哪些？		
参考评价	过程性评价（55%）	知识掌握度（25%）	
		技能掌握度（25%）	
		学习态度（5%）	
	总结性评价（30%）	任务完成度（15%）	
		规范性及效果（15%）	
	形成性评价（15%）	网络平台题库的本章知识点考核成绩（15%）	

案例导入

1. 背景资料

本项目北起金带镇仁和页岩砖厂右侧，经梁忠高速公路、S206 省道终点、双桂堂规划区、双桂堂 220 KV 输变电站及发散出的高压架空线路、K3＋607 灌溉渠、S303

省道终点。项目系城市Ⅱ级主干路，全长6.438 km，宽44 m，双向六车道宽24 m、绿化带宽20 m，道路设计行车速度为40 km/h。道路走向基本与规划区域一致，周边以农户农田为主，自然田园风光优美。

2.业主要求

1)定位

本项目道路绿化规划路程较长且处于山区，土壤的保水性及透水性均较差，规划区域多处涉及护坡、挡土墙及立交桥景观规划，该类立地条件下园林绿化施工较为棘手，故在充分考虑现状条件的情况下，设计定位以植物造景为主。

2)种植设计

由于设计沿线较长，应考虑道路分段式植物种植形式的变化；为降低后期养护费用，尽量采用本地耐旱及生长速度慢的树种；对于护坡等特殊地段，以及生态脆弱性地区，应尽力选择具有深根性、耐瘠薄、发芽快、绿期长的本地植物品种。

3.设计构思

采用点、线、面结合的形式进行绿化，“点”即道路的重要节点；“线”即三种道路类型标准段的绿化带；“面”包括由香樟木形成的竖立背景面，也包括由各类草坪及草花组成的平面背景。设计中，结合地形搭配植物，塑造层次丰富又大气舒朗的山地景观，造坡坡度控制在10%～20%。借助植物的规律性变化重点突出景观的连续性和统一性；并注意以道路为景观廊道，将其与稻田、果园融为一体，融入当地地域元素，加强重点地段“景观地域文化性”的营造，形成梯田与岩石结合的地域特色景观。此外，绿化布置应服从交通功能，在严格遵守道路设计规范各项要求的前提下，进行园林景观的营造，如：在道路交叉处要留足安全视距，只种植低于司机视线的灌木、草坪或花卉；对临马路一侧的行道树枝进行加高，将树木间距加大（见图2.4.6）。

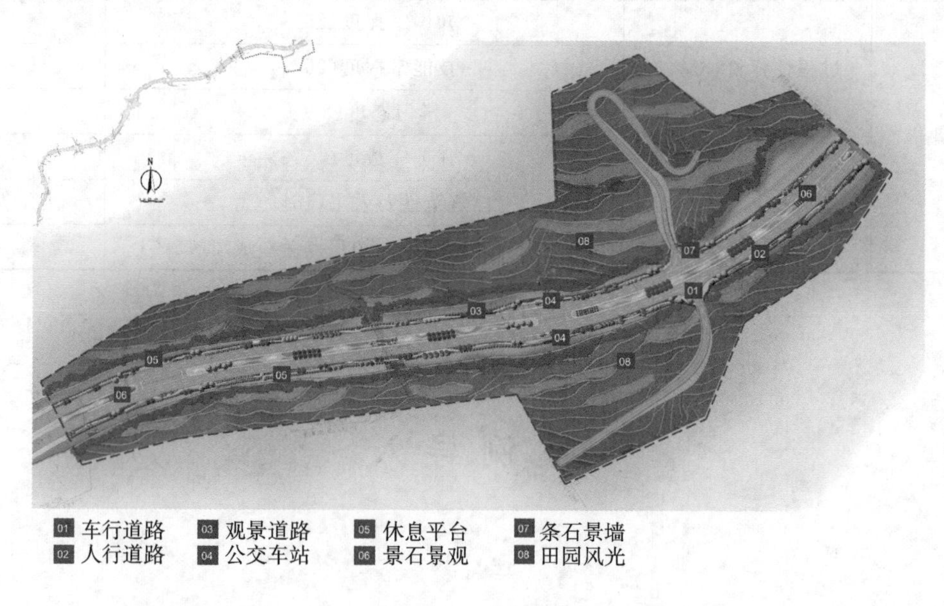

01 车行道路　03 观景道路　05 休息平台　07 条石景墙
02 人行道路　04 公交车站　06 景石景观　08 田园风光

图2.4.6　总平面图

道路两侧全程布置景石和微地形与自然环境衔接，起始点处设反映“三峡文化”特征的景石，俗称“三峡石”，中段设置“条石景墙”，护坡处尽量打造自然岩石景观（见图 2.4.7 至图 2.4.10）。绿化植物主要选择沿阶草、巴毛等耐贫瘠植物。

图 2.4.7 三峡石效果图

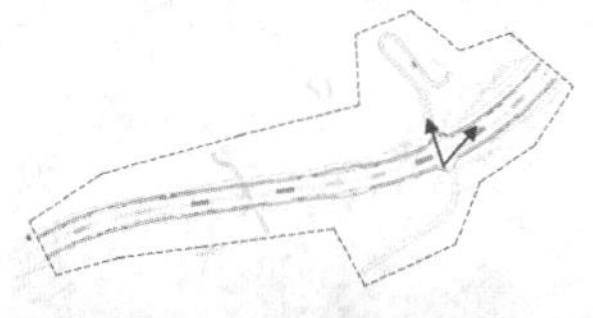

图 2.4.8 条石景墙效果图

在道路中段的梯田开阔地段设休闲观景平台，布置座凳供游客休憩驻足、欣赏自然田园风光（见图 2.4.11）。

道路两侧的植物配置应充分考虑立地环境，宜设置层次分明的植物景观，一般在靠近道路一侧设置规则式的植物景观，如行道树、绿篱模纹或花带（见图 2.4.12）；而在另一侧设置自然式的景观，将彩叶树前置，以常绿树作为背景；对于挡土墙，考虑设置攀缘植物美化墙壁。种植立面图如图 2.4.13、图 2.4.14 所示。

图 2.4.9 岩石护坡效果图

图 2.4.10 景石座凳效果图

图 2.4.11 座凳效果图

图 2.4.12　种植效果图

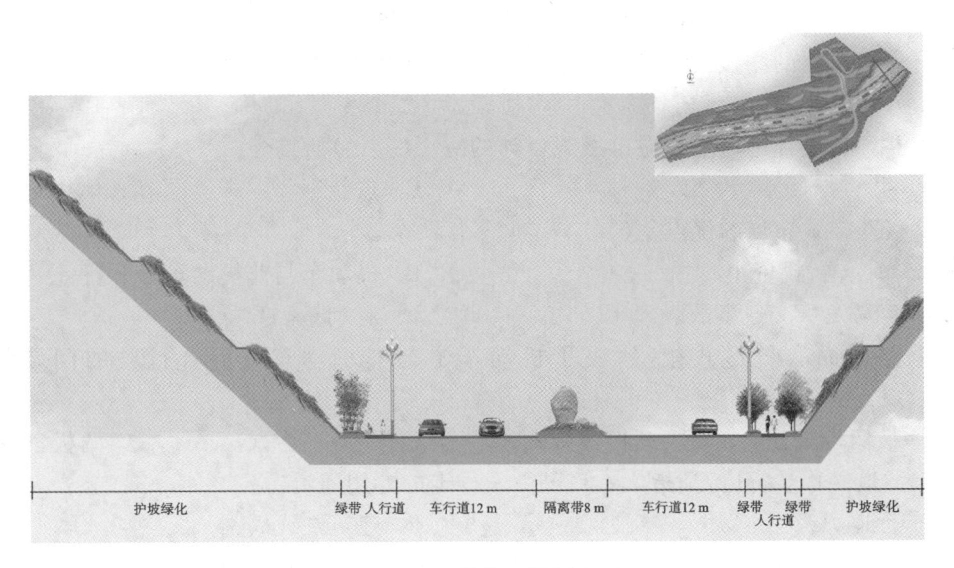

图 2.4.13　种植立面图(一)

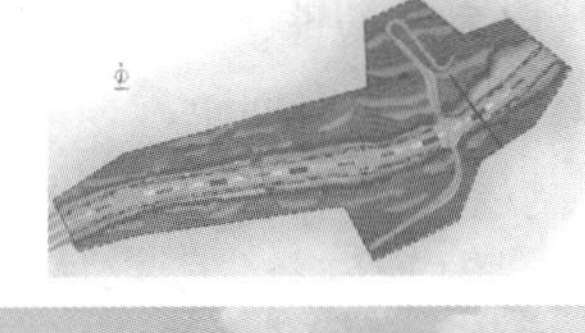

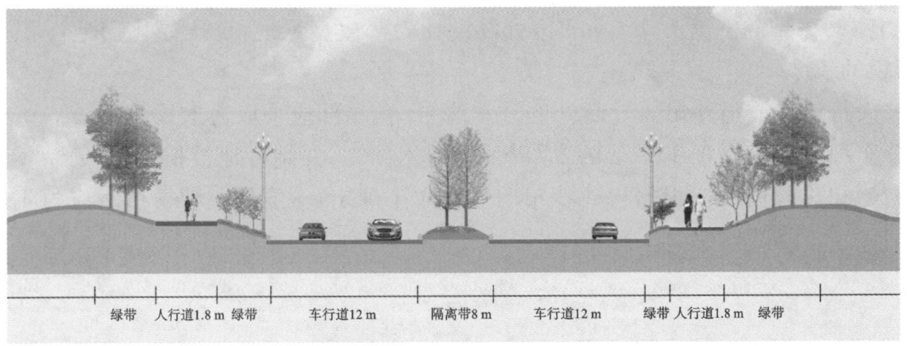

图 2.4.14　种植立面图(二)

知识拓展与复习

1. 分车绿带内乔木树干中心与机动车道路缘石外侧的距离应大于或等于(　　)m。

A. 0.55　　B. 0.65　　C. 0.75　　D. 0.95

2. 园林景观路段的绿化覆盖率不应小于(　　),宜大于80%。

A. 40%　　B. 50%　　C. 60%　　D. 70%

3. 行道树苗木的胸径:速生树不应小于5 cm;慢生树不应小于(　　)cm。

A. 7　　B. 8　　C. 9　　D. 10

4. 道路绿地设计是对整个城市景观设计的一个(　　)的整合。

A. 面性　　B. 线性　　C. 点状　　D. 体块

5. 一板两带式布局的优点是(　　)。

A. 简单整洁,投资小　　B. 机动车与非机动车分开行驶

C. 不容易发生交通事故　　D. 有利于隔离噪声

6. 道路断面布置形式中,解决了机动车道与非机动车道混合行驶的问题的形式是(　　)。

A. 一板两带式　　B. 三板四带式　　C. 一板一带式　　D. 两板三带式

7. 人行道又称步行道,是指(　　)可供人行走的专用通道。

A. 车行道边缘　　B. 建筑红线周围

C. 建筑红线以内　　D. 车行道边缘至建筑红线之间

8. 城市道路绿地具有(　　)。

A. 城市美化功能　　B. 生态功能　　C. 景观联系功能　　D. 文化宣传功能

9. 道路绿化断面的布局类型有(　　)。

A. 一板两带式　　B. 两板三带式　　C. 三板四带式　　D. 四板五带式

10. 下列有关道路绿带设计的说法中,正确的有(　　)。

A. 当路侧绿带的宽度大于8 m时,可以设计为开放型绿地,该段绿化用地面积不应小于绿带总面积的70%

B. 被人行横道或道路出入口断开的分车绿带,其端部应采取通透式配置

C. 分车绿带宽度小于1.5 m的,应以种植灌木为主,并结合地被植物

D. 行道树植株间距应根据树种壮年期冠幅大小确定,一般最小种植株距应为4 m

项目五　城市滨水景观设计

学习目标

知识目标：了解滨水景观的类型、各类景观要素的设计方法。

技能目标：能根据滨水景观的类型，合理规划设计内容。

思政目标：培养生态保护意识，能根据周边环境特点，合理选择设计风格及形式；设计应同时满足《公园设计规范》及《城市园林绿化养护管理规范》要求。

城市滨水景观设计是指以水为主题，对环境功能、生态作用和精神价值进行营建的活动。在考虑多方面影响因素的基础上，采用适宜的手法，对各种水景要素进行符合生态规律和视觉规律的处理，营建一个满足生态安全、体现人文精神、拥有较高观赏价值、符合人们功能需要的景观。对提高水资源利用率、提升城市的形象具有重要意义。

任务　城市滨水景观设计

一、滨水景观的类型

“长江大桥下空间绿化设计”

(1) 按水的种类可划分为滨湖景观、滨海景观和滨河景观。

(2) 按风格可划分为以中国江南水乡为代表的东方传统城市滨水景观，典型代表为周庄、同里等；以意大利水城威尼斯为代表的西方传统滨水景观；现代滨江景观。

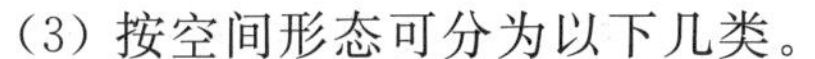

(3) 按空间形态可分为以下几类。

①线状滨水景观多构建在较狭窄的河流上，其具备明显的内聚性和方向性。两岸以建筑物群或景观绿化带构成连贯的、闭合的界面。两岸的步道、延展的平台、阶地及跨在水面上的小桥给人亲切、平静、流畅的感受。

②带状滨水景观为狭长型的滨江空间，多构建在城市内临大江、大河等的地方，水面较宽阔，建筑及绿化带等构成的两侧界面的空间限定作用较弱，能给人以开阔的感觉。

③面状滨水景观为开阔型的滨水空间，如滨湖、滨海等。此类空间的一边朝向较宽阔的水域，往往更突出临水一边的景观效果，可以在水面设置多类型的水上活动。

二、滨水景观的设计方法

滨水景观的平面布置应遵循园林景观设计的一般原则和基本规律，与其他的非滨水景观相比应有它自身的特殊性。首先，滨水景观都是沿水岸布置的，无论是沿河、沿湖，还是临海，设计整体呈线性，极易一线到底，产生机械重复的问题，这就要求设计的内容或形式有变化，不要太机械单调。

（一）滨水景观的空间设计

滨水区域（简称“滨水区”）的空间平面设计中，存在多个“节点空间”。这些节点具有位置的特殊性、功能和视觉上的重要性，其成为线性空间的重要联系要素。这里的“节点”指滨水开放空间中的广场、集散中心等重要景观节点，是滨水开放空间结构中的标志性视觉焦点；“景观带”指滨水开放空间中的交通流线、滨水绿化带等线性的空间带，是滨水开放空间结构中的联系通道；“面”指滨水开放空间的整个区域或部分区域，是滨水开放空间结构中的背景基质。对于滨水开放空间这种狭长的场地，每隔一定距离设置“节点空间”是缓和人们身体和视觉疲劳的有效手段，而且同一主题系列的“节点空间”能加强人们对这种线性空间的整体印象。因此，在城市滨水开放空间的规划设计中，一个“节点”的设计必须放在整条“景观带”的层面来考虑，一个“景观带”的设计必须放在整个“城市面”的层面来考虑。

滨水空间的垂直景观布置需要考虑以下几个方面。首先，与水道毗邻的滩地空间具有调节雨洪等生态功能，即对于保留在原有地势中能收集雨水的低洼湿地，调节其功能，可使其在大雨时发挥调蓄降水、滞缓雨水进入市政管线的功能，此处宜布置一些耐湿的地被或挺水植物。其次，在10年内洪水很少淹没的地域可以建设一些观景平台，并栽植灌木，而在驳岸的顶部地段，往往土层较厚，可以考虑栽植具有湿生性的乔木。最后，在靠近城市道路的空间不宜用枝叶浓密的植物作为其第一空间层次，这会影响其视觉穿透力，景观设计要考虑滨水空间与城市道路空间的结合，以及与滨水景观上下关系的协调，起到联系空间、形成立体导向的作用。

（二）滨水景观的道路规划

滨水景观交通的网络、形式、功能等设计可以很直观地反映设计师的设计理念。滨水景观的交通设计要避免“路夹河”，应增加水体与周边的服务性设施、绿地的联系，让市民最大限度地接近水面，尽可能地将道路交通、公共交通、步行交通、水上交通等有机地结合起来。

具体来讲，滨水景观的交通系统分为步行系统与车行系统。其中，步行系统是滨水景观空间内的主要交通系统，它可以连通各个户外活动广场和观景平台。车行系统能很好地联系城市中心和滨水区域，让市民能方便快捷地到达滨水景观区。在滨水景观区的车行系统中，停车场非常关键，应尽量保证只有少数车辆能进入滨水景观区内，区内的通车道路仅作为园务通道、消防通道及景观车用道。由于滨水区地形起伏不平，经常出现台地、斜坡等，设计时可结合地形将不同功能和尺度的园路分设在不同的高度上。并将园路进行分类：第一级为主要园路，通常贯穿整个区域，宽度为5～6 m；第二级为次要园路，通常环绕水系和各个功能区，同时连接主要园路，宽度为3～4 m；第三级为休闲游步道，仅供游客步行，样式多样，如汀步、卵石路，其用于连接次级园路，以及景观较好的节点，宽度为 1.2～2 m；第四级为围绕水系、湿地的栈道，宽度为 1 m，在道路局部可以设置平台供游客观景。

（三）滨水区的建筑及小品设计

滨水景观中的建筑集中反映了城市的个性，建筑类型主要分为管理性建筑、服务性建筑和观赏性建筑。其中，管理性建筑主要指公园管理用房，服务性建筑包括茶室、售卖亭、公厕、大门服务建筑等，观赏性建筑包括亭、廊、水榭、堤和桥等。设计师要精心设计，因人制宜，适当地在滨水筑亭、在水面建桥、依水修榭、在水面建舫，以发挥建筑物与滨水景观的地标作用。滨水景观区的建筑布局宜以便于一般市民游览且不阻挡人朝向水面的视线为基础，并尽量让人举目观水。此外，滨水区多设置具有一定寓意的主题雕塑，其作为地标对滨水文化或城市文化进行传承与展示。

现实中，人们喜欢在空间边界处停留交谈或从事各种活动，可以说边界具有集聚人群的特质，所以在考虑整体服务设施布局时应优先考虑边界处的设施设计方式。如可设置花坛、台阶、非正式座椅等柔化的空间边界，同时提高整个空间的利用率，引导人们进入空间进行休憩、观景。空间设计中，可将功能关联性较强的设施组团设置，比如将休憩设施与运动设施相结合。

（四）滨水区的绿化设计

滨水区宜栽植地方性耐水湿植物或水生植物，应尽量符合自然环境中水滨植物群落生长布局，这对河岸水际带和堤内地带的生态交错带尤其重要。

1. 绿地组织类型

绿地组织类型如表 2.5.1 所示。

表 2.5.1　绿地组织类型

类型	特点	示意
集中型绿地	“面”状，易于营造开放空间，常布置于整个空间的核心地带。	集中型绿地 广场 集中型绿地 河流
通廊型绿地	“线”状，具有方向性和引导性，常布置成步行区域，起到连接各景观点的作用。	通廊型绿地 通廊型绿地 河流
随机型绿地	布局具有随机性，常被用于“点”状的休闲区域。	随机型绿地 随机型绿地 随机型绿地 广场 河流

续表

类型	特点	示意
隔离绿带	具有隔离性和功能性，常组织于城市空间与滨水空间结合处。	隔离绿带 广场 河流

2. 绿地植物的品种选择

1）乔木

大片的林地隔离了周围城市的喧闹，营造了滨水区安静闲适的自然环境。在大尺度的滨水空间里，引用乔木是令城市绿化和滨水区绿化协调统一的重要景观设计手段，经常将滨水区用乔木加以空间围合。以中国南方城市为例，滨水区常用的园林绿化树木有垂柳、水杉、水松、落羽杉、重阳木、乌桕、池杉和枫杨等。

2）灌木

灌木形成了绿化层次的中间层，其本身就具有丰富的色彩与形态，可选植物品种较多。以中国南方城市为例，滨水区常见的园林绿化灌木主要有南天竹、含笑、黄杨、夹竹桃、桂花、八角金盘、映山红、洋凤仙、海桐、扶桑、凤尾兰、月季和八仙花等。另外，滨水区与市政园林连接地段的林下植被景观营建也很关键，如栽植千叶蓍、紫苑、肾蕨、鳞毛蕨、八仙花、月季、杜鹃、红山茶等植物构成林下花境，可形成多元景观，极具观赏性。

3）草本植物

草本植物位于滨水区绿化层的最下部，它并不单指一般含义上的草地植被，同时也包含那些高度小于 20 cm 的地被植物，如菲白竹等。草本植物通常需大规模地种植才能够形成相应的生长规模和景观，而滨水区大面积伸向水边的缓坡草坪则为人们提供了极好的休闲场地，人们可在草坪上自由玩耍，或坐或卧，享受滨水区的空气与阳光。以中国南方城市为例，在滨水区常见的绿化植物主要有天鹅绒草、百慕大草、马尼拉草、水仙类、鸢尾类、菲白竹、铺地柏、葱兰、诸葛菜和沿阶草等。

4）水生植物

根据滨水区湿地公园的不同地域特征，通过营建交错带的挺水、浮水和沉水植物带，可将滨水生态系统的结构、功能和生态潜力尽可能还原，形成滨水区内生态的多样化和相对稳定的植物生态群落景观。

(1) 挺水植物。

芦苇、芒草、狼尾草、菖蒲、石菖蒲、水芹菜、茭白、香蒲、水葱、千屈菜、灯心草、水花生、慈姑、荷花、美人蕉、黄花鸢尾、伞草等。

(2) 浮水植物。

凤眼莲、浮萍、满江红、菱、水鳖、槐叶萍等。

(3) 沉水植物。

伊乐藻、苦草、狐尾藻、金鱼藻、篦齿眼子菜、轮叶黑藻等。

3. 滨水区的植物配置要点

城市中的滨江公园为城市公园绿地的重要组成之一，依据游客的使用功能，滨江公园可分为入口区、活动区、休憩游览区等。应针对不同场地的功能，设计出相应的满足人们活动需求的植物景观。

1)入口区的植物配置

入口区的植物景观设计强调主入口的诱导作用，采用色彩明亮、树形较好的植物引人入胜，如大量使用花卉、开花小乔木、开花灌木等。通常将乔木种植在入口两侧边界处，为满足较大人流量的穿行，可列植或孤植银杏、黄葛树、小叶榕等乔木，营造具有序列感和仪式感的入口广场植物景观，形成较为开敞、通透的入口空间。也可将多年生草本花卉搭配组合，如选用杜鹃、红花檵木等，形成四季有景可观的花境。

2）活动区的植物配置

活动区主要是进行表演、活动和游戏的区域，该区域的植物景观空间大多以开敞空间或半开敞空间为主，植物配置为上层采用分枝点较高的乔木，中层为开花灌木或整形灌木，下层为草坪地被或花坛的形式。即：利用树形优美、枝叶舒展、分枝点较高的乔木形成顶界面，并令低矮灌木和地被草本作为文娱活动区空间范围的界线。考虑留出供游客观赏江景的透景线，营造富有人气的活动空间。

3）休憩游览区的植物配置

休憩游览区主要供游客观赏美景和休息使用，并营造出私密性较高的植物空间，植物搭配形式主要有乔木—开花小乔木、灌丛—地被草坪、高大乔木—地被草坪、高大乔木—整形灌木等，即采用多层次的植物结构来围合空间。在植物选择方面，将常绿乔木与落叶乔木相结合，通常以常绿树种为主；也可以将观景大树与草坡或开花地被相结合，营造疏林草地景观，为游客提供游览驻足的休憩点。步道休息空间可点植色叶植物或开花植物，使整个空间四季有景可观。

4）滨水区的植物配置

需根据植物的特性科学合理地进行植物选配与布置，应充分考虑植物与周围水景尺寸、场所空间大小之间的协调关系。例如：一般在滨水区一方配置较低矮的植物，以保持视野通透；而在远离水域的一方则种植较高的植物，以遮挡城市的干扰。水面较小时，可在滨水路采取乔木各植一行的两侧对景方法；当对岸景观清晰可辨时，则要发挥岛、渚、矶的造景作用，以丰富景观层次。

另外，选择滨水区植物须充分考虑自然景观要求与人文精神，并根据滨水区实际情况，分类进行绿化设计。如以重庆主城区为例，滨水消落带植被种群主要依湿度梯度划分，由下向上可分成以下几段：消落带下部矮草生长发育区、消落带中部高草生长区、消落带上部高草区和洪水淹没区。消落带下部含沙量大、土壤较差、淹没时间长，因此可选择抗旱、耐水淹、恢复较快的矮草或灌木，如：狗牙根、双穗雀稗、扁穗牛鞭草，以及少数灌丛，如秋华柳、疏花水柏枝等。消落带中部土质相对较好，因此可以选用耐旱、耐淹、恢复快的高草或灌木植物，如香根草、甜根子草、杭子梢、枸杞、沙棘、中华蚊母树。消落带上部土质较好，含沙量较小，淹没时间相对较短，可以选用高大的草本植物，如芦竹、芦苇、杭子梢、小棘木等。洪水淹没区的土质比较肥沃，淹没时间短，可以选用耐水湿、耐旱的草本植物，如菖蒲、鸢尾、千屈菜、水葱、枫杨、柳树、水杉、落羽杉等。这样设计既可以保护生物多样性，为鱼类与鸟类提供栖息场所，也可以保护现有的稳定生态景观，修复被打扰的不平衡组成部分。同时，还可以创造出丰富的公园景观，给市民以独特的景观感受。

(五) 滨水区的铺装设计

滨水区的铺装设计包括滨水广场、滨水游步道的铺装设计。设计时应满足以下三点要求。

首先,应充分考虑路面铺设的色彩、尺度与质感,考虑如何联系各处景观,形成既富有特色又能与大环境协调统一的铺装形式。如设计图案时,可考虑材料统一但色彩不统一,或色彩统一但材料不统一,以取得全园铺装的整体感。可在出入口等大尺度空间采用较大的铺装材料,而在休息空间采用自然式的小尺度铺装材料;在大面积的区域采用中等粗度的铺装材料,如花岗岩、透水砖等,而在道路边缘或分隔带处采用粗糙或细腻的铺装材料。

其次,应尽可能设计为透水性的铺装。例如:采用透水的沥青路面,或用透水砖铺装等,也可使草坪低于广场和路面,便于雨水的循环利用和降低地表径流对堤岸的冲刷。

最后,应当使路面在干燥与潮湿条件下都防滑,斜坡和排水坡的坡度不应太大,以防行人在遇到突发情况时面临危险。同时,道路需考虑无障碍设计。

(六) 滨水区的驳岸设计

驳岸是指水域和陆域的交界线,也是人与水接触的地方。基于工程、景观等要求,在设计驳岸时,应该考虑以下四方面的因素:治水功能,符合城市的防洪防涝要求,尽量设置一些蓄水湖池和滩地,实现水岸环境和水体之间的水分交换与调节功能;生态性,积极保护和借鉴河流本身所产生的各种地貌结构,保持城市河流的天然弯曲性,结合植物栽植,给滨水动物创造生存空间,保持护岸的原始生态功用与艺术价值;亲水性,注重对天然水域的自然渗透功能,把水景引入城市内部,确保人们可以轻易地来到水中,自然而方便地看水、玩水,但需注意考虑安全性;地域文化性,按照特定的文化内涵选取相关滨水驳岸景观,科学合理地进行滨水驳岸的景观规划设计,营建出具有地域特点的社会历史与文化氛围,烘托具有独特个性的人文景观。

1. 临水驳岸的生态功能及形式特征

园林(临水)驳岸是设置在园林水体边缘与陆地交界处的,为保护原驳岸不被水流冲走和不被水侵蚀而设置的构造物,需根据所在景区的水流量、水流速度、地形地貌,以及造景需要来选其形式。一般应根据各种形式的水型采用不同的岸型,如自然斜坡式驳岸比较适合水流速度较小的水域两侧,而台阶式驳岸适合自然界中水位变化较大的大江大河,垂直式驳岸适合用地紧凑且水流速度较快的水域,砌筑式驳岸适合自然式园林水景营造(见图 2.5.1)。

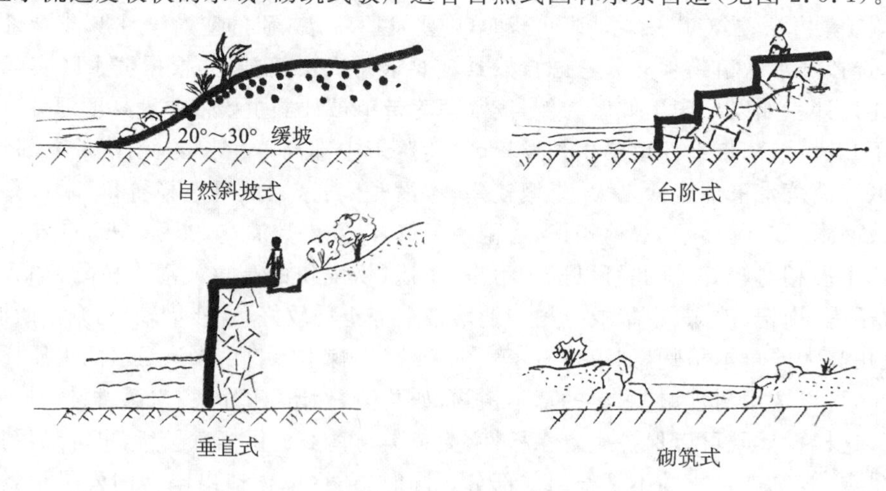

图 2.5.1　驳岸的形式

临水驳岸生态功能及形式特征如表 2.5.2 所示。

表 2.5.2 临水驳岸生态功能及形式特征

生态功能	特征	建议绿地宽度	建议驳岸形式
水质保护	斜坡上草本植被密集，可拦截径流、清除污染物，有效提升地下水回补效果。过滤效果最常体现在最开始的 10 m，更陡的区域和污染更严重的地方需要更宽的斜坡和具有低渗透性的土壤。	10～30 m	自然种植式驳岸(乔木＋灌木＋草)
生物栖息	为大量野生动物提供食物，供其繁衍和躲蔽。	大于 27.5 m	自然多样植物式驳岸(乔木＋灌木＋草)
河岸稳固	河岸植被可降低土壤湿度，植物根系可以增强土壤基质的拉伸强度，增强岸坡稳定性。太严重的土壤侵蚀状况可能还需要借助额外的工程技术处理。	5～30 m	自然式驳岸(流速慢时采用山石式驳岸、木桩式驳岸、植物式驳岸)或规则式人工驳岸(流速快时采用垂直式驳岸、阶梯入水驳岸、带平台驳岸及缓坡—阶梯复合式驳岸)

注：查阅文献整理而成。

2. 滨水驳岸的平面设计

在对水域环境进行总体设计时，应当重视保持原水域驳岸形态的自然性与原始性，用人工景观去弥补自然的不足，而不是用其代替天然景观；具体进行方案设计时，可突破原有滨水岸线上简单的构造模型，根据实际场地环境每隔一段距离重新设定“节点空间”，丰富原有岸线的平面格局。如在驳岸的线性景观带上间隔性地设计具备各种风情的历史人文主题广场，形成滨水景观视觉廊道，提高景观层次的多样化。在风景带两侧分别设观光车道和滨水步道，以适应不同人群的游览需要。

3. 滨水驳岸的断面设计

河道断面的处理与驳岸的处理有紧密的关联。河道断面设计处理的关键是要设计一条能经常保证有水的河道和可以应付各种水位、水量变化的河道，这一点相对于北方城市的河道景观尤为重要。在具体设计时，常利用岸线的高度，采用设置入水踏步、亲水平台、漫水桥和斜坡绿地等空间营造手段，使人和河道在空间上、视觉上、心灵上交融，为人的亲水性充分创造活动场所，丰富空间层次。另外，景观排水、生态步道和生态湿地的设计也应予以考虑。

“长江大桥下绿化空间设计”

学习任务如表 2.5.3 所示。

表 2.5.3 参考性学习任务

任务名称	滨水景观设计
实训目的	掌握滨水景观空间节点的营建方法、不同湿度地带的景观设计内容、植物配置和驳岸设计方法，增强生态环境保护意识。

续表

<table>
<tr><th>任务名称</th><th>滨水景观设计</th></tr>
<tr><td>实训准备</td><td>纸、画板、铅笔、橡皮、直尺、电脑、绘图软件(CAD、PS)、办公软件。</td></tr>
<tr><td>实训内容</td><td>(1) 绘制总体方案设计图、建筑小品意向图、分析图,编写设计说明(300～500字)。
(2) 绘制植物种植设计详图及驳岸断面设计图。
(3) 编写方案汇报PPT。
(4) 作业经教师点评后上传至平台,完成学生互评。</td></tr>
<tr><td>实训步骤</td><td>(1) 下达任务书。
对某乡镇的滨水景观进行设计,要求根据当地的立地条件、历史文化,选择合适的水景设计主题,进行合理的滨水区生态设计和功能造景,设计应符合相关规范。
(2) 任务分组。
班级：　　　　　　组号：
组长：　　　　　　指导老师：
组员：
任务分工：
(3) 工作准备。
① 阅读工作任务书,查阅和收集相关资料,进行现场勘察和技术交底,并填写质量技术交底记录。
② 收集《城市绿地设计规范》中有关设计方面的知识。
★ 引导问题1:使用滨水景观的人群类型有哪些?他们的需求是什么?
★ 引导问题2:近十年河水的最高水位、最低水位和常水位是多少?不同湿度的地带分别适合做成什么样的景观?
★ 引导问题3:滨水景观的生态性设计主要从哪些方面体现?</td></tr>
</table>

续表

任务名称	滨水景观设计		
参考评价	过程性评价(55%)	知识掌握度(25%)	
		技能掌握度(25%)	
		学习态度(5%)	
	总结性评价(30%)	任务完成度(15%)	
		规范性及效果(15%)	
	形成性评价(15%)	网络平台题库的本章知识点考核成绩(15%)	

案例导入

(重庆蓝调城市景观规划设计有限公司提供)

1. 背景资料

金海湾滨江公园是北部新区礼嘉半岛重要的城市休闲空间，是重庆城市形象的展示窗口，也是城市重要的公共空间地标，其在城市生态网络中扮演着关键的角色，是北部新区重要的滨江生态廊道，也是城市绿地系统的重要组成部分，还是北部新区嘉陵区段水陆生态缓冲的重要屏障。公园从2008年开始设计，于2016年5月基本建成，设计师用生态修复和因地制宜的手法，将本土人骨子里的恋江情节融入唯美的人文艺术中。在不破坏原有地貌和植被的同时，将嘉陵江、消落带、滨江路与城市串联，充分展现了江与城的关系(见图2.5.2)。

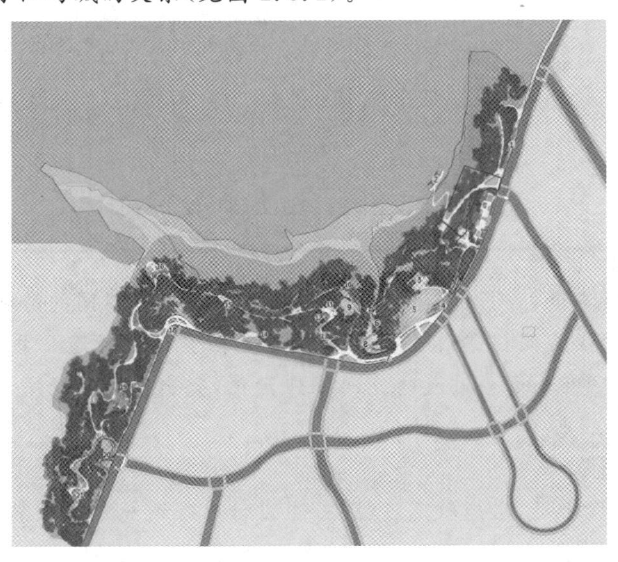

图2.5.2　金海湾滨江公园总平面图

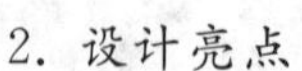

2. 设计亮点

1）水系

综合运用和改造基地中现有的多种水体景观，在沿路两侧安排雨水收集浅流、河滨浅流、雨水花园、旱喷等系列水景。完善雨水收集系统，考虑河道驳岸旱涝两季不同的自然景观，与周围场地或为点睛或为陪衬，相映成趣。在重要景观节点处安排亲水空间，构筑丰富水景的同时渲染场地气氛，调节环境舒适度。

2）游览系统

公园将健身跑道、生态健身广场、风雨廊架、眺江木平台、语树广场、百年银杏广场、灯塔、大草坪、风情码头、滨水石滩、花海梯田等元素融入其中，力求打造以整个游览漫步线路为中心的思想，采用统一、简洁大方的铺装方式，点缀多样休闲运动场地、观赏林地、缤纷水景等，形成集多种活动和交流场所为一体的自然舒适的植物空间。让山上留下的潺潺溪流、涌动的泉水、宁静的水景伴随居民四季的游览活动（见图2.5.3）。

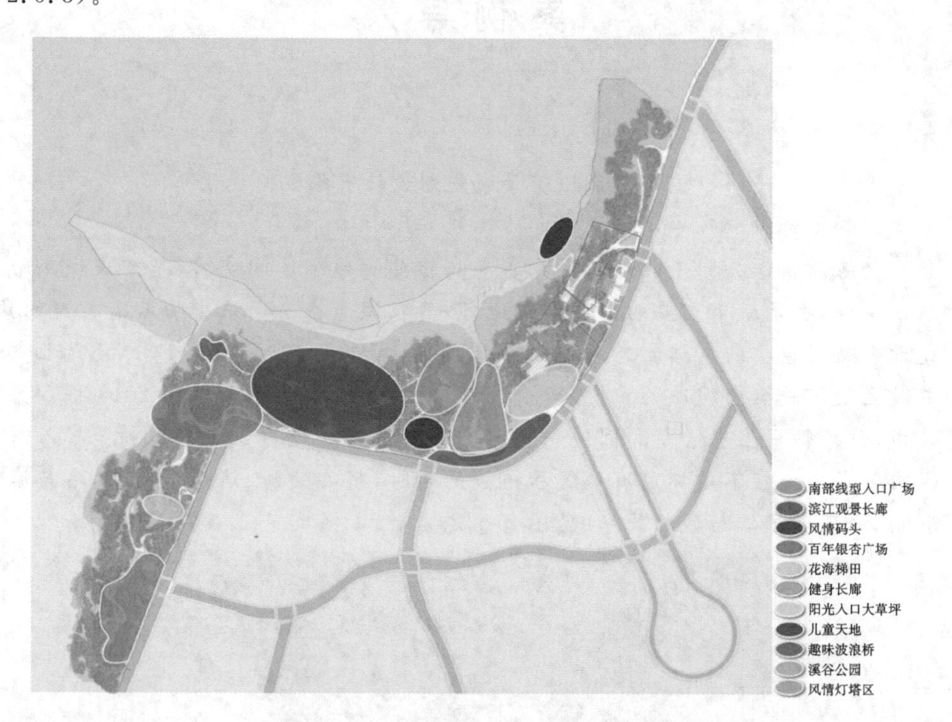

图2.5.3　金海湾滨江公园功能分区图

3）景观序列

车道、自行车道、步行道、漫游道为游客提供了四种不同的游览方式，从四种速度视角考虑，可形成不同视觉效果和游览感受。在景观上营造公共开放空间—半公共开放空间—私密空间逐步过渡的空间序列变化，突出空间的场所性，将动静有意识地分离（见图2.5.4）。

4）植物配置

该区域植被良好，生态敏感度较高，在设计时应避免过多破坏植被。设计在原有植被的基础上营造出生态性密林区域，采用了密林种植的方式（见图2.5.5）。种植栾树、水杉、香樟、天竺桂等具有高大浓密树冠的乔木，并在中层为小乔木配置丛生红

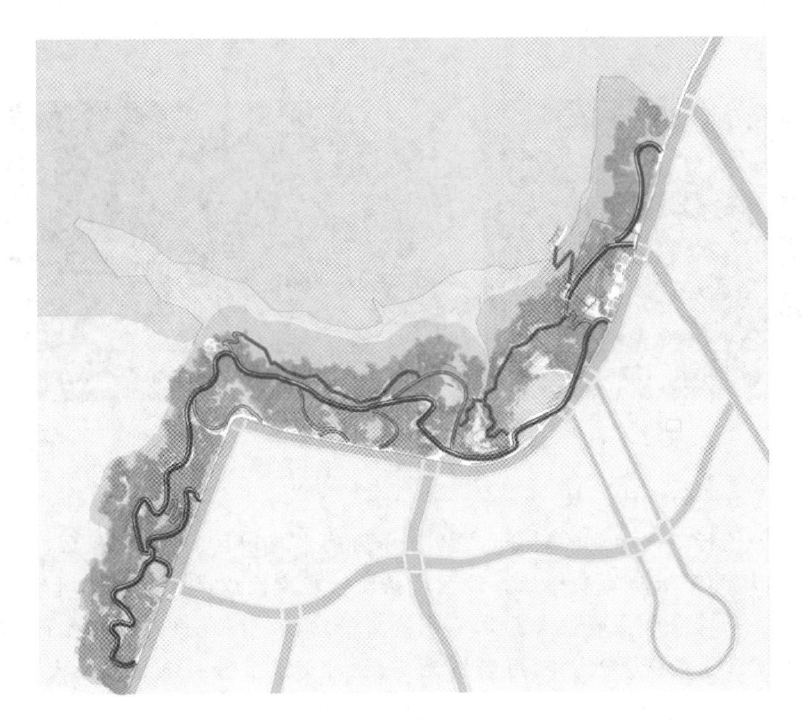

图 2.5.4　金海湾滨江公园交通设计图

叶李、红枫、紫薇等色叶小乔木和开花小乔木，再配以洒金珊瑚、麦冬等低矮灌木和地被，通过乔、灌、草的结合，构成有层次感的植物景观空间，使绿地不同高度的空间都得到充分利用，形成立体的绿化空间，营造出丰富的观赏效果，以及一种安静、私密的环境氛围。

图 2.5.5　金海湾滨江公园植物展示图

(1) 主入口植物设计。

主入口广场选择与道路交叉口临近的平缓区域，以弧形入口标志 LOGO 墙作为视觉焦点，同时地面铺装以弧线分割将人群引入公园。主入口广场视线通透，在此大片栽植日本晚樱，形成春季季相景观，地被以草坪草作为底界面，周围种植香樟、水杉和蓝花楹等。入口场地有限，通过种植红花石蒜、大花萱草和鸢尾等时令花卉来丰富季相景观，整体形成视线较为通透、层次较为简洁的植物景观，具有较强的入口景观昭示性(见图 2.5.6)。

图 2.5.6　金海湾滨江公园主入口植物图

(2) 活动广场植物设计。

首先对广场进行不同功能的划分,广场可分为雨水花园区、树阵空间区、旱喷游戏区等区域,这增加了活动的多样性。该区域植物景观空间以半开敞型空间为主,植物配置为乔木—开花灌木—地被或乔木—地被。借助植物围合出人性化空间,局部留出供游客观赏江景的透景线。利用姿态优美、枝叶舒展且分枝点较高的大乔木形成顶界面,并以低矮灌木和地被作为广场活动区的边界。景观上层采用香樟、杜英、黄葛树、天竺桂、枫香等乔木。中层种植的开花灌木较稀疏,主要种植棣棠、春鹃、紫珠、八仙花等。下层地被采用柳叶马鞭草、铺地柏、大花萱草、红花石蒜、花叶络石、常夏石竹、鸢尾等观花或观叶地被,增加视觉上的色彩变化。地被草坪多采用冷季型草,因为冷季型草可以保持较长的绿期,同时尽量选取比较耐践踏的草本种类,如麦冬、狗牙根、细叶结缕草、沿阶草等,形成整洁、通透的景观效果,为人们提供开敞的活动空间(见图 2.5.7)。

图 2.5.7　金海湾滨江公园破浪桥广场

(3) 休闲空间植物设计。

金海湾滨江公园充分利用原有缓坡地形形成开敞的疏林草坡休闲空间，人们可以在草坪上聚会、休息和游玩(见图 2.5.8)。

图 2.5.8　金海湾滨江公园灯塔旁的开阔草地

(4) 雨水花园植物设计。

金海湾滨江公园充分利用原有地形的内凹地势形成雨水花园(见图 2.5.9)，运用水杉、池杉、垂柳、麻柳等耐水湿乔木围合空间，再利用岸边的湿生草本植物对人们的观景视线进行部分阻挡，使人产生单一的视线方向，将视线集中在水面上，观赏水生植物的灵动美妙。

图 2.5.9　金海湾滨江公园的雨水花园

(5) 边坡堡坎植物设计。

工程护坡表面多已覆盖植生袋，可后续补植部分多年生地被、开花植被，以丰富植物种群。对于高差较大的重力式挡墙，可利用攀爬植物对挡墙立面进行软化或结合高大乔木对挡墙立面进行遮挡和美化。此外，可在有条件的弃土段补植乔木、固化土层，或补植灌木及地被植物，也可局部借助抛石护坡工程稳定弃坡（见图2.5.10）。

图2.5.10　金海湾滨江公园边坡堡坎的植物软化

(6) 消落带植物设计。

金海湾滨江公园186 m高程及以上的区域有利于人们进行眺望和俯视，在进行观景平台处的植物配置时，应尽量保证视线的开敞和通畅，局部采用分枝点较高的高大乔木起到遮阴效果，同时对临江面视野以外的景物进行遮挡，留出开阔视线，形成“林窗”，满足人们眺望和俯视临江面。此外，对于186 m高程以下的区域，通常利用植物对视线通廊两侧进行围合，强调和增强视线通廊的延续性（见图2.5.11）。

图2.5.11　金海湾滨江公园不同高程的植物配置

消落带下部（177 m标高以下区域）的底质主要是基岩质河床和卵石漫滩。根据场地具体特征，应补植多类耐水淹的优势种，形成低矮的草丛，并在场地较为平整开阔处局部增加石质生态步道与漫滩草丛，设置季节性体验活动、亲水活动。在消落带中部（177～182 m标高区域），在原有多年生禾本科植被类型的基础上，种植低矮草丛、高草草丛及灌丛，形成高低错落的植物组合。在消落带上部(182～186 m 标高区域)，植物种类主要为灌丛。在 186 m 高程处搭配枫杨、垂柳、刺桐、水杉、池杉、落羽杉等耐水湿乔木，打造出河岸植物景观(见图 2.5.12)。

图 2.5.12　金海湾滨江公园消落带的植物配置

知识拓展与复习

1. 2021 年 1 月，国家出台《关于推进污水资源化利用的指导意见》，意见指出：到 2025 年，全国污水收集效能显著提升，全国地级及以上缺水城市再生水利用率达到(　　)以上。

A. 10%　　B. 20%　　C. 25%　　D. 30%

2. 城市滨水地区是城市中一个特定的空间地段，系指与河流、湖泊、海洋毗邻的土地或建筑，亦即城镇邻近水体的部分。其空间范围包括(　　)的水域空间及与之相邻的城市陆域空间。

A. 200～300 m　　B. 250～300 m　　C. 300～350 m　　D. 250～350 m

3. 亲水踏步是延伸到水面的阶梯式踏步，其宽度为(　　)，其长度可以根据功能和河道规模而定，其也可作为人们垂钓、嬉水的场所。

A. 0.5～1.0 m　　B. 0.3～1.2 m　　C. 0.45～1.0 m　　D. 0.45～1.2 m

4. 城市骨干河流宽度宜取 40 m，规划滨河线型绿地平均宽度宜取(　　)m，最低不小于 8 m。

A. 30　　B. 25　　C. 40　　D. 35

5. 滨水景观按水的种类可划分为(　　)。

A. 滨湖景观　　B. 滨海景观　　C. 滨河景观　　D. 水塘景观

6. 滨水景观按风格可划分为(　　)。

A. 以中国江南水乡为代表的东方传统城市滨水景观，典型代表为周庄、同里等

B. 以意大利水城威尼斯为代表的西方传统滨水景观

C. 现代滨江景观

D. 以长江、黄河两岸景观为代表的滨水景观

7. 滨水景观按空间形态可划分为(   )。

A. 线状滨水景观　　B. 带状滨水景观　　C. 面状滨水景观　　D. 点状滨水景观

8. 下列有关滨水景观设计的描述中,正确的有(   )。

A. 对于滨水开放空间这种狭长的场地,每隔一定距离设置"节点空间"是缓和人们身体和视觉疲劳的有效手段

B. 与水道毗邻的滩地空间具有调节雨洪等生态功能,即对于保留在原有地势中能收集雨水的低洼湿地,调节其功能,可使其在大雨时发挥调蓄降水、滞缓雨水进入市政管线的功能

C. 滨水景观的交通设计要避免"路夹河",应增加水体与周边的服务性设施、绿地的联系,让市民最大限度地接近水面

D. 适当地在滨水筑亭、在水面建桥、依水修榭、在水面建舫,以发挥建筑物与滨水景观的地标作用

9. 下列关于滨水区域植物配置的注意事项的描述中,正确的有(   )。

A. 一般在滨水区一方配置较低矮的植物,以保持视野通透;而在远离水域的一方则种植较高的植物,以遮挡城市的干扰

B. 水面较小时,可在滨水路采取乔木各植一行的两侧对景方式

C. 滨水消落带植被种群主要依湿度梯度划分,由下向上可分成以下几段:消落带下部矮草生长发育区、消落带中部高草生长区、消落带上部高草区和洪水淹没区

D. 休憩游览区主要供游客观赏美景和休息使用,并营造出私密性较高的植物空间,植物搭配形式主要有灌木—开花小乔木、灌木—地被草坪、高大乔木—地被草坪、高大乔木—整形灌木等,即采用多层次的植物结构来围合空间

10. 以下植物品种中,属于湿生性植物的有(   )。

A. 芦苇　　B. 狗牙根　　C. 菖蒲　　D. 水杉

项目六　单位绿地规划设计

学习目标

知识目标：了解单位绿地中不同类型绿地建设的特点、重点，以及要素设计方法。

技能目标：能合理对不同类型的单位绿地进行功能分区；能合理进行不同单位绿地的植物配置；熟悉不同类型单位绿地的铺装，以及水体、园林建筑和小品的设计要点。

思政目标：培养文化传承意识，能根据周边建筑环境及使用者的要求，合理选择设计风格及形式，特别是学会营造文化主题（如儒家文化、历史文化、企业精神等）；设计应同时满足《城市绿地设计规范》及《城市园林绿化养护管理规范》要求。

单位绿地建设包括校园绿地（文化）建设、医院绿地建设和工厂绿地建设。其中，校园文化建设包括以办学条件为代表的物质文化、以彰显校园特色为代表的精神文化、在悠久历史中形成的制度文化的建设等。文化建设能够提升校园环境感染力、提升人文思想引导力、促进学生德育素质的综合发展。所以，在校园绿地建设中加强文化建设是十分关键的，校园文化建设不仅包含校风、校貌、校训、校歌等人文因素，还包含职业道德、工匠精神、社会主义核心价值观等。

任务　校园文化建设

一、校园文化的特点

“大学校园绿地设计”

随着学校办学理念和发展思路的变化，校园文化也在不断注入新的元素，校园文化所具有的特点可大致归纳如下。

（一）文化性

不同的校园有不同的文化底蕴，而不同的底蕴会让校园产生截然不同的人文特色。现代学校的景观设计一般都要突出“校园个性与特点”。如农业院校的景观设计可通过种子、锄具、稻谷等雕塑小品表现“锄禾日当午，汗滴禾下土”的精神。

（二）交流性

学校是一个传播知识的场所，这里的学生思维活跃，思想、学术交流活动是学生获得知识的重要手段，各个高校在设计室外景观时都应注重交流场所的营造。

（三）长期性

任何文化都是长期沉淀的结果，校园文化也不例外，它伴随学校的成长而成长。

二、校园文化的建设方法

（一）精心布置校园环境，建设美好物质文化

物质文化是校园文化建设的重要基础。物质文化建设要根据学校层次、时代特性、区域环境进行科学规划与整体统筹，以形成独特的校园物质文化。如一座学校创始人的雕塑、一幅反映学校发展历史的壁画、一块宣传社会主义文明的展板、一株寓意高洁的花草都能反映校园物质文化建设。此外，要充分发挥师生的主体性，鼓励师生积极参与校园环境的改造，如校训、校徽、校标、校旗、校歌、宣传网页等的设计要体现学校特点和教学理念，也可建立校史陈列室和共青团、党员活动室。应充分利用触摸屏一体机、墙报、展览栏、雕塑等建筑小品宣传教育理念和校园文化。

（二）积极组织校园活动，培育健康精神文化

精神文化是一个学校办学理念、指导思想、培养目标、办学特色和历史传统的概括和总结，是校园文化建设的核心，包括校风、教风、学风三个方面。可组织丰富多彩的校园文化活动，培养学生的表现能力，提高学生的综合素质，形成健康向上的校风；在教师中开展师德师风教育和教学能力比赛，增强广大教师作为教师的光荣感、责任感和使命感，激发教师为人师表、教书育人、恪尽职守、不断探求的优良教风；通过提高辅导员或班主任队伍的综合素质水平，严格教师课堂监管，加强对学生价值观的教育和引导，建设积极向上、诚信、严谨努力的良好学风。建设中，要充分发挥校园网络和校园广播站的作用，不断拓展校园精神文化建设的渠道和空间。

（三）健全规章制度，形成“以人为本”的制度文化

制度文化建设是学校精神文化建设和物质文化建设的保证。学校制度文化建设的首要任务是根据国家法律法规和有关政策的要求，建立一套科学合理的管理体制和规章制度，保障学校各项工作的运行有章可循，有法可依。在执行制度的过程中，要坚持“以人为本”的原则，建立反馈机制，做到发现问题及时解决和修改，建立一定的组织机构，保证制度的贯彻落实和有序运行。

学习任务如表 2.6.1 所示。

表 2.6.1　参考性学习任务

任务名称	农业类校园文化的雕塑设计
实训目的	掌握农业类校园雕塑的精神文化内容和主题的表达方法。
实训准备	纸、画板、铅笔、橡皮、直尺、电脑、绘图软件、办公软件。
实训内容	(1) 绘制雕塑的概念设计图、意向索引图，编写设计说明(300～500 字)。 (2) 编写方案汇报 PPT。
实训步骤	(1)下达任务书。 对农业类校园教学楼旁小游园的主题雕塑进行设计，设计尺寸约为 2 m×1.5 m×3.5 m，雕塑位于小游园广场的正中央。 (2) 任务分组。 班级：　　　　　　组号： 组长：　　　　　　指导老师： 组员： 任务分工： (3) 工作准备。 ①阅读工作任务书，查阅和收集相关资料，进行现场勘察和技术交底，并填写质量技术交底记录。 ②收集《城市绿地设计规范》中有关设计方面的知识。 ★ 引导问题 1：雕塑的形式有哪些？哪种形式的雕塑更适合放在广场正中央？ ★ 引导问题 2：雕塑所反映的文化主题是什么？ ★ 引导问题 3：制作雕塑的概念框架图，将子概念分层叠加在主概念框架图上，思考如何将列出来的概念排序、叠加和重组。 ★ 引导问题 4：哪些概念之间具有有意义的“横向链接”？

续表

任务名称	农业类校园文化的雕塑设计		
参考评价	过程性评价(55%)	知识掌握度(25%)	
		技能掌握度(25%)	
		学习态度(5%)	
	总结性评价(30%)	任务完成度(15%)	
		规范性及效果(15%)	
	形成性评价(15%)	网络平台题库的本章知识点考核成绩(15%)	

任务　校园绿地建设

一、校园绿地(绿化)设计的原则

学校不同于其他商业性教育场所,它承担了传播人类精神文明的重任,是学习者建立人生观、价值观和职业观的重要场所。各个功能区域的环境都应当科学合理设计,以诠释人们对学校精神文化的认知,并以此体现学校文化的多元性、兼容并蓄的特点及悠久的文化历史。

(一) 功能原则

校园主要分为校前区、教学区、生活区、体育活动区等功能区,在设计时应按照各功能区的不同特点加以布局,既要满足教育、工作、学习、生活的使用功能,也要起到促进师生沟通、启迪思想、陶冶情操的精神功用。如校前区为展示校园形象的重要区域,设计采取了简约、大方、明朗的手法;而生活区则采取休闲、温馨的设计手法,考虑到师生的休息需要,此处设有大量座椅。

(二) 以人为本原则

校园的使用者主要是老师与学生,不同时间段及不同人群的活动具有特定的规律,因此需要考虑这些地段的通达性设计,如在教室、餐厅等人流较多的区域,园路应设计得适当宽些且应减少障景植物;应根据学生不同的需求进行空间规划、设施布置及风格选用。

(三) 突出校园文化特色原则

全面发掘校园特点与人文底蕴,利用圆雕、地雕、浮雕、展栏版、景墙、山石等建筑小品,结合梅、兰、竹、菊等中国传统植物或市花、市树等来增加学校的文化氛围。

(四) 体现可持续发展原则

以生态建设理论为指导,需要在满足《城市绿地设计规范》的基础上,适当提高校园绿地率，并且在一些合适地域进行以乔、灌、草等为主的全方位复式园林绿化工作；尽量落实海绵城市建设理念，结合环境特点改造雨水花园、铺设透水路面、栽植易养和具有吸附污染物能力的植物品种。

（五）景观生态规划原则

景观生态规划是指运用生态学原理，在系统分析、综合研究与评估的基础上，形成对生态系统优化利用的整体空间结构。大学校园的整体规划工作必须以生态建设为主，合理布局校园景观空间格局，实现校园景观生态系统优化的总体目标。

（六）最高效率原则

以我国大学生在校园环境中的作息规则与习惯为基础，确定大学生每日在不同时间段在各类型斑块之间移动的基本规律，并以此为基础合理有序地布置不同斑块，以实现让每个学生在最少的间距内达到一个或多个给定目的地的目标。

（七）多样化原则

开放式空间设计多元化包括了功能（如观赏、休息、交流、运动、就餐等）、形态（如造型、尺寸、颜色、材料、结构等）和配置（如草地、森林、山地、水体、建筑物等）上的多元化。丰富多样的学校景观能够调动学生的学习兴趣，从而增添教学气氛。

（八）整体性原则

校园所处环境的气候、校园的地理位置、校园中的植被等自然环境条件的不同，以及历史、人文、功用等社会条件的不同，会使校园景观的特点与表现不同。现代教育技术手段的介入，有利于校内环境密切交融，实现综合性景观。

（九）安全原则

安全感是人性化空间设计中的一个重要要求。环境安全主要涉及两个主要方面：物理安全和心理安全。物理安全主要表现在园林建筑要质量合格，工程质量应经得起时代考验，应栽植无毒、无刺、无飞絮的植物，水边及楼梯附近栏杆高度要满足 1.2 m 等，以保证师生人身安全。心理安全主要表现在设计中对形态、重量和色彩的运用，如上小下大、上轻下重、上浅下深的设计容易让人产生安全感。

二、校园绿地设计的内容

“小学校园绿地设计”

校园中各个组成部分的用途各不相同，校园一般可分为校前区、教学区、生活区、校内道路等多个主要组成部分。

（一）校前区

校前区为校门口至主楼（教室、办公室）中间的宽阔空间，也称校前缓冲区，其是学校形象的重点展示区。校前区绿化以装饰绿地为主，要与周边的建筑形态相协调，其外部绿化宜与街景统一，突出学校幽静大方的氛围。同时可设置能展示学校特点或历史的雕塑类小品。校门内宜设入口广场、停车位，以满足交通和人流集散的需要。校门附近的植物配置以规则式的为主，常绿植物应用得较多。

（二）教学区

教学区一般包括教学楼、实验楼、图书馆、报告厅及其附近的空间区域等。该区域主要以教育环境为主，所以在园林绿化布局上，首先要保持教育环境的幽静，在不妨碍建筑内采光与通风的情况下，主要规则式栽植乔木及绿篱地被。在教室、实验室外还可设置小游园，游园内应有四通八达的园路和铺装场地，以及相关的健身设备、休闲座椅、园林建筑小品，供学生课间休息、交流用。

校园小游园是指校园内具备休闲功能的集中绿地。小游园的形式丰富多样，在校园里可以按照要求灵活布置，为学生课间休息、学习和活动等创造场地。此外，校园小游园还应具有一定的文化内涵，通过雕塑、景墙等园林建筑小品景观构成要素展示学校的文化和精神内涵。

1. 校园小游园设计要点

(1) 水体。

校园中的水体也具有展现文化特色的作用，例如有禅意的枯山水等可起到宣传中式传统文化的意义。

(2) 植物。

在进行校园绿地植物配置时，应使植物与周围建筑环境相协调，应充分考虑物种的"生态位"特征，根据场地的总体规划和自然特点进行多层次、多样化处理；在树种选择上，应尽量多得选择乡土树种及成活率高、易于管理的树种。同时注意植物与其他构成要素的配合，达到自然景观与人工景观相融合的效果。

(3) 园林小品及设施。

园林小品及设施既与师生的生活关系密切相关，又对体现校园文化特色起着重要作用。在校园小游园中，园林小品及设施包含座登、花坛、雕塑、景墙、照明设施、卫生设施、标识设施等，其具有功能性，同时又能体现场地的文化内涵。如山东农业大学南校区主教学楼前的雕塑，在展现校园文化氛围的同时也对使用者带来潜移默化的文化熏陶。

(4) 道路铺装。

铺装场地是小游园中人们进行各种行为活动的主要场所，在体现以人为本、公众参与方面同样起着十分重要的作用。铺装的颜色、图案、肌理，可以展现校园的物质文化和精神文化，例如规则平整的铺装可以展现校园简洁、庄重的形象；不同纹样、材质的铺装可以成为不同功能场地之间的过渡空间，起到连接场所和引导标识的作用；除此之外，铺装亦能体现可持续发展的生态意义，透水性铺装可以增加雨水的回渗，有利于雨水的循环利用。

2. 校园小游园的空间划分

人的活动方式特点和所在自然环境的空间结构有着错综复杂的联系。克莱尔·库珀·马库斯在《人性场所》上将小游园活动空间界定为入口过渡空间、核心活动区、边界区域三个部分。

(1) 入口过渡空间。

入口过渡空间会给人们留下第一印象，明确入口区域是小游园设计成功的关键点之一。在小游园的入口处可设置标识物，可利用界面的围合、景观的变化来引导视线、表明立意或展现过渡区域。对于一个以休闲景观为主要功能的小游园，在其入口过渡区域设置小型停留场地是很必要的，该场地既可以为使用者提供驻足观景的场所，又可以起到空间过渡和指引作用。

(2) 核心活动区。

核心活动区是小游园的重心所在，也是为使用者提供向心力和吸引力的中心。可以结合使用人群的行为趋向，通过设置铺装场地、树池广场、观赏水体、大面积绿地等，创造更加适宜的空间氛围。

(3) 边界区域。

边界区域是小游园明确领域空间的首要因素，边界是不同功能空间之间的分割线。边界区域不仅可以分割空间，还能凸显各个空间的形象，加深使用者对空间的印象。常见的校园小游园边缘界面包括植被、围栏、挡土墙、路缘石，以及不同材质、色彩的铺装等。受小游园面积的限制，在设计中需要利用边界设计增加小游园的空间层次。在进行绿地设计之前应充分预料人群的自然集结点，根据活动性质设置公共空间、私密空间和半公共(私密)空间，对于不同的功能空间，应通过变化铺装方式、设置标示牌等方法明确空间界限。

(三) 生活区

校园生活区的面积一般都很大，餐厅、宿舍楼、休闲及运动场所等多布局于此。运动场所附近的园林中多栽植数行常绿和落叶乔木(尽量少使用灌木)，绿化带宽度至少达到 15 m，以防噪音影响学生上课和休息。宿舍楼附近的园林绿化应当以优美为前提，可将宿舍楼前后的绿地设计为装饰性绿地，将宿舍楼的中庭设计成小游园，给学生创造良好的读书、运动和休闲场所。应设计若干组尺寸不等的院落、广场和小型活动区域，将这些空间自然而紧凑地结合在一起，构成一种完善的学校户外公共空间体系，从而丰富校园课外文化生活。

(四) 校内道路

道路是联系校园各个区域的重要纽带，其绿化形式是校园绿化设计的主要部分。由于学校师生都是校园景观的主要使用者，因此学校道路的规划设计应当以师生的生活和学习需求为本。首先，需要充分考虑时段差异性，如学校上下课时间人流量大增，根据这一特性需要尽量实现人车分流，给行人一种较为舒适的空间环境，同样设计也要便于车辆通行。其次，道路路线设计应充分考虑行人的心理特点，合理规划学校交通网络，严格控制机动车在学校的核心地段行驶。

校内道路设计要充分考虑使用者的使用习惯和学校总体功能布局，并合理配置宿舍区、教学区、科研区、运动区等重点功能区的交通网络，以便合理分流出行人流，提升交通效率。四川大学江安校区景观长桥旁有一条通往第一教学大楼的小径，人们为了能快速到达目的地，多选择从这里穿行，而不是从长桥绕行到教学楼。在设计之初，这里的道路规划为了休闲小径，且采用石板铺设，这违背了人们的心理和行为习惯，且无法满足大量人流快速通行的需求。由于交通量的激增，该处道路已经基本丧失了其休闲功能，道路旁的绿地景观也因此受到影响。因此，由于学校人数众多、从生活区到教学区的人流量较大，应该在生活区与教学区之间建立起网络状的多条路径，从而在上下课高峰期能够起到分流作用，缓解校园道路的交通压力和减少对校园景观的损坏。

一般来说，较宽阔的主干道(12～15 m)两旁宜栽植高大常绿乔木，树下可适度栽植整形绿篱、花灌木等，道路中间可设置 1～2 m 宽的绿化带；主干道较狭窄(5～6 m)时，可在道路两旁种植中型乔木和整形花灌木；次路(3～4 m)两旁可设计单排行道树和自然式花灌木，可适当设置一些休闲凳；景观区内的园步路(1.2～2.5 m)可根据人流量调整路面宽窄，并根据景观区的整体风格选择道路的风格、形式和铺装材质。

学习任务如表 2.6.2 所示。

“小学校园绿地设计案例赏析”

表 2.6.2 参考性学习任务

任务名称	校园小游园的规划设计
实训目的	(1) 知识方面:理解校园绿地设计的基本原理,掌握校园小游园的设计内容,并注意校园文化主题的表达,熟悉相关制图及设计规范等。 (2) 素质方面:掌握项目进度管理方法、培养团队协作能力。 (3) 能力方面:掌握校园小游园设计要素的表达方法,熟练绘制施工总图。 (4) 思政方面:学会展现校园文化、历史观、价值观及社会主义精神文明。
实训准备	纸、画板、铅笔、橡皮、直尺、电脑、绘图软件(CAD)、办公软件。
实训内容	(1) 各组完成指导教师布置的现场踏勘任务。 (2) 结合现场踏勘结果对气象、地形地势、地下管线位置、消防通道位置、水纹情况、土壤条件进行分析,形成调查分析报告。 (3) 各组进行图纸表达规范及校园绿地景观技术规范的收集工作,并收集同类型校园景观设计案例。 (4) 完成设计方案概念图、CAD 总平面图、意向图等。 (5) 绘制施工总图,包括种植设计图、高程设计图。 (6) 进行方案汇报,作业经教师点评后上传至平后,完成学生互评。
实训步骤	(1)下达任务书。 对教学楼旁 35 m×50 m 的小游园进行设计,要求满足师生课余休息、交流、学习和观景需要,并体现校园文化及社会主义价值观。 (2) 任务分组。 班级: 组号: 组长: 指导老师: 组员: 任务分工: (3) 工作准备。 ① 阅读工作任务书,查阅和收集相关资料,进行现场勘察和技术交底,并填写质量技术交底记录。 ② 收集《城市绿地设计规范》中有关设计方面的知识。 ★ 引导问题 1:现有环境中的哪些资源可加以利用?哪些环境信息必须被屏蔽?哪些应该被改造? ★ 引导问题 2:教学楼旁小游园的主要使用人群有哪些?他们的需求各是什么?

续表

任务名称	校园小游园的规划设计		
实训步骤	★ 引导问题 3：哪些功能区可以满足上述使用人群的需求？如何筛选各功能区内的园林要素？ ★ 引导问题 4：施工总图一般由哪几部分组成？施工总图的制图规范是什么？ ★ 引导问题 5：设计总说明中要体现工程概况和总体施工要求吗？设计总说明应包括哪些内容？		
参考评价	过程性评价(55%)	知识掌握度(25%)	
		技能掌握度(25%)	
		学习态度(5%)	
	总结性评价(30%)	任务完成度(15%)	
		规范性及效果(15%)	
	形成性评价(15%)	网络平台题库的本章知识点考核成绩(15%)	

任务　医院(工厂)绿地设计

一、医院绿地设计

(一) 门诊部绿地设计

"医院绿地设计(动画1)"

门诊部靠近医院主要出入口，人流比较集中，因此，门诊楼前需要留出一定缓冲场地或集散广场；门诊部是医院绿地景观的主要展示区，可在广场中央布置雕塑、景墙、喷泉、花坛，在广场四周布置庭荫性乔木，并与街道绿化相协调。

（二）住院部绿地设计

住院部位于门诊部后，其位于医院中部较安静地段。为便于病人康复，绿地形式以疏林草地为主，这样可以供病人充分进行日光浴，呼吸负氧离子。有些传染病医院还会栽植大量的杀菌植物，以防止病毒传播。道路一般采用无障碍设计；游园内可设置一定量的椅子，以及亭、廊等室外遮蔽建筑小品，也可设置一些室外辅助医疗场地，如体育医疗场等；植物配置可适当丰富些，形成四季有景的景观效果，花卉尽量采用具有淡雅色调的。住院部周边多用绿地与其他区域隔离，以减少疾病传播，形成独立的活动空间。

（三）其他区域绿地设计

“医院绿地设计案例赏析”

制药室、库房、设备室、解剖室、太平间等的绿地要强化隔离作用。太平间、解剖室应单独设置出入口，并处于病人视野之外，周围密植常绿乔灌木。手术室、化验室、放射科周围要保证通风和采光效果良好，不能配置有绒毛、飞絮的植物。总务部门的食堂、浴室、洗衣房及宿舍区往往在医院后部单独设置，它们要和住院区有一定的距离，并用植物进行隔离，为医务人员创造一定的休息、活动环境。

总之，进行医院绿地设计应注意各个区域的隔离作用，避免各区域间相互干扰。植物应选择有杀菌、净化空气、辅助治疗效果且方便管理的品种。

二、工厂绿化设计

“医院绿地设计（动画2）”

（一）工厂绿地的组成

包括厂前区绿地、生产区绿地、仓库区绿地等。

（二）工厂绿地的环境条件及服务对象

绿化环境恶劣，粉尘、烟尘、有毒有害气体随时影响着植物的生长；用地紧张，可供绿化的面积十分有限，空间基本都被生产车间占用，仅在厂前区、办公室和职工宿舍区考虑绿化的观赏形式；生产区和道路区绿化首先应保证生产安全和货车的正常通行；服务对象基本都是本厂职工。

（三）工厂绿地植物品种的选择

遵循适地适树原则，尽量选用本地植物品种；选择可防止污染、可吸收烟尘、可吸收有害气体、能降低噪音的植物；所选植物应便于管理、分蘖能力强、抗病虫害能力强、耐修剪。

（四）工厂各组成部分绿地设计

1. 厂前区绿地设计

厂前区的绿化要美观，还要便于车辆通行和人流集散，一般厂前区包括办公楼、办公楼前广场、大门、停车场及小游园，绿地形式以规则式为主。入口处的布置要富于装饰性，一般栽植对称式的灌木、整齐的行道树，主要道路及广场四周选用冠大荫浓的行道树，以形成林荫感，增加绿化面积；广场上经常设置雕塑、花坛、喷泉、旗杆等象征企业精神文明的小品，广场是企业形象的主要展示地点；如用地足够，在厂前区可设置小游园，可在内布置假山、水池、凳椅、亭子、景观灯等园林要素，形成舒适、优美的工作环境。设计中，办公楼、食堂、宿舍区往往集中布置于工厂最小风频的上风向，因此，在厂前区设置的小游园成为了职工工作之余休息、散步、交

往、娱乐的重要场所，其是工厂绿化设计的重点。

2. 生产区绿地设计

生产车间附近的绿化要根据车间生产特点及其对环境的要求进行设计，应满足车间生产、运输等方面对环境的要求，减轻车间污染物对车间内职工和周围环境的影响和危害，一般不设置供工人休息的场所。一般情况下，车间周围的绿化设计要考虑生产安全、室内通风及采光、对污染物的吸收和隔离等方面。因此，距厂房 6～8 m 的地方不宜栽植高大浓荫的乔木，不宜在乔木下密植灌木和地被。设计中，各类车间生产性质不同，对环境要求也不同，必须根据车间具体情况因地制宜地进行绿化设计。如：研究型的实验车间对环境质量要求较高，其周围多栽植常绿树木、铺设大块草坪，应选用无飞絮、无种毛、无落果，以及不易掉叶的乔灌木，或选择具有杀菌、吸收有毒有害气体功能的树种，要求树木栽植间距满足 6～8 m，以利于车间气体尽快排放；对于操作性的污染车间，绿化除应满足上述栽植距离外，还应选用易栽植、可吸污、滞尘能力强的树种，为防止粉尘的扩散，可在必要地段以乔灌木形成具有一定空间和立体层次的屏障；对于易燃易爆车间，厂房四周应栽植防火植物，并留出消防通道和场地，在必要地段可栽植 5～20 m 宽的乔灌木防火屏障。

3. 仓库区绿地设计

仓库区的绿化设计要考虑消防、交通运输和装卸方便等要求。外围应疏植高大防火树种，间距满足 7～10 m；内部绿化布置宜简洁，以草坪为主；在仓库周围要留出 5～7 m 宽的消防通道。

4. 防护林带设计

工厂防护林带是吸收有毒气体、净化空气、滤滞粉尘、减轻污染、保护和改善环境的重要绿化形式，尤其是对那些排放大量污染物的工厂非常必要。设计中，首先应根据污染物成分、污染量和现有立地条件确立防护林带的树种，以及栽植位置、栽植形式和宽度。防护林带应选择抗性强、生长健壮、枝叶茂密、病虫害少、根系发达的植物品种。林带结构以乔灌混交的紧密结构和半通透结构为主，外轮廓保持梯形或屋脊形，防护效果较好。搭配上，应使常绿树与落叶树相结合、乔木与灌木相结合、阳性树与耐阴树相结合、速生树与慢生树相结合。

“工业产业园集地设计案例赏析”

学习任务如表 2.6.3 所示。

表 2.6.3　参考性学习任务

任务名称	厂前区绿地规划设计
实训目的	(1) 知识方面：理解工厂绿地设计的基本原理，以及厂前区绿地设计的主要内容。 (2) 素质方面：掌握项目进度管理方法、培养团队协作能力。 (3) 能力方面：掌握厂前区绿地设计的要素表达方法，熟练绘制施工总图。 (4) 思政方面：了解生态环保设计理念，特别是应掌握可抗污染、吸收有害物质的植物的配置方法。
实训准备	纸、画板、铅笔、橡皮、直尺、电脑、绘图软件(CAD)、办公软件。

续表

任务名称	厂前区绿地规划设计
实训内容	(1) 各组完成指导教师布置的现场踏勘任务。 (2) 结合现场踏勘结果对气象、地形地势、地下管线位置、消防通道位置、水纹情况、土壤条件进行分析,形成调查分析报告。 (3) 各组进行工厂绿地景观技术规范的收集工作,并收集同类型工厂景观设计案例。 (4) 完成设计方案概念图、CAD总平面图、雕塑意向图等。 (5) 绘制施工总图,包括种植设计图、尺寸定位图。 (6) 进行方案汇报,作业经教师点评后上传至平台,完成学生互评。
实训步骤	(1) 下达任务书。 对化工厂的厂前区绿地进行设计,要求满足厂内职工休息、交流和赏景需要,并体现工厂精神文明面貌。 (2) 任务分组。 班级: 组号: 组长: 指导老师: 组员: 任务分工: (3) 工作准备。 ① 阅读工作任务书,查阅和收集相关资料,进行现场勘察和技术交底,并填写质量技术交底记录。 ② 收集《城市绿地设计规范》中有关设计方面的知识。 ★ 引导问题1:现有环境中,哪些立地条件可以被利用?哪些必须改造? ★ 引导问题2:工厂绿地厂前区的设计风格是什么? ★ 引导问题3:工厂绿地厂前区的主要设计内容包括什么? ★ 引导问题4:哪些园林要素可以展现工厂的精神文明?

续表

<table>
<tr><th>任务名称</th><th colspan="3">厂前区绿地规划设计</th></tr>
<tr><td>实训步骤</td><td colspan="3">★ 引导问题 5:尺寸定位图的施工图制图规范是什么?</td></tr>
<tr><td rowspan="6">参考评价</td><td rowspan="3">过程性评价(55%)</td><td>知识掌握度(25%)</td><td></td></tr>
<tr><td>技能掌握度(25%)</td><td></td></tr>
<tr><td>学习态度(5%)</td><td></td></tr>
<tr><td rowspan="2">总结性评价(30%)</td><td>任务完成度(15%)</td><td></td></tr>
<tr><td>规范性及效果(15%)</td><td></td></tr>
<tr><td>形成性评价(15%)</td><td>网络平台题库的本章知识点考核成绩(15%)</td><td></td></tr>
</table>

案例导入

校园绿地规划设计

(重庆蓝调城市景观规划设计有限公司提供)

1.项目概况

本案例位于重庆渝北区秋成大道与腾芳大道相交处,与重庆各区的距离在 25 km 以内,距离渝北区中心地带 5 km 左右,邻近轨道交通十号线,距江北机场 8 km 左右。基地南侧和西侧为城市主要干道(现已建成),北侧和东侧道路处于规划阶段,目前尚未建成,远期交通形成后,可达性强。绿地毗邻渝北区中央公园。项目周边小区数量较多,多集中于基地东侧(见图 2.6.1)。

2.设计理念

创造一个文化氛围浓厚的校园学习环境,在设计中融入花园设计理念,并将巴渝民俗文化纳入其中,形成特色的景观环境。

3.设计特点

教学楼围合出四个花园,花园被赋予“自然之舟”、“魔方课堂”、“时光艺术”、“文学奇境”四个主题,被礼序轴和校园文化轴两条轴线串联起来。学校外部应保证 35%的绿地率。相关设计图(见图 2.6.2 至图 2.6.5)。

1) 校园大门

分区设计校园礼序轴,由入口广场、校园大门家长等候区、校园文化展示廊、入口大道组成(见图 2.6.6、图 2.6.7)。

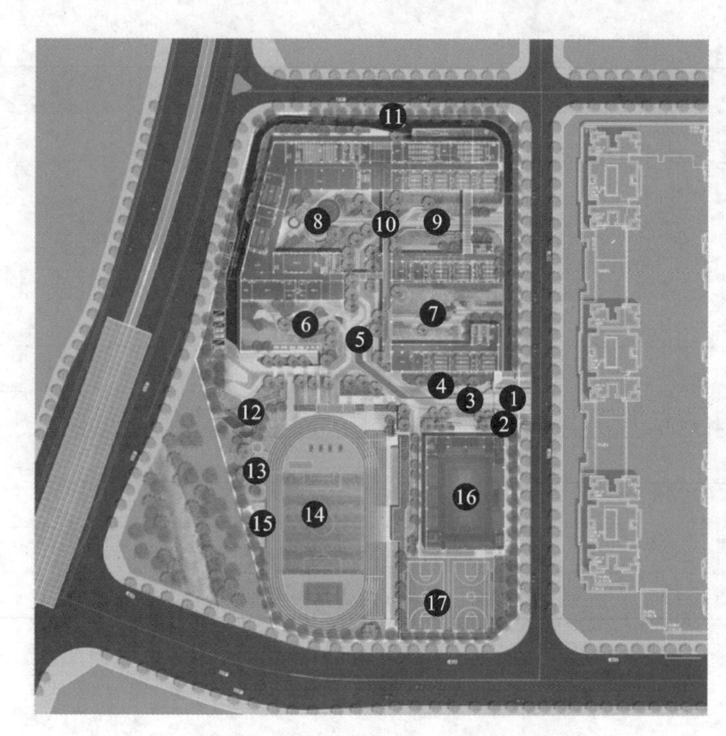

图 2.6.1　总平面图

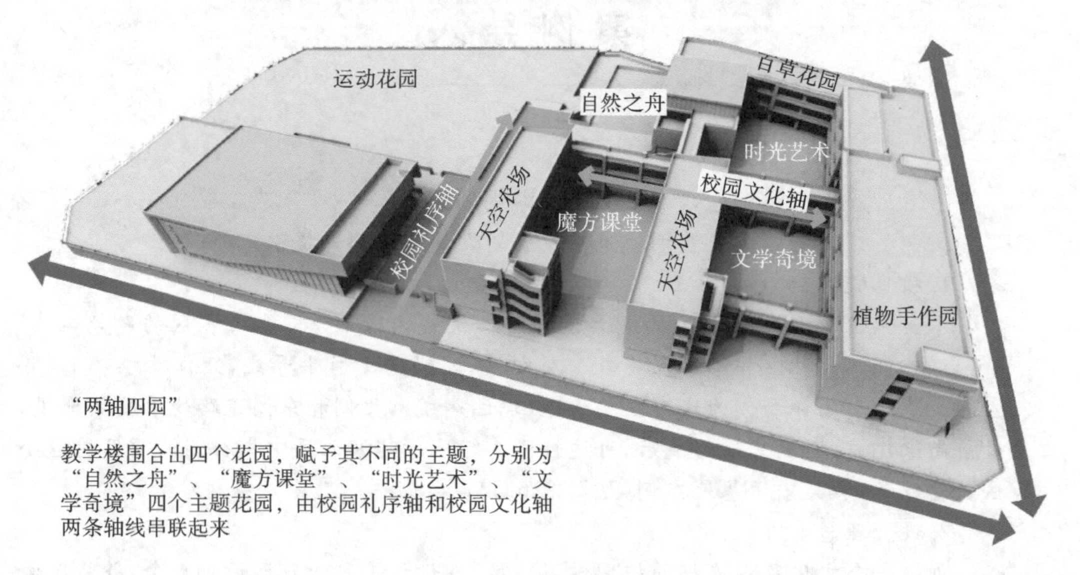

图 2.6.2　景观节点图

2）主题花园

（1）自然之舟。

寓意为编织探险家的梦想。功能为供学生课间休息、林下阅读等。其构成要素有蘑菇形象展示小品、动物形象小品和林下休息区（见图 2.6.8、图 2.6.9）。

（2）魔方课堂。

可激发学生探索求知的欲望，用于课间休息、课间游戏、户外上课。其由三个雨水花园和数字符号小品构成，通过混交植物等方式构建出乔、灌、草复合的自然系统。

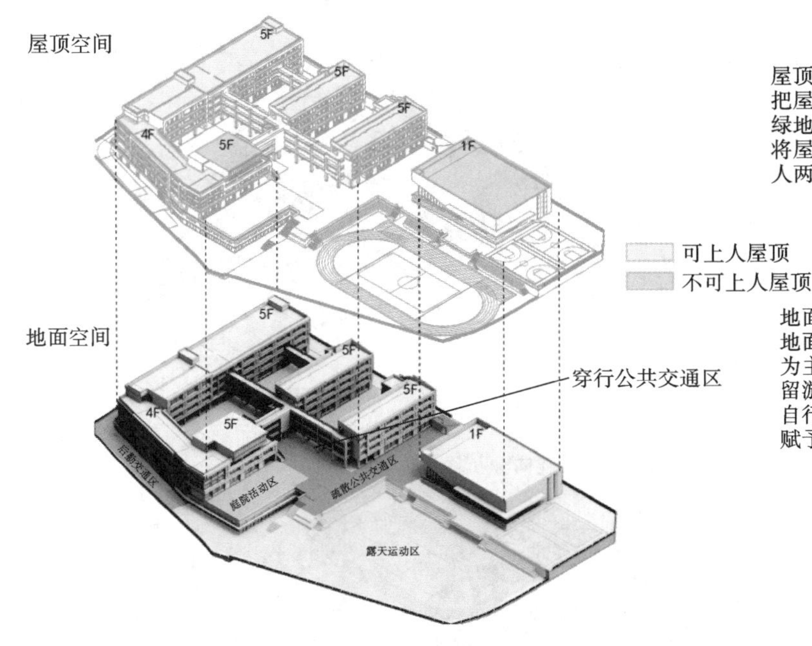

图 2.6.3　功能分区图

图 2.6.4　流线分析图

在复合系统方面，希望令动物、植物、微生物种群形成稳定的自然群落（见图 2.6.10、图 2.6.11）。

（3）文学奇境。

学生可在此收获很多故事，结交很多朋友。该区域由文化创想墙、休息座凳、创意书架、名言条石等景观要素组成（见图 2.6.12、图 2.6.13）。

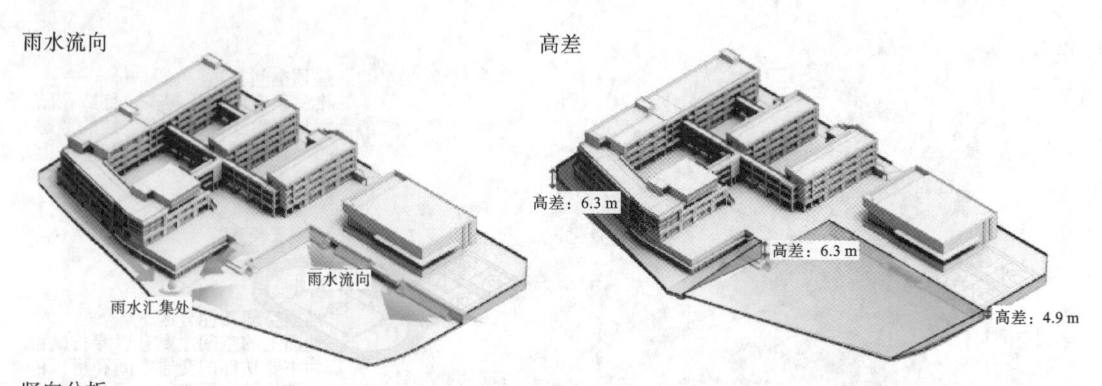

竖向分析

场地内东高西低，最大高差近6.3 m，教学楼区域地势平坦，运动场区域与教学楼区域高差为4.9 m

图 2.6.5　竖向分析图

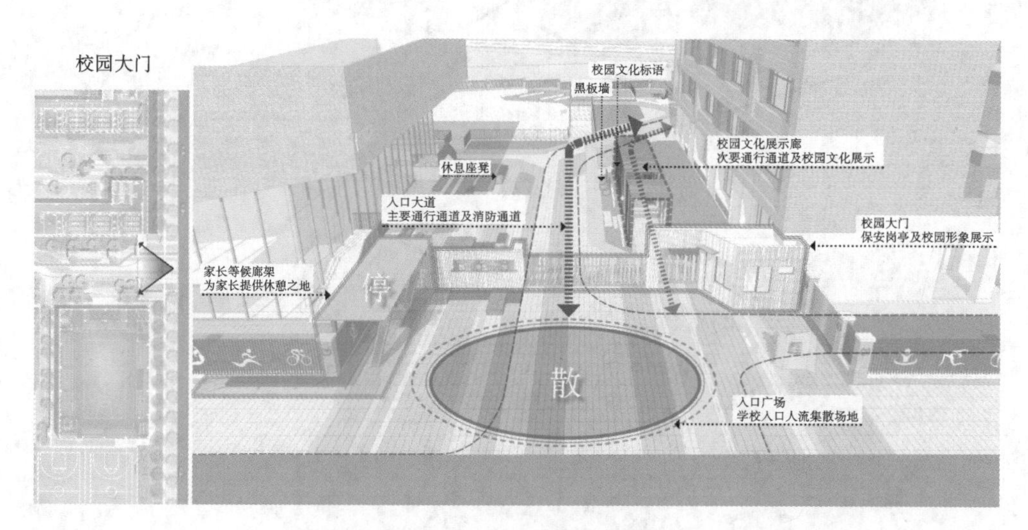

图 2.6.6　校园大门分析图

图 2.6.7　校园大门效果图

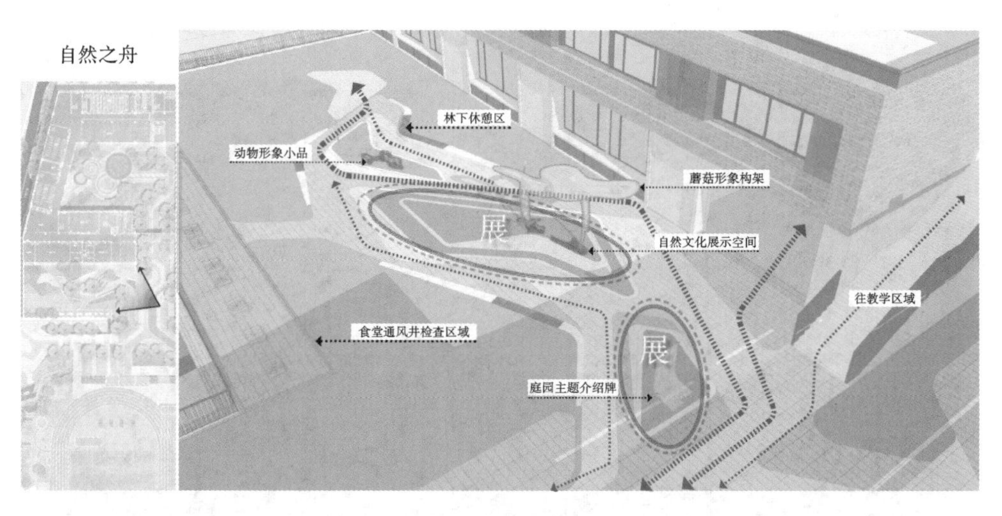

图 2.6.8　自然之舟分析图

图 2.6.9　自然之舟效果图

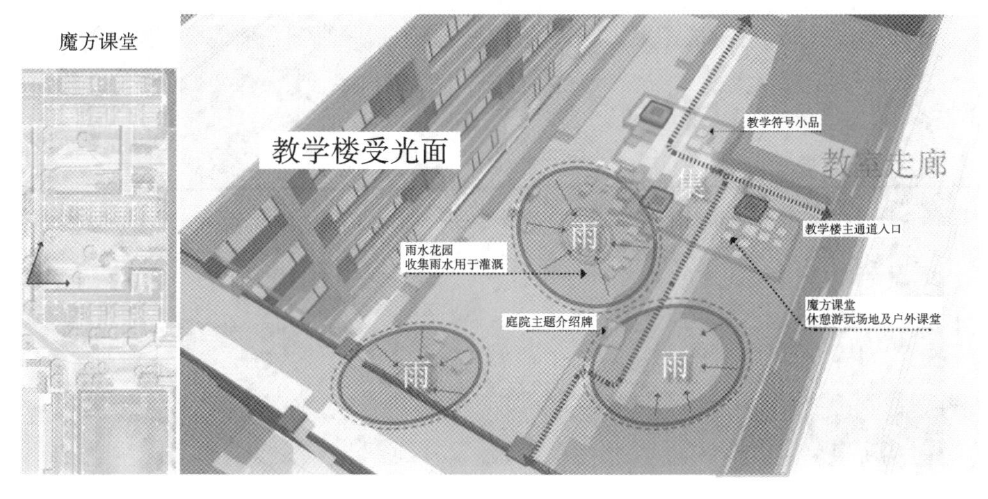

图 2.6.10　魔方课堂分析图

图 2.6.11　魔方课堂效果图

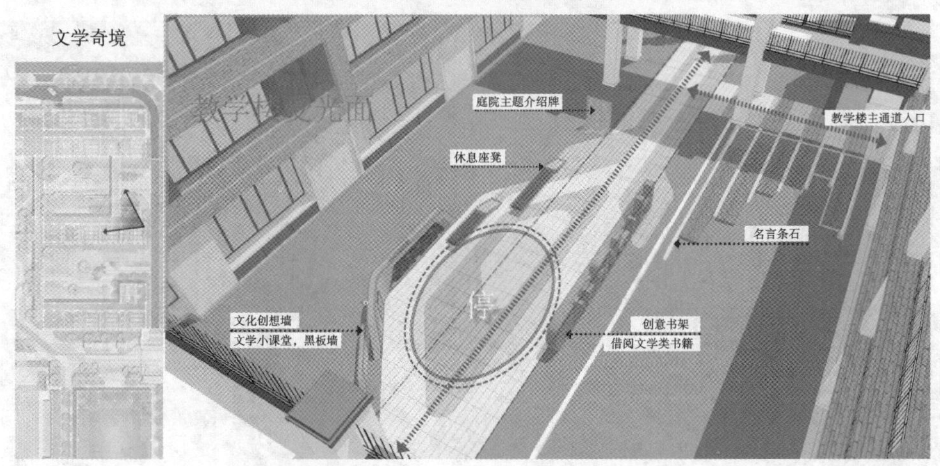

图 2.6.12　文学奇境分析图

图 2.6.13　文学奇境效果图

3）运动操场

学生可以在安全又富有趣味的运动场里踢球、奔跑、追逐，在 6～12 岁关键时期，快乐成长，强壮体魄，收获美好童年（见图 2.6.14、图 2.6.15）。

图 2.6.14　运动操场效果图 1

图 2.6.15　运动操场效果图 2

4）屋顶花园

屋顶花园有游憩平台和农作工作区，可以为学生提供休息空间和农作教育场所。一条景观通道贯穿其中，将各区域小品建筑联系起来（见图 2.6.16、图 2.6.17）。

医院绿地规划设计

1．项目概况

项目位于成都市郫都区古城镇，距成都中心城区约 20 km。医院占地面积约为 33522 m²，净用地约为 27068 m²，其是一家大型综合性医院（见图 2.6.18）。

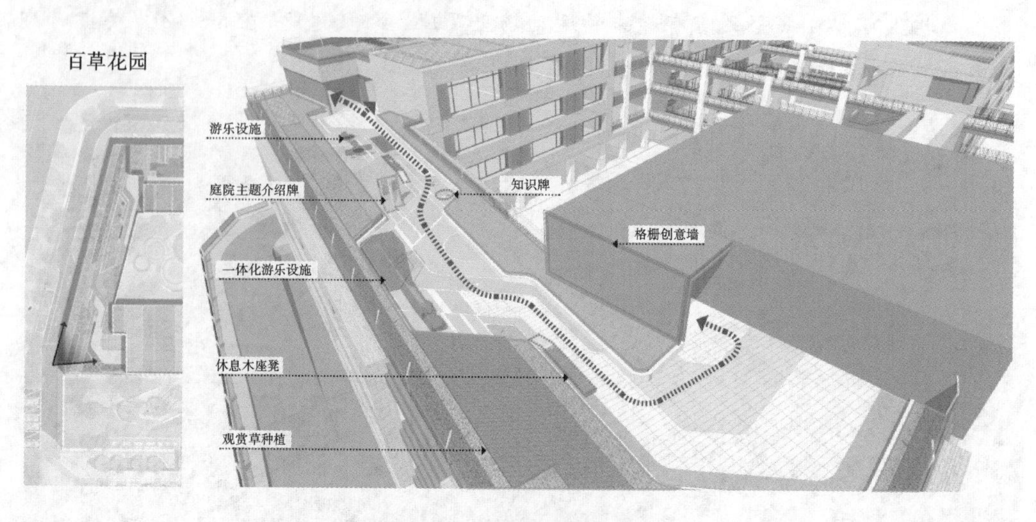

图 2.6.16　屋顶花园分析图 1

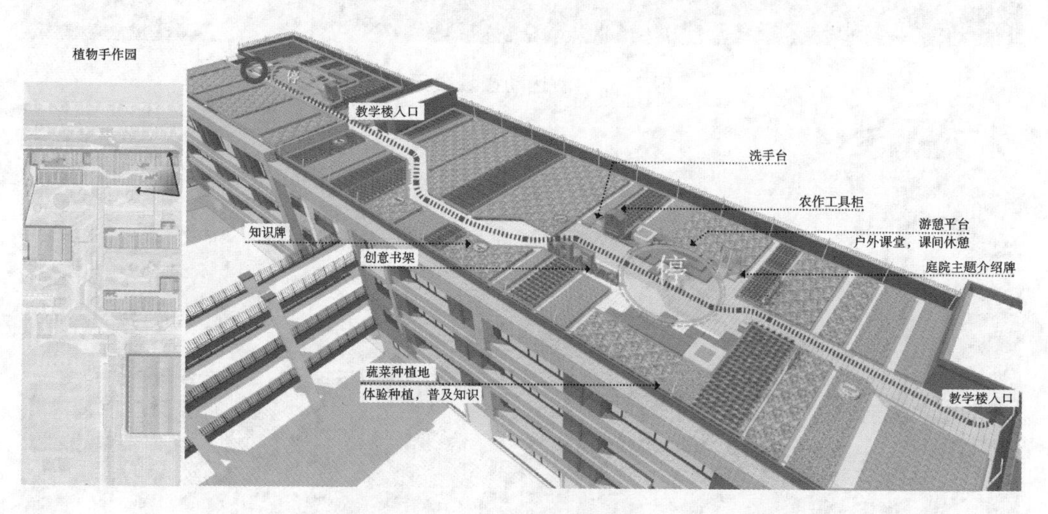

图 2.6.17　屋顶花园分析图 2

2. 设计理念

设计理念分析图如图 2.6.19 所示。

3. 设计定位

设计定位图如图 2.6.20 所示。

4. 设计分析

设计示例如图 2.6.21 至图 2.6.24 所示。

5. 详细设计

设计细节如图 2.6.25 至图 2.6.30 所示。

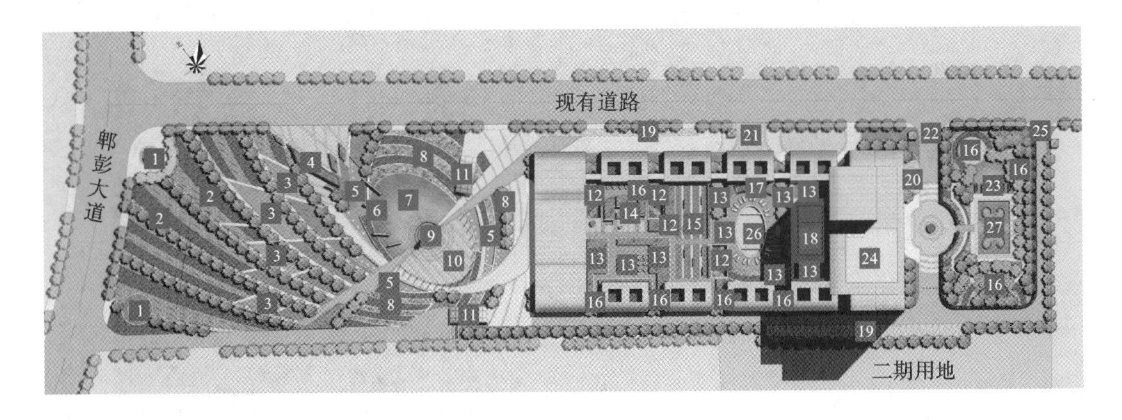

图例：

1 景观指示牌
2 景观草带
3 休闲场地
4 主入口景观大门
5 镜面水景
6 趣味景墙
7 阳光草坪
8 景观灌木带
9 中心主题水景
10 中心主景广场
11 地库出入口
12 下沉空间绿化
13 景观种植池
14 趣味水景
15 趣味彩板空间
16 休憩木平台
17 景观廊架
18 羽毛球场
19 生态停车位
20 救护车停车位
21 急救出入口
22 住院出入口
23 绿篱廊架
24 直升机停机坪
25 污物出口
26 员工泳池
27 下沉休憩空间

图 2.6.18 总平面图及模拟图

设计主题：“回归”

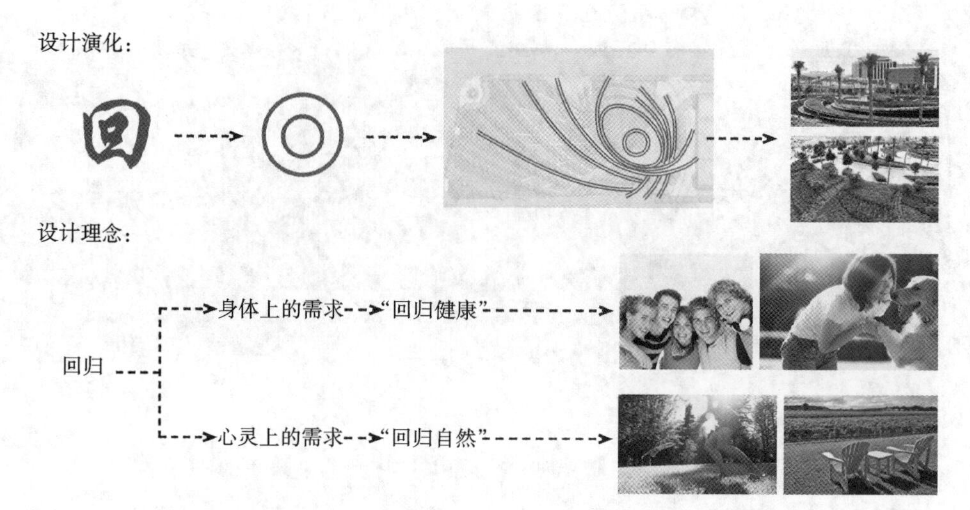

图 2.6.19　设计理念分析图

设计目标与愿景：

(1) 打造花园式的高档医院；

(2)让患者带着逛公园的轻松心态来看病；

(3)让医生带着轻松的心情来上班；

(4)以自然之道，养自然之身，通过打造景观来加快患者的病情好转。

图 2.6.20　设计定位图

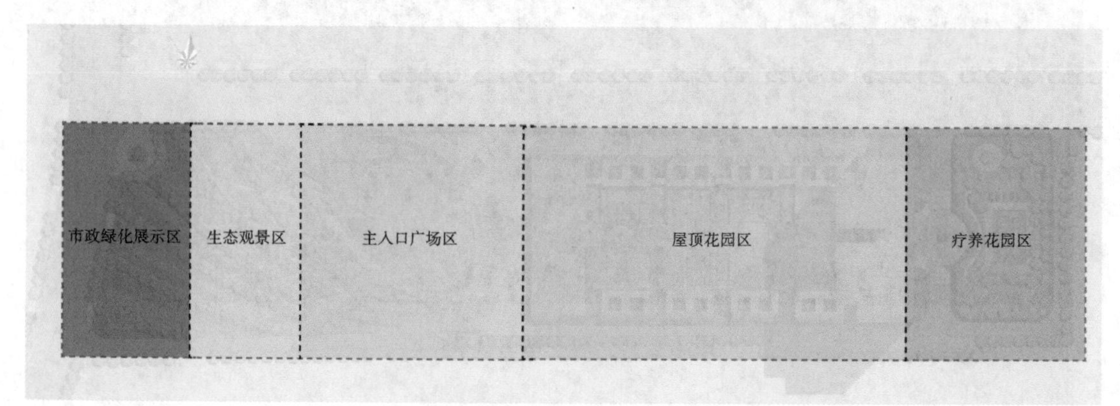

图 2.6.21　功能分区图

图 2.6.22　空间分析图

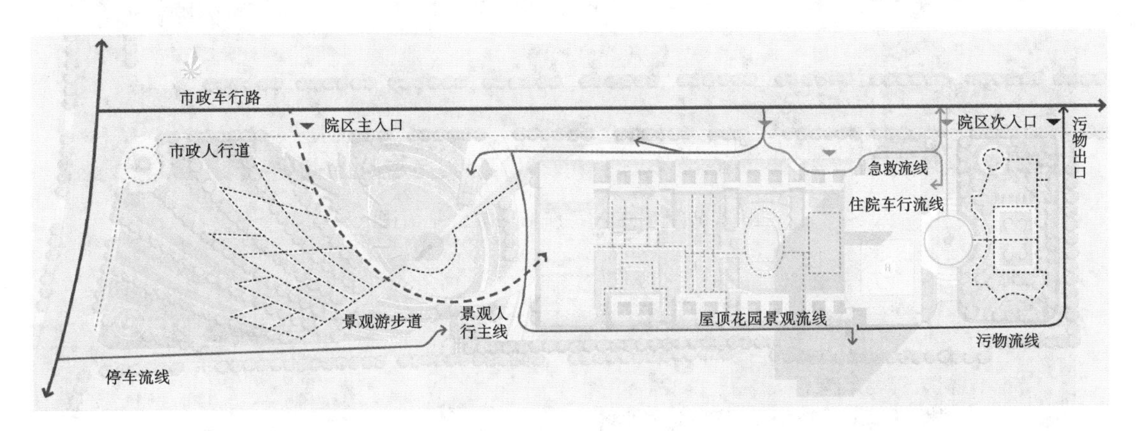

图 2.6.23　交通分析图

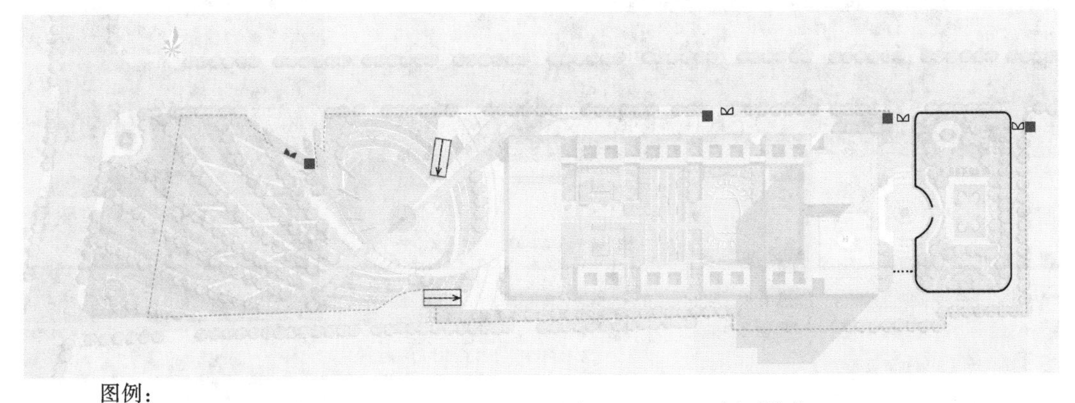

图例：

院区围墙范围线　主入口大门　门卫岗亭　景观车挡

疗养花园生态围墙范围线　次入口大门　地库出入口

图 2.6.24　安防布置图

图例：

1 阳光草坪
2 镜面水景
3 灌木带
4 特色景墙
5 中心景观广场
6 种植池
7 地库出入口
8 中心主题水景

本区域位于医院建筑最主要出入口前，力求打造一个大气、现代而又高档的中心主题性景观区，作为医院的形象名片。

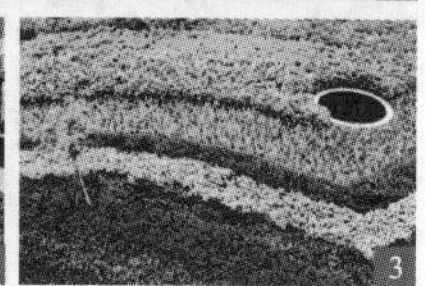

图 2.6.25 主入口广场区放大平面图

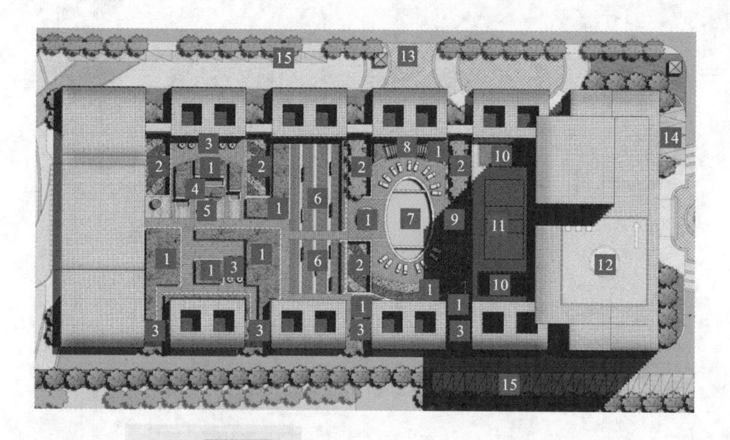

图例：

1 景观种植池
2 下沉空间绿化
3 休憩平台
4 趣味水景
5 趣味花钵
6 趣味彩板
7 员工游泳池
8 景观廊架
9 趣味沙发
10 景观草坪
11 羽毛球场
12 直升机停机坪
13 急救出入口
14 救护车停车位
15 生态停车位

本区域为屋顶花园区，其位置决定了它是一个相对较为私密的空间，设计打造一个高档、精致而又惬意的屋顶花园，屋顶花园小空间居多，主要是为了给一些疗养康复的患者提供一个安静惬意的空间，同时区域内又增设了员工泳池及羽毛球场，也为员工在休息时间提供了更多的乐趣。

图 2.6.26 屋顶花园区放大平面图

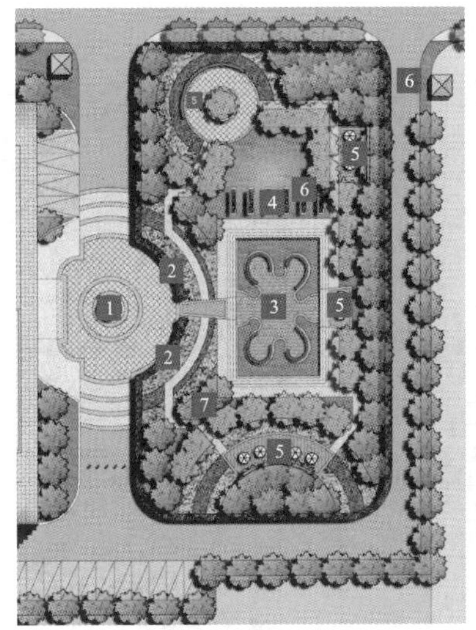

图例：

1 景观绿岛
2 生态围墙
3 下沉空间
4 绿篱廊架
5 休憩空间
6 污物出口
7 疏林草地

本区域离病房区最近，因而将其定性为专门为病房区患者进行疗养康复的景观花园，花园采用封闭式管理方式，借助生态绿篱墙进行隔离，保证其私密性，同时，内部景观精致，小空间居多，植物环境自然有趣，对患者的康复治疗极其有益。

图 2.6.27　疗养花园区放大平面图

图例：

1 休闲木平台
2 景观座椅
3 主入口大门
4 景观种植池
5 主入口广场
6 景观草带
7 休闲小径
8 景观草卵石带

本区域左侧被围墙隔离，右侧紧邻中心广场区，是一个半开放性空间，内部景观环境以生态种植为主，配以木平台供人休憩，场景大气，绿意十足，既可供第一次来看病的人观赏，也可供住院疗养的患者使用。

图 2.6.28　生态观景区放大平面图

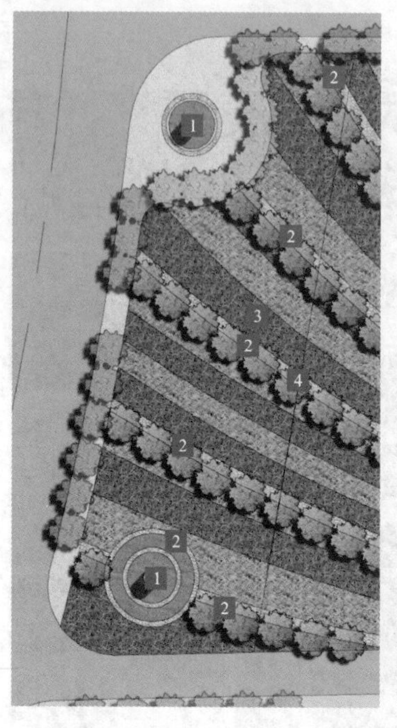

本区域属于市政绿地范围，其连同医院内部一起打造，是院内景观的一种延续，在其路口转角处设置引导指示牌，可为第一次来看病的人进行指引，具有最佳的提示性作用。

图例：
1 引导指示牌
2 景观卵石带
3 景观草带
4 景观围墙

图 2.6.29　市政绿化展示区放大平面图

无障碍设计可保障残疾人、老人、儿童及其他行动不方便的人能够自主、安全、便利地通行和使用所建设的物质环境。

· 铺设盲道砖保持与周边其他无障碍设施连接
· 人行步道设置缘石坡道
· 设置低位服务台、低位电话、专位停车场、无障碍卫生间
· 无障碍设计的颜色应鲜明，即与周边环境有明显区别

图 2.6.30　无障碍设施意向图

知识拓展与复习

1. 校园绿地设计的原则有(　　)。

A. 功能原则

B. 以人为本原则

C. 突出校园文化特色原则

D. 体现可持续发展原则

2. 在校园绿地规划中体现文化性的方法有(　　)。

A. 突出建筑小品的文化展示

B. 借助松、竹、梅等植物表达寓意

C. 注意交流空间的人文服务性设计

D. 注意彩叶植物的应用

3. 校园绿化的作用有(　　)。

A. 为师生创造良好的观景环境和学习工作环境

B. 陶冶学生情操,激发学生学习兴趣

C. 为广大师生提供休息及进行体育活动的场所

D. 利用校园内大量的植物材料,丰富学生的生物学知识及认识自然的能力

4. 校园绿地设计中,校前区的设计注意事项有(　　)。

A. 绿化以装饰绿地为主,要与周边的建筑形态相协调

B. 校门内宜设入口广场,满足交通需求

C. 校门附近可设置小游园,为师生提供休闲娱乐的场所

D. 校门附近的植物配置以规则式的为主,常绿植物应用得较多

5. 校园绿地设计中,教学区的设计注意事项有(　　)。

A. 在不妨碍建筑内采光与通风的情况下,主要规则式栽植乔木及绿篱地被

B. 在建筑物的前面铺设大面积的草坪,并点缀美丽的花灌木或栽植地被植物

C. 在教室、实验室外可设小游园,供学生课间休息、交流用

D. 教学楼旁的庭院空间是校园建筑空间的延伸和空间活动补充

6. 教学楼旁小游园的绿地设计注意事项有(　　)。

A. 在进行植物配置时,应使植物与周围建筑环境相协调

B. 小游园的建筑小品应体现校园文化特色

C. 铺装的颜色、图案、肌理,可以展现校园的物质文化和精神文化

D. 空间设计可以考虑满足主要使用人群的需求,如可设学习角、交流区、文化展示区等

7. 校园绿地设计中,校内道路的设计注意事项有(　　)。

A. 以师生的生活和学习需求为本,考虑到交通流量的时间差异性,尽可能做到人车分流

B. 考虑使用者的行为习惯与整体功能布局,多在校园中设置林荫小道,起到高峰分流作用

C. 较宽阔的主干道(12～15 m)两旁宜栽植高大常绿乔木,道路中间可设置1～2 m宽的绿化带

D. 主干道较狭窄(5～6 m)时,可在道路两旁种植中型乔木和整形花灌木

8. 厂前区绿地设计包括(　　)。

A. 工厂大门、主干道设计　　B. 厂前区广场、停车场设计

C. 小游园设计　　D. 厂前区与生产区之间过渡地带的设计

9. 工矿企业环境分区设计包括(　　)。

A. 厂前区绿地环境设计

B. 生产区绿地环境设计、仓储区绿地环境设计

C. 内部休憩绿地设计

D. 工厂道路绿化设计、工厂防护林带设计

10. 工矿企业环境的植物选择原则有(　　)。

A. 适地适树　　B. 抗污能力强

C. 绿化满足各种工业需求　　D. 易于繁殖,便于管理

11. 医院植物选择原则有(　　)。

A. 杀菌力强　　B. 颜色淡雅　　C. 具有紧密性　　D. 常绿

12. 精神病医院绿地设计应突出“宁静”的气氛,以(　　)为主,以利于患者的治疗和康复。

A. 白色　　B. 黄色　　C. 红色　　D. 紫色

项目七　居住区绿地规划设计

知识目标：了解居住区绿地的组成、规划设计原则、植物配置要求。

技能目标：熟悉居住区绿地设计程序，掌握住宅小区绿地设计要点，熟悉住宅小区绿地设计的相关规范，了解居住区绿地设计注意事项及报建程序，掌握中型绿地施工图绘制技巧。

思政目标：培养生态保护意识，能根据周边建筑环境特点，合理选择设计风格及形式；设计应同时满足《城市绿地设计规范》、《居住区绿地设计规范》及《城市园林绿化养护管理规范》要求。

居住区绿地的设计效果直接影响居住环境质量。居住区绿地的作用包括丰富居民生活、美化及改善环境、保护环境卫生、防灾避灾等。首先，居住区设计应凸显“以人为本”的设计思路，重点关注民生问题；其次，要大力弘扬生态设计，通过有效利用现有自然资源、减少浪费，建立植被复层生态系统，减少后期养护费用，同时建立雨水收集系统，减少淡水资源浪费。

任务　居住区绿地规划设计

一、居住区绿地规划设计原则

（一）遵守相关设计规范

居住用地内的各类绿地建设均须在详细规划指引下予以规范设计。《城市用地分类与规划建设用地标准》中明文规定，居住小区公园的绿地率至少为30%，公用绿化面积至少为人均1 m^2。《城市居住区规划设计规范》中明文规定，新建小区的绿地率应不少于30%，老旧小区进行改造时的绿地率应不少于25%。

(二) 以植物造景为主，充分发挥生态效益的原则

居住小区包括出入口景观区、中心景观区、儿童活动区、休闲活动区、运动区等景观功能区，区内均设置有一定的铺装面积，供人们活动使用，设计中非常容易忽略植物景观，而过多的铺装不仅破坏了自然生态环境，还使得空气湿度降低，温室效应加强，令人们感受不到自然的美。因此，设计时要注重建立"人在园中"的感觉，多重立体的植物组团配置模式，使人们仿佛置身于公园当中。

(三) 人性化设计原则

居住区设计应尤其重视"以人为本"的设计理念。建筑小品的设计要符合正常人身体的尺度标准，位置选择要符合人的心理需求；其次，道路的无障碍设计要为残障人士提供方便；宅旁绿地的座凳等小品设计应为邻里交流提供场所；儿童活动区栽植的彩色植物应打开儿童探索自然的兴趣。可以说，居住区是人聚集的场所，设计师应思考如何尽量满足绝大多数人的需求。

二、居住区绿地的类型

居住区绿地按用途和所处的地理环境，可分为公共绿地、宅旁绿地、道路绿地、专属绿地。

(一) 公共绿地

公共绿地为满足小区内所有或部分住户的使用要求，具有一定的活动设施，供居民游憩的绿地。这一类绿地常与住宅小区的公共活动中心或商业服务中心等组合布置，如居住区公园(居住区级)、小游园(小区级)、组团绿地(组团级)、儿童活动区、体育活动区及其他带状公共绿地等。

(二) 宅旁绿地

宅旁绿地为居住建筑物四周及居住区内院的景观绿地，是最贴近居住区的景观绿地，可以在此开展儿童活动、晾晒衣物、进行邻里交流等。

(三) 道路绿地

道路绿地指在道路红线范围内的绿化用地。一般包括行道树、绿篱、花镜等，用于美化环境、净化空气、阻隔视线、防噪、遮阳等。

(四) 专属绿地

专属绿地为与居住区配套的公共建筑专用景观绿地，如幼儿园专属绿地、物业处专属绿地、老年活动中心专属绿地、商业中心专属绿地等。

三、住宅小区绿地规划设计

(一) 居住区公园

居住区公园是为居民就近服务的公共绿地，一般要求 10000 人以下的住宅小区的公园面积在 4000 m^2 以上。

1. 位置选择

绿地出入口(≥2 个)、游步道和广场的设置，应综合考虑绿地周边的交通、人流走向，以确保附近居民安全。绿地通常布置在小区中心或物业管理核心地区。公园内儿童游戏场、运动

场所等宜距离居住建筑 20 m 以上，以防扰民。

2. 造景要素设计

1）园路、铺装场地设计

绿地内可布设游步道和铺装场地，但面积只能占全园的 20%，且距有窗一侧的住宅建筑物约 8～10 m。主要道路应考虑无障碍设计和专用的消防和园务管理通道，一般采用中等粗度的、耐磨防滑的、透水性好的生态铺装材料，如透水沥青、透水砖、花岗岩等；次要道路一般为各活动区内的休闲园步道，一般采用自然休闲风格的铺装材料，如嵌草砖、水刷石、碎拼石等。

2）建筑小品设计

绿地内景观小品的设计，应当尽可能采用景观和功能相结合的设计方法，并正确地解决好实用、经济与美观三者之间的关系。一般绿地内应当设有儿童游乐设施及居民运动设施，如儿童游具、戏水池、沙池、健身器械等。水景面积不得大于绿地总面积的 5%。公园绿地内建筑（亭子、廊架、园椅等）或其他公共服务基础设施等应根据《公园设计规范》中的规定进行设计。

3）植物配置

对于活动场的铺装，45%的面积应处于林下阴影范围；中心景观区的大面积草坪和地被花卉形成了舒缓的空间，人们可以在充满阳光的下午晒晒太阳，放松一下身心；而草坪周围的小树林，则具有隔断空间、遮蔽视线、防风隔声的作用；林带边缘的条带状变化的大色块地被植物所构成的线条，给从高空俯视的人们提供了绝佳的视觉体验；道路的转角处可搭配栽植一些乔灌木，达到高低错落的组团效果，充分发挥植被的划分空间作用；而在出入口等视线的焦点处，可运用开花乔木或造型独特的植物，来营建一种标识性的空间设计。

（二）宅旁绿地

“居住区绿地规划设计（动画 1）”

宅旁绿地的主要服务对象为住户，通常组团绿地面积大于 1000 m^2，服务居民人数大于 2000 人，其是就近居住的老年人和小孩的室外理想活动场地，具有服务散点化、利用率高的特点。

1. 宅旁绿地的位置

按照建筑物组成的各种形态，绿地的位置确定可有如下多种形式。

（1）周边式建筑物的中间绿地。

（2）行列式建筑物的山墙之间的绿地。

（3）在建筑物组团的一角或组团中间的绿地。

（4）一侧或两侧临街绿地。

（5）其他自由式布置的宅间绿地。

2. 造景要素设计

1）园林建筑小品设计

宅旁绿地以绿化为主，只有当山墙间距离为 20 米及以上时，才可考虑设计小游园，内由小面积的铺装场地、大量座椅、小型运动场或器械组成，较少设置亭、廊等建筑小品，应以简洁实用为主。

2）植物配置

园林绿化布局须与周围绿地的空间尺寸、住宅的功能环境等要求相适应。如：整个住宅小区都应该确定一种树木为基调树种，在各个组团选择不同特点的基调树木，用以形成既统一又富变化性的景观效果;考虑绿化的功能特点和植被的生理特点,尽可能选择便于保护管理的植物,如选择寿命较长、病虫害少、无毒无刺、无飞絮等污染物的乡土树木;居住区慢生树木所占比重通常不少于树木总数的 40%,以利于维持景观稳定性;常绿乔木和落叶乔木栽植数量的配比宜限制在 1∶1～1∶3,具体根据南北方地带特性确定。

宅旁绿地树木设置,宜以不影响居室通风和采光为原则,在建筑的南边靠窗一侧 5 m 内不要栽植大树,在建筑西边可栽植高大的落叶树,以防夕阳西晒;在楼体墙面与道路之间以片植绿篱植物或丛植的花镜作为过渡,如红叶石楠、小叶女贞、紫叶小檗、杜鹃、阔叶麦冬等;在楼体出入口处,树木设置以对植形式为主,以增加仪式感,如可对植杨梅、红枫等;房屋周围管线相对稠密,不能种植深根性树木或者侵略性很强的植被,如榕树等,且树木的种植点应该满足《公园设计规范》中规定的要求。

(三) 道路绿地

居住区道路绿地一般由主干道、组团路和宅间小路三级道路组成。居住区内交通主要以人行为主,以车行为次。根据《无障碍设计规范》,主干道宽 5～8 m,满足双向通车需要;次干道宽 3.5～4 m,满足单向通车需要;区域内部游步路宽 1.2～2 m,满足行人游览需求。一般应尽可能避免机动车进入小区内部,因此地下停车库一般设置在小区次门门口附近。

主要道路两侧以栽植行列式乔木居多,下栽植整形灌木和地被,以构成规整的层次;组团路可以采用彩叶或开花乔木单排行列式栽植方式,并适当点缀花丛以取得自然之美;居住区小道则以人行居多,植物配置多呈组团式和花镜式。

(四) 专属绿地

在进行专属绿地总体规划设计时,应令专属绿地与整体居住区绿地系统相联系,形成空间和景观的联系与统一。按照专属绿地的地点、规格、周围交通等的不同,开放空间环境设计要符合使用者的需求。如居住区内幼儿园、社会活动中心周边一般以常绿树木区分功能区域,以减少噪音的相互影响,同时提高公共绿地生态功效;而物业管理中心前可以设置展示小区精神文明的雕塑或喷水池,以取得仪式感。

"居住区绿地规划设计(动画 2)"

学习任务如表 2.7.1 所示。

表 2.7.1 参考性学习任务

任务名称	居住区道路规划设计
实训目的	掌握居住区出入口、主干道、组团路及宅间小路的布置、铺装及植物配置方式。
实训准备	纸、画板、铅笔、橡皮、直尺、电脑、绘图软件(CAD)、办公软件。
实训内容	(1) 绘制总体道路设计图、铺装及植物意向索引图,编写设计说明(300～500 字)。 (2) 绘制道路铺装施工详图。 (3) 编写方案汇报 PPT。 (4) 作业经教师点评后上传至平台,完成学生互评。

续表

<table>
<tr><th>任务名称</th><th colspan="3">居住区道路规划设计</th></tr>
<tr><td>实训步骤</td><td colspan="3">(1) 下达任务书。
对居住小区进行道路规划设计，要求考虑人车分流、园务工作与道路系统，以及地下车库出入口设计、无障碍设计、消防设计，设计应符合相关设计规范要求。
(2) 任务分组。
班级：　　　　组号：
组长：　　　　指导老师：
组员：
任务分工：

(3) 工作准备。
① 阅读工作任务书，查阅和收集相关资料，进行现场勘察和技术交底，并填写质量技术交底记录。
② 收集《居住区绿地设计规范》、《无障碍设计规范》中有关设计方面的知识。
★ 引导问题 1：确定出入口的数量和位置时，需要考虑哪些因素？

★ 引导问题 2：道路网结构的基本形式有哪些？

★ 引导问题 3：居住区中三级道路的使用功能分别是什么？

★ 引导问题 4：住宅区尽端道路长度大于多少米时，应在尽端设置回车场？

★ 引导问题 5：绘制道路基础详图的步骤是什么？</td></tr>
<tr><td rowspan="6">参考评价</td><td rowspan="3">过程性评价(55%)</td><td>知识掌握度(25%)</td><td></td></tr>
<tr><td>技能掌握度(25%)</td><td></td></tr>
<tr><td>学习态度(5%)</td><td></td></tr>
<tr><td rowspan="2">总结性评价(30%)</td><td>任务完成度(15%)</td><td></td></tr>
<tr><td>规范性及效果(15%)</td><td></td></tr>
<tr><td>形成性评价(15%)</td><td>网络平台题库的本章知识点考核成绩(15%)</td><td></td></tr>
</table>

任务 居住区的人性化设计

住宅小区的公共空间使用率越来越低，为了促进邻里关系的健康发展，首先要针对住宅小区居民的生活习惯进行研究，选取最贴合人们使用习惯的设施，合理布置这些设施的位置和数量；另外，人性化空间设计中也要考虑丰富并扩展居民的生存空间，如：在儿童活动区旁边设置供大人休息的座椅或亭廊。

一、公共空间(居住区公园)的交往空间设计

由于人们比较喜欢热闹和交往，所以，居住区公园的人流量很大，空间利用率相当高。在设计该类区域时，首先应对使用者进行划分，针对不同的使用者设计不同的服务设施，并保证这些服务设施的丰富性。如座椅、运动器械、观景水池或游泳池、亭廊等的周围应有相应的大树阻挡，保障人们交流的隐蔽性，同时减少因该地段人流量过大对周围居住环境产生的噪音危害。其次，设计此区间内的园林建筑，不仅要考虑人流量较大的交换空间设计，而且还要考虑其与周围环境的分隔和遮挡，以形成私密空间设计。第三，为扩展人们的使用空间，建议在竖向上多进行降低或抬高设计，如采取下沉广场设计、架空层设计、高架建筑设计等，充分调动人们的使用热情。第四，区域内多采用公园式的植物配置手法，如多彩的花卉或绿篱以条带状形式位于林下，树荫遮挡了至少45%的广场日照，丰富的植物组团使人们如同置身于世外田园一般，而这样的氛围也往往可以让住户更愿意体验公共空间的交流和活动。

二、宅旁空间的交往空间设计

首先，需要确保行人的流通。其次，需要满足住户的交流需要和赏景需要。如在出入口两侧对称栽植植物，可增加仪式感；在临近住户窗户的一侧栽植低矮的花卉或绿篱可隔绝游客踏入；在宽度大于20 m的楼间绿地处可以考虑设置供儿童玩耍的简易设施、供老人运动的设施或休闲座椅等，以更好地服务居民。楼前空间较为宽阔的，可以考虑设置缓冲休息空间，内设座椅、树池或花池。

三、功能区的集中性设计

公共空间间隔得太远不利于人们进行交流，因此，设计中可将相近或互补的功能区融合。例如：老人休憩处通常都能够与休闲区很好地融合；儿童活动区也能够与中央公共交换区得到融合。运动区可以单独设置在抬高的平台或中央公共区域的尽端处，周边可以设置一定的休息设施。如此丰富的空间才能够吸引更多的人到访。综上所述，所谓人性化空间设计就是要

以人为本，在有限的空间服务人们不同的功能需求，使得空间服务效率提升。

“居住小区整体绿地设计案例赏析”

学习任务如表 2.7.2 所示。

表 2.7.2　参考性学习任务

任务名称	居住区内儿童活动区的人性化设计
实训目的	掌握儿童活动区的位置选择方法、构图方法及园林要素设计方法，熟悉相关设计规范。
实训准备	纸、画板、铅笔、橡皮、直尺、电脑、绘图软件(CAD)、办公软件。
实训内容	(1) 绘制总平面设计图、游具及铺装意向索引图，编写设计说明(300～500 字)。 (2) 绘制高程设计图、植物施工详图。 (3) 编写方案汇报 PPT。 (4) 作业经教师点评后上传至平台，完成学生互评。
实训步骤	(1) 下达任务书。 对居住区内儿童活动区进行规划设计，要求根据儿童心理进行构图、主题表达和园林要素设计，考虑架空空间设计及儿童活动区设计的规范性。 (2) 任务分组。 班级：　　　　　　组号： 组长：　　　　　　指导老师： 组员： 任务分工： (3) 工作准备。 ① 阅读工作任务书，查阅和收集相关资料，进行现场勘察和技术交底，并填写质量技术交底记录。 ② 收集《居住区绿地设计规范》中有关设计方面的知识。 ★ 引导问题 1：儿童活动区主要使用者的年龄阶段是什么？他们的行为和心理特点是？ ★ 引导问题 2：哪些主题适合作为儿童活动区设计主题？区内应该有哪些设施？

续表

任务名称	居住区内儿童活动区的人性化设计		
实训步骤	★ 引导问题3:儿童活动区的人性化设计体现在哪些方面? ★ 引导问题4:为保障安全,进行铺装材料和植物品种选择时应注意什么? ★ 引导问题5:植物施工图的制图规范是什么?		
参考评价	过程性评价(55%)	知识掌握度(25%)	
		技能掌握度(25%)	
		学习态度(5%)	
	总结性评价(30%)	任务完成度(15%)	
		规范性及效果(15%)	
	形成性评价(15%)	网络平台题库的本章知识点考核成绩(15%)	

任务 居住区景观的生态规划设计

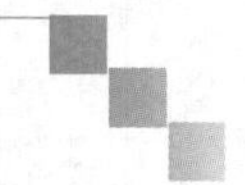

相关知识

一、构建多层次的植被群落

植被(植物)是构成居住区景观生态效果的重要元素,多层次的植被有效提升了景观的生态效益。因此,宜根据当地的自然环境条件选择植被,尽量选择乡土植物,并模拟大自然中的植物群落,进行乔、灌、草等三层复合式搭配,构成高低错落、疏密有致的植物群落空间结构和丰富多彩的自然景观层次,从而增加绿地的生态效益。同时,谨慎选择外来植物品种,外来品种的引用数量不能超过植被总量的10%。

二、减少硬化路面

硬化路面是人行走的必要通道，尤其注意不能过渡设计。一般来讲，宽度不足 8 米的绿地有且只能设置一条园路。根据规范，道路和广场铺装的面积不应超过居住区总面积的 20%，应该尽量减少硬质化路面，主路、步道和汽车停放区域可用透水性好的材料铺设，如：透水沥青、透水砖、嵌草砖、碎拼石等。并在道路、广场的边缘或内部种植树木以遮阴，降低地面水分挥发，同时降低对硬质地面产生的热量反射，以改善住宅区内的小气候。

三、搭建水域生态系统

居住区内水域生态系统的搭建首先应考虑利用周边城市水域，如临湖、临河的居住区可与河湖管理部门联系，引进天然水源进行人工湿地景观营造，当降雨过多时，运用雨水收集技术对雨水进行沉降、过滤，再将其排入天然河系。这样，由于引入的是自然界的活水，可大大减少居住区水景后期污染物多的问题，节约后期养护的成本。

对于没有天然水源地的居住区，可使用城市用水构成水池，尽量构筑生态化驳岸、生态化池底、生态化水道，栽植具有富集污染物功能的挺水类、浮水类和沉水类植物品种（如荷花、水生鸢尾、水生美人蕉、芦苇、芦竹、菖蒲、水葱、慈姑、伊乐藻、篦齿眼子菜、金鱼藻等），并适当放养霓虹刺鳍鱼、黄颡鱼等具有水体净化功能的鱼类，也可采用设置假山跌水等方法增加水体的氧气含量，降低水体的污染速度。同时，可在全园范围内构筑雨水收集系统。

学习任务如表 2.7.3 所示。

表 2.7.3 参考性学习任务

任务名称	居住区内中庭景观的生态设计
实训目的	掌握植物、铺装、水体等要素的生态设计方法。
实训准备	纸、画板、铅笔、橡皮、直尺、电脑、绘图软件(CAD)、办公软件 。
实训内容	(1)绘制总体方案设计图、铺装意向图，编写设计说明(300～500 字)。 (2) 绘制中庭水景生态设计施工详图。 (3) 编写方案汇报 PPT。 (4) 作业经教师点评后上传至平台，完成学生互评。
实训步骤	(1)下达任务书。 对居住区中庭景观进行生态设计，要求根据植物的生态特性搭建前低后高、前浅后深、开合有度的植物群落组团；根据道路的使用功能，选择合适的透水性铺装材料；生态水池设计要综合考虑周边环境，以及对雨水的收集、处理和利用，并符合相关规范。 (2) 任务分组。 班级： 组号： 组长： 指导老师： 组员：

续表

任务名称	居住区内中庭景观的生态设计		
实训步骤	任务分工： (3) 工作准备。 ① 阅读工作任务书，查阅和收集相关资料，进行现场勘察和技术交底，并填写质量技术交底记录。 ② 收集《居住区绿地设计规范》中有关设计方面的知识。 ★ 引导问题 1：居住区生态设计主要体现在哪几方面？ ★ 引导问题 2：雨水收集与微地形及地面高程设计的关系是什么？ ★ 引导问题 3：生态水池设计的要点有哪些？ ★ 引导问题 4：设计植物生态群落时要注意哪些方面？哪些植物具有吸收污染物的作用？ ★引导问题 5：哪些铺装材料或铺装形式具有良好的透水性？		
参考评价	过程性评价(55%)	知识掌握度(25%)	
		技能掌握度(25%)	
		学习态度(5%)	
	总结性评价(30%)	任务完成度(15%)	
		规范性及效果(15%)	
	形成性评价(15%)	网络平台题库的本章知识点考核成绩(15%)	

案例导入

1. 背景资料

该项目景观设计面积约为 20000 m^2，建筑风格为“现代简约，打造高端交付区”。

BC 地块场地和毗邻的商业街存在 3～4 m 的高差，由此形成了围界。场地内场为环形布局，缺乏变化，场地的设置应与绿地的空间尺度、居住功能与环境要求相适应。植物、功能场地的位置要根据光照分析来设置，以满足日照、通风、采光要求（见图 2.7.1、图 2.7.2）。

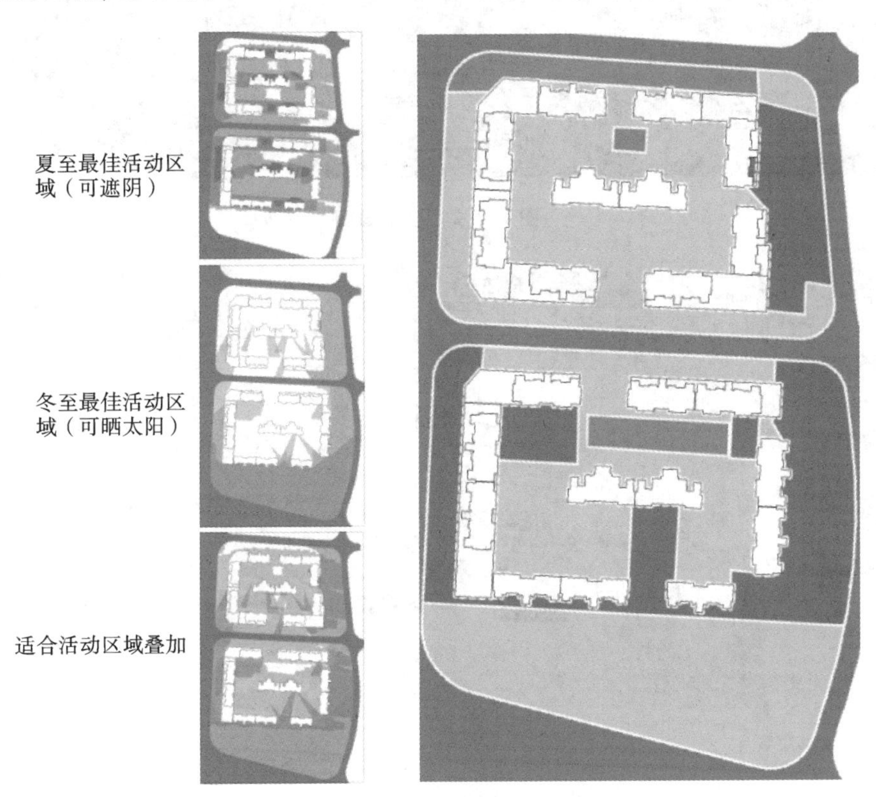

图 2.7.1　日照与活动区分析图

2. 组团绿地设计

组团绿地出入口的位置，道路、广场的布置要与绿地周围的道路系统及人流方向匹配（见图 2.7.3）。

住宅小区内不同的组团绿地在布局、内容及植物配置上应相互呼应、协调，又各有特色，形成景观序列（见图 2.7.4）。

绿化设计应体现住宅标准化与环境多样化的统一，对于相同的绿地环境，要求它们布局协调，既统一又突出特色（见图 2.7.5）。

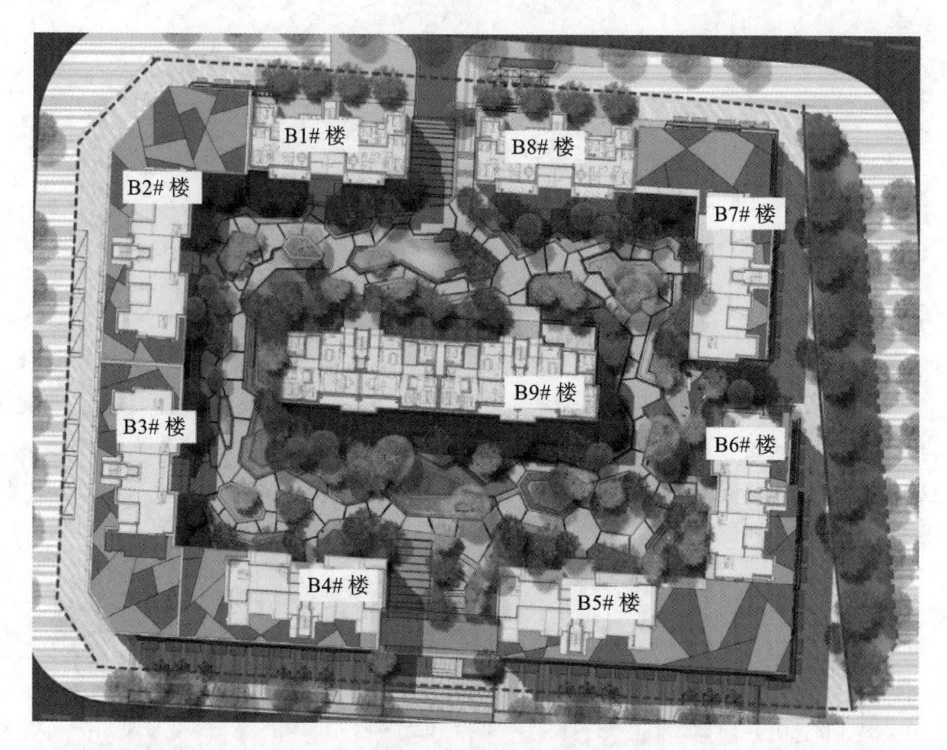

图 2.7.2　总平面图

图 2.7.3　组团绿地与人流分析

绿化布置应与绿地的空间尺度、居住的功能环境要求相适应。乔木的数量、布局要与绿地的尺度、建筑间距和层数相适应，植物栽植不能影响住宅建筑的日照、通风、采光。如果住宅周围的地下管线和构筑物较多，那么树木栽植点就必须与它们有一定的安全距离，具体应按照有关规范布置。在建筑物形成的庇荫区内，应重视耐阴树木、地被的选择和配置，形成和保持整体良好的绿化效果(见图 2.7.6)。

为满足居民邻里交往需要和户外活动需要等，组团绿地内要有一定的铺装地面，并布置幼儿游戏场地，设置园椅、座凳、休息设施和园林小品(见图 2.7.7)。

图 2.7.4　组团绿地与景观序列

图 2.7.5　组团绿地整体风格

图 2.7.6　组团绿地乔木配置

将组团绿地与组团建筑环境密切配合，对于具有不同的建筑空间环境和平面形状的组团绿地应采用与之相适应的布局形式(见图 2.7.8)。

3. 整体构图

宅旁绿地的平面形状、尺度及空间环境应与附近住宅建筑的类型、平面布置、间距、层数等相适应(见图 2.7.9)。

图 2.7.7　组团绿地与功能小品

图 2.7.8　组团绿地与建筑

图 2.7.9　构图风格

知识拓展与复习

1. 居住区绿地类型包括（　　）。

A. 公共绿地　　B. 宅旁绿地　　C. 专属绿地　　D. 道路绿地

2. 居住区公共绿地类型包括（　　）。

A. 居住区公园　　B. 小游园　　C. 组团绿地　　D. 儿童活动区

3. 组团绿地面积设置的基本要素有（　　）。

A. 满足日照环境的基本要求，应有不少于1/3的绿地面积在当地标准的建筑日照阴影线范围之外

B. 满足功能要求，要便于设置儿童游戏设施和适于成人游憩活动而不干扰居民生活

C. 考虑绿地四周空间环境，一般建筑和道路周围的绿地多采用规则式形式，楼房有窗一侧的绿地宽度至少应为5 m，以起到围合和隔离的作用

D. 部分居住区的旧区改造标准可以低于一般标准

4. 居住区内的道路可分为（　　）。

A. 居住区道路，用以划分小区的道路，车行道宽度不应小于9 m，红线宽度为20～30 m

B. 居住小区级道路，用以划分组团路，道路红线宽度一般为10～14 m，车行道宽度为6～9 m

C. 组团路，居住区内的支路，车行道宽度一般为3～5 m

D. 宅间小路，通向各户或各单元门前的小路，路面宽不宜小于2.5 m

5. 居住区的道路规划原则有（　　）。

A. 根据地形、气候、用地规模、用地四周的环境条件、城市交通系统及居民的出行方式，选择经济、便捷的道路系统和道路断面形式。设计应满足居住区的日照、通风和地下工程管线埋设的要求

B. 小区内应避免车辆的穿行，避免往返迂回，设计应适于消防车、救护车、商店货车和垃圾车等的通行。同时应减少交通噪声对居民的干扰

C. 有利于居住区内各类用地的划分和有机联系，以及建筑物布置的多样化。应便于居民汽车的通行，同时保证行人、骑车人的安全

D. 进行城市旧区改建时，其道路系统应充分考虑原有道路特点，保留和利用有历史文化价值的街道

6. 山区和丘陵地区的道路系统规划设计，应遵循的原则有（　　）。

A. 车行与人行宜分开设置，自成系统

B. 路网格式应因地制宜

C. 主要道路宜平缓

D. 路面可酌情缩窄，但应在重要节点设置排水沟等，并应符合当地城市规划行政主管部门的有关规定

7. 居住区内道路的设置应符合的规定有(　　)。

A. 小区内主要道路至少应有两个出入口;居住区内主要道路至少有两个方向与外围相连;机动车道与出入口间距不应小于 150 m。人行出口间距不宜超过 80 m,当建筑物长度超过 80 m 时,应在底层加设人行通道

B. 居住区内道路与城市道路相接时,其交角不宜小于 75°;当居住区内道路坡度较大时,应设缓冲段与城市道路相接。居住区内尽端式道路的长度不宜大于 120 m,并应在尽端设置不小于 12 m×12 m 的回车场地

C. 进入组团的道路,应方便居民出行和利于消防车、救护车的通行,同时有利于治安保卫

D. 对于居住区内的公共活动中心,通行轮椅车的坡道的宽度不应小于 2.5 m。当居住区内用地坡度大于 8%时,应辅以梯步解决竖向交通,并宜在梯步附近设推行自行车的坡道

8. 居住区内各类道路的宽度要求有(　　)。

A. 对于机动车道,单车道宽度为 3～3.5 m;双车道宽度为 6～6.5 m

B. 对于非机动车道,自行车单车道宽度最小为 1.5 m;自行车双车道宽度最小为 2.5 m

C. 对于人行道,设于车行道一侧或两侧的人行道最小宽度为 1 m,常用宽度为 1.2～2 m

D. 设置于绿化区域内的汀步等的宽度一般为 0.5～0.8 m

9. 机动车转弯半径的要求有(　　)。

A. 小型汽车的最小转弯半径为 6 m

B. 中型车的转弯半径为 8～12 m

C. 消防车的转弯半径为 9～12 m

D. 长挂车的转弯半径为 12～18 m

项目八　城市广场规划设计

知识目标：了解城市广场的概念、分类及绿化设计要点。

技能目标：能合理进行广场绿化功能区域的划分；能运用植物配置、铺装设计等手法进行广场空间的营造。

思政目标：培养生态保护和文化传承意识，能根据周边环境特点，合理选择设计风格及形式；设计应同时满足《城市绿地设计规范》及《城市园林绿化养护管理规范》要求。

随着人类社会生产力的发展，城市广场的内涵、功用、构成形式都发生了很大的变化。城市广场建设是社会生活的重要组成部分，城市广场承担着供城市居民休闲娱乐的职能，其是人们社会交往的重要场所，更是城市文明和历史文化的重要展示场所，其设计的思想内涵关系到能否引领群众秉持科学化的思想观念和生活方式。

任务　城市商业广场设计

一、城市广场的概念

"党建广场设计"

"广"意为宽阔宏大，"场"指平坦的空地，"广场"特指城市中广阔的场地。《中国大百科全书》中是如此界定的：城市广场，是指城市中由建筑、城市道路或绿化带等所包围而成的开敞空间，是城市公民社会日常生活的中心，也是集中反映城市历史人文或艺术面貌的重要场所。在城市空间用地越来越紧凑的今天，"微广场"的地位越来越重要。

二、 城市广场设计的原则

（一）系统性原则

城市广场设计须根据地域环境特点及城市整体规划要求明确其性质与规模，从而进行统筹布置、科学规划，使众多的城市广场相互配合，一起构成开放的城市公共空间体系。

（二）整体性原则

在进行城市广场设计时，要根据其周边环境需求，如历史、人文、建筑风格及功能等，确定广场的主题和功能，并保证广场内各部分内容主题的一致性。例如，进行滨江广场设计时，可选择与水有关的系列雕塑，如帆船、美人鱼、海浪等，以保持设计的整体性。

（三）生态性原则

城市广场设计应符合当地的自然生态条件，以城市生态环境改善与可持续发展为设计的出发点。如尽量保留原有场地特征，并利用生态水池、生态铺装、植物生态群落建立一个环境优美的、适合人们进行各类活动的公共活动空间。

（四）特色性原则

城市广场设计应当凸显人文特点与历史特征。如结合古城当地的民风民俗、自然独特条件、人文主题等，形成城市特有的艺术文化标志，如特色广场、特色用具、特色表演等，以提高城市广场的社会凝聚度。

（五）效益兼顾（多样性）原则

为适应各种类型群体的娱乐性、休憩性、教育性、艺术欣赏性、纪念性等方面的需要，现代城市广场的功能应更趋综合性和多样化，为满足市民多层次的活动，需要创造丰富多彩的室外活动空间环境。

（六）突出主题原则

根据城市定位发展规划和周边环境的需要定义广场的主题，从而确定广场的主要功能、树立形象、构建城市的内聚力与外部引力，形成城市的一张名片。因此，现代广场设计不仅要反映广场的主题，更要反映时代特征和地域特点。

（七）尺度适宜原则

一般来讲，不同类型的广场尺度不一样。如市政广场的面积一般比较大，以取得宏观大气之感；而文化广场的尺寸一般较小，以取得亲切感和归属感。广场设计必须考虑周边建筑物的高度、广场的边长及人的行为需要，多数广场的边长应为周边建筑物高度的1～2倍；以人类最远能看清其他物品的视距1200 m来看，广场单个空间的尺度不宜超过这个数值；以人的最适行走距离300 m为参照的话，广场上的休息设施布置应满足这个距离；同时，为避免出现广场空间设计不合理的情况，可利用高程、地面材质、植物、建筑小品等划分出不同的主次空间，形成开合、递进等多样的空间设计。

三、城市广场的分类

按使用功能，广场可分为以下几种类型。

（一）市政广场

市政广场是指进行文化聚会、军队检阅、重大典礼举办、传统民俗活动举办及节庆活动举办等的广阔场地。为凸显庄严肃穆的氛围，建筑物及绿化通常采用对称式的规则布局，市政广场内不得有娱乐性建筑或设施，一般为便于疏散人群常采用开放式的绿化设计，绿化面积较小且植物通常采用整型式的行道树、花坛或绿篱模纹等，如北京天安门广场。

（二）纪念广场

纪念广场用于悼念名人和重大事件。纪念广场的中央或一侧一般会放置悼念雕像、碑记或其他纪念性建筑物。其整体建筑设计、绿化及铺装风格应当统一，以增强艺术表现力。如毛泽东纪念广场中央的人像雕塑后松柏常绿，雕像前以白色和黄色为主的菊花竞相开放。

（三）交通广场

交通广场是城市道路的有机组成部分，是道路交通的重要枢纽，具有交通运输、集散、联系、转换、停放等功能。在广场空间设计上，应满足行人通行、车辆行驶与停靠的安全要求，做到人车分流，必要时可考虑竖向空间设计。

城市规划中，交通广场起到人流疏导的功能，如车站、港口、机场等处的广场。这类交通广场是人流通过的主要聚集地点，一般行人不会久留。作为城市的重要门户，其有着提高城市总体面貌的重要功能，在设计时应力图给经过的游客和来城市工作生活的人营造一种景色秀美、轻松愉快的城市空间形象，也有必要加入当地历史人文要素，使广场成为表现城市地域文化的重要窗口。

还有一类交通广场主要位于城市交通干道的十字路口，起到暂时疏导人流的作用。设计时应尽量避免在该处设多功能的、适合市民活动的小广场空间；在种植设计上，宜采用通透的规则式种植形式，广场中央可设置花坛和雕塑，呈现内高外低的形态，但不能影响司机驾驶视野，不能采用有落花、落果、飞毛的植物品种，种植应遵守道路交通安全畅通的要求（见图 2.8.1）。

（四）商业广场

商业广场是指由具有交易、娱乐、社交、饮食等社会活动性质的建筑群所围合的区域，即商品步行街。规划中，商业广场空间设计需要考虑人流疏散、休闲活动需要，还应兼顾城市文化及商品展示。设计要素有花池、树池、水池、雕塑小品、喷泉、座椅及界牌等；植物的种植数量一般非常小，并且树木的种植间距一般为 6～8 m；广场装饰性较强，整体风格主要是规则式风格（见图 2.8.2）。

图 2.8.1　武汉光谷广场

图 2.8.2　重庆三峡广场

（五）文化广场

文化广场是城市中进行文化传播、举办休闲活动、举办各种演出的广场。广场内可设有座凳、树池、花坛、雕塑、文化景墙、展示牌等城市建筑小品供人观赏。广场布局形式自由，可围绕特定的主题进行布局，典型的文化广场有汉文化广场、法治文化广场、孝道文化广场、年文化广场、牧渔文化广场、奥运文化广场（见图 2.8.3、图 2.8.4）。

图 2.8.3　武汉市新洲区法治文化广场

图 2.8.4　江苏徐州狮子山汉文化广场

四、城市广场的绿化设计要点

（一）市政广场绿化

市政广场绿化通常以硬质铺装为主，以园林绿化为辅，且绿化多为开敞通透式的绿篱模纹、鲜花花坛、喷泉、草坪和行道树等，以表现市政广场开阔、壮观的景色。若广场中有建筑或雕塑，则绿化要考虑其风格，发挥互相衬托的作用，如一般在雕塑后栽植常绿植物作为背景，在雕塑前摆放鲜花，在建筑物四周栽植整形绿篱植物等。

（二）纪念广场绿化

纪念广场往往用于纪念一些知名人士或社会历史重大事件，多为陵园、墓地等。今天，其设计更多结合了广大民众的生活、文化活动，使其更符合都市空间环境日益增长的艺术审美需求，如在广场前景区多设置历史文化景墙，采用规则对景、夹景等造景手法，营造庄严肃穆的感觉；在广场中央或制高点设置雕像、碑、塔或建筑等来作为纪念物，采用轴线或焦点布景、主景突出等造景手法，营造悼念氛围；在广场后侧则结合实际建设休闲公园绿地，点缀松柏类乔木、白色或黄色的菊花等。

（三）交通广场绿化

交通广场分为站前广场和道路交通广场。

1. 站前广场绿化

站前广场作为乘车人的主要聚集地点，是城市的重要门户，其体现了一个城市的精神面貌，设计时应通过园林布局或建筑小品反映地域特色或历史文化。如火车站是一个城市重要的交通枢纽，主要以铺装为主，但集中式成片绿化面积不宜小于广场总面积的 10%，主要的绿化形式为：核心区域位于站前广场的中央，以铺装、花坛或雕塑为主，周边栽植高大乔木以划分空间和遮阳；交通区域往往是立体的，停车场位于地下，公交车站位于广场的外围，需注意公交车站与人行区域的绿化分隔；休闲区域是比较安静的区域，给暂时停留的人们提供休憩的绿地，不宜放在被车辆环绕或主要人流经过的区域，可结合高大乔木设置座凳，植物要选择无毒、无刺、无飞絮的常绿品种。

2. 道路交通广场绿化

在多条道路交叉的较大型十字路口，为保证车辆、行人顺畅并安全地通过，常建设环形交

叉口交通广场，其主要功用是组织道路交通。绿地设计要利于机动车行驶、转弯和保障人流通过安全，往往利用矮生植被或模纹点缀。交通广场中央开展的绿化称为绿岛（安全岛），可适当栽植冠幅较小的乔木、低矮的灌木、绿篱及花带。面积较大的绿岛（直径≥50m）处可设置地下通道；面积较小的绿岛处可布置花坛、绿篱模纹及中央雕塑。道路交通广场周边还常组团栽植矮灌木、绿篱、花丛及大面积的草皮。

（四）商业广场绿化

1. 主题设计

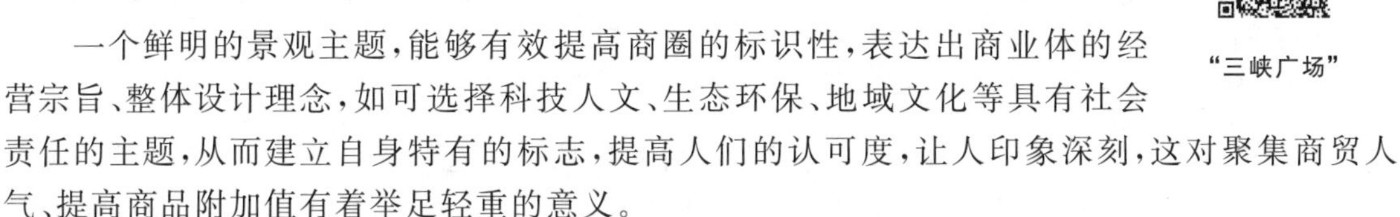

“三峡广场”

一个鲜明的景观主题，能够有效提高商圈的标识性，表达出商业体的经营宗旨、整体设计理念，如可选择科技人文、生态环保、地域文化等具有社会责任的主题，从而建立自身特有的标志，提高人们的认可度，让人印象深刻，这对聚集商贸人气、提高商品附加值有着举足轻重的意义。

2. 要素设计

商业广场中的不同要素间、要素和周边环境间的联系较强。设计上，应充分考虑景观主题是否与周围环境相符合；活动内容是否与周边用地和建筑物的功能相符合；服务设施是否满足人们的购物、交往、休息等方面的多重需要；出入口位置是否合理，并强调空间设计的领域感、易达性、层次感等几个方面的创新。

1）种植设计

在种植设计中，应根据商业广场的主题、用途和风格，进行植物造景。例如，进行出入口设计时，可通过花箱、花钵、花坛、花柱、花池等装饰环境、渲染气氛；或以孤植、对植等方式布置特色植物，发挥植物的标志和导向功能。设计中央景观带时，可借助树木构成条形、长方形的绿化休闲空间，内设座椅、花台、喷泉、雕塑等形成林荫；或通过布置树阵构成城市“森林”空间；或将乔木、灌木、花草和地被巧妙结合构成植物组团隔离带划分空间；每隔一段距离布置一小块铺装场地，用于举行商品的室外销售活动，内部只设置简单的花钵或植物球。进行边缘设计时，为不影响行人通行、增加绿化面积，宜采取多维空间植被搭配方法，如运用藤蔓植被、花墙等进行垂直绿化；行道树的栽植间距应适当加大到 6 m 及以上。

2）水景设计

可将曲线形的或不规则矩形的浅水系贯穿整个商业广场，内部穿插小桥、树池、景石、雕塑小品等，形成跌水或喷水景观，如重庆三峡广场。也可将建筑小品和水池结合形成现代组合水景，水流变化丰富，配合灯光极具装饰性。

3）建筑小品设计

建筑小品设计风格多根据周边的建筑风格而定，这里座椅的使用量较大，较少布置亭或廊；可多设置能反映本地历史文化的雕塑或装饰性较强的花钵、花箱等。

（五）文化广场绿化

文化广场是富有较多文化内容与城市特征的较大型活动场所，是居民进行休憩娱乐的公共空间和进行文化交流活动的主要场地。城市文化广场与其周围的建筑、街道等共同构成城市文化活动中心。文化广场主要有三种，一是在文化诗人或画家的居住地周围建设的各种文化活动区；二是由各种文化建筑所包围的区域，如重庆磁器口的吊脚楼广场等；三是综合艺术文化广场，其具有功能多样性，如北京的西单文化广场。所以，设计文化广场时要综合考虑其所处环境的历史信息、人文风气、建筑风格，以及广场的作用和价值等。

1. 文化底蕴的表达

文化在具体的情形下，可以有很多种不同形式的表达，设计者可以通过雕塑、景墙刻字、地铺等手法表现自己的意图。

2. 空间的联系与划分

可以参考历史发展演变规律组织景观序列；可以根据动静、开合规律组织景观序列；也可以根据功能分区的横轴、纵轴分布来组织景观序列。设计中常运用地面高程变化、植物组团、建筑小品、地面铺装变化等限制和划分空间，以满足广场内不同游客对文化学习、交流、演出等活动的空间需要。

3. 植物景观营造

城市广场常利用覆盖空间原理，通过种植树阵将广场与街道部分隔开，将游客的视线限定于广场内。在进行植被造景时，常利用乔木的高低分枝点及大小树冠，来营造广场的覆盖空间。如广场上阵列的树池能给人们提供遮阴纳凉的场所，人的视线也不会因此受到强烈的限制，所以此类设计手法常被运用。

4. 建筑小品设计

文化广场的主要作用是进行文化宣传，其次也要考虑游客的观光、交流和休憩需要。根据文化广场的特性，建议在出入口区域设置文化景墙、展示牌、指示牌、刻字等建筑小品，以起到文化展示作用；在中心景区设置主题雕塑、花坛、喷泉等建筑小品，渲染气氛；在园区的末尾设置座凳、树池、水景等小品，供人休息和观赏。

学习任务如表 2.8.1 所示。

表 2.8.1　参考性学习任务

任务名称	街区商业广场设计
实训目的	掌握城市商业文化广场设计及园林要素设计的方法，熟悉相关设计规范。
实训准备	纸、画板、铅笔、橡皮、直尺、电脑、绘图软件(CAD、PS)、办公软件。
实训内容	(1) 绘制总平面设计图，雕塑、座椅等小品的意向索引图和分析图，编写设计说明(300～500字)。 (2) 运用 PS、Ai、ID 软件进行方案排版。 (3) 编写方案汇报 PPT。 (4) 作业经教师点评后上传至平台，完成学生互评。
实训步骤	(1)下达任务书。 对狭长形的现代商业街区内广场进行规划设计，要求根据商业用途、游客心理进行方案规划和园林要素设计，应考虑不同街区空间的界定及主题的表达。 (2) 任务分组。 班级：　　　　　　组号： 组长：　　　　　　指导老师： 组员：

续表

<table>
<tr><th>任务名称</th><th colspan="3">街区商业广场设计</th></tr>
<tr><td>实训步骤</td><td colspan="3">任务分工：

(3) 工作准备。
① 阅读工作任务书,查阅和收集相关资料,进行现场勘察和技术交底,并填写质量技术交底记录。
② 收集《城市绿地设计规范》中有关设计方面的知识。
★ 引导问题1:街区商业广场的主要用途是什么？游客的行为和心理特点是什么？

★ 引导问题2:街区商业广场的设计风格是什么?

★ 引导问题3:哪些主题适合街区商业广场的设计？如何表现这些主题?

★ 引导问题4:设计时,是否需要考虑广场周边楼体的形态、颜色和功能？需考虑哪些方面?

★ 引导问题5:进行方案排版时,可否一味追求丰富度？哪类图适合单独展示?</td></tr>
<tr><td rowspan="6">参考评价</td><td rowspan="3">过程性评价(55%)</td><td>知识掌握度(25%)</td><td></td></tr>
<tr><td>技能掌握度(25%)</td><td></td></tr>
<tr><td>学习态度(5%)</td><td></td></tr>
<tr><td rowspan="2">总结性评价(30%)</td><td>任务完成度(15%)</td><td></td></tr>
<tr><td>规范性及效果(15%)</td><td></td></tr>
<tr><td>形成性评价(15%)</td><td>网络平台题库的本章知识点考核成绩(15%)</td><td></td></tr>
</table>

任务　党建文化广场设计

党建文化广场设计的步骤如下。

一、承接设计任务、现场踏勘、收集资料

承接任务最首要的是与甲方沟通，确定甲方的意愿（功能需要、心理价位、预期效果等）和提供的资料。这些资料一般涉及所处区域的自然条件，如温度、水文、季风风向、土壤（性质、酸碱度、地下水位）、光照、现有植被、地势等，以及周边的社会环境，如现有道路、建筑、地下管线、民风民俗等。现场获取以上资料后，应及时加以梳理和总结，以免遗漏一些较细微的却有很大影响的因素。

二、广场设计定位

首先，要分析其所在城市的区位与自然环境条件，再综合整个城市的规划，来定位城市广场的性质、主要职能等。如名人或事件的纪念性广场、体现城市文化的标志性广场、具有宣传性的主题广场、具有服务性的大规模综合性广场，都要有正确的定位。

三、设计构思

设计构思是指通过方案的外部形态设计来整合设计内容、表现设计内涵的过程，设计草图是设计构思的主要表现手法。该过程包括根据广场的定位确定设计主题、选择合适的设计题材、细化布局和表现形式等，最后进一步明确出入口、道路、绿地、水景、建筑小品、管理用房等各景观元素的具体位置。

四、方案细化与广场要素设计

（一）铺装设计

铺装在各类广场中占据了40％～90％的面积，因此，广场设计中的铺装设计是非常重要的部分。如铺装色调的明与暗影响广场整体气氛，颜色越鲜艳运动性越强、越不稳重；广场中所铺设的长边与游客的视线平行时，给人以快速向前之感受，而当铺装长边与游客的视线垂直时，则可让空间在视觉效果上变得宽阔、稳重；文化广场的铺装设计应以稳重为主，且还应与当地的民俗文化融合，将图形、符号、字体等编排融入，赋予铺装丰富的文化意义，使其更具有生机与活力，也更易于为游客增添归属感。

（二）水体设计

进行水景设计时，应充分考虑区域的自然条件、社会经济条件，并融合人的心理活动特点，营建安全的近水空间，如设置汀步、浮桥、亲水平台等，可在此组织听水、戏水、看水活动。一般来讲，广场上多设人工水景，如喷泉、水池等。

（三）种植设计

为充分考虑城市广场上常举办重大活动的特点，城市广场的绿化面积较少，且常与少量大片的绿地相结合，以点、线等布局形式表现。中心区绿化形式以宽广的空中视线为主，较少遮挡，往往需要更多的花卉与色彩来营造节日氛围，因此应预留部分绿化空间，用来打造花坛、花境景观效果；但在游憩、休闲空间中，应多兼顾遮阴功能，以冠幅较大的树木为主，也可结合花色植被和花色植物，使游客能够体会四季的变化；同时，为体现地域特色，应多选用本土植物，同时可考虑能代表该城市特点的植物，如成都的芙蓉花、武汉的樱花等。

（四）建筑小品设计

为了突出城市特点、产生视觉焦点、增加艺术文化氛围，可在广场的不同区域设置表现不同历史内涵、文化背景和城市风貌的建筑小品，如在出入口区域设置展示性的文化景墙或展示牌，铺垫文化背景；在中心景区设置主题性雕塑，塑造广场形象；在广场的不同区域都可以设置与主题内容一致的各类景墙、雕塑小品等，使主题更加突出，使设计整体性得到加强。

（五）照明设计

灯光设计属于建筑小品表现中不可或缺的部分。采用高压钠灯可营造高亮度的视觉感受。此外，在喷泉处、绿化处、雕塑区域应尽可能采用漫射光、散射光等，并使不同颜色的光线交替出现，突出光线的退晕效应。

学习任务如表 2.8.2 所示。

表 2.8.2　参考性学习任务

任务名称	党建文化广场设计
实训目的	掌握主题文化广场设计的步骤和方法，增加对党的历史及地方文化的了解，促进社会主义精神文明建设。
实训准备	纸、画板、铅笔、橡皮、直尺、电脑、绘图软件(CAD、PS)、办公软件。
实训内容	(1)绘制总体方案设计图、建筑小品意向图及分析图，编写设计说明(300～500 字)。 (2) 运用 PS、Ai、ID 软件进行方案排版。 (2) 编写方案汇报 PPT。 (3) 作业经教师点评后上传至平台，完成学生互评。
实训步骤	(1)下达任务书。 对某村进行党建文化广场设计，要求根据当地的自然环境、民风民俗、历史文化，以及党建广场的功能，选择合适的主题进行设计。进行园林要素设计，且应符合相关规范。 (2) 任务分组。 班级：　　　　　　组号： 组长：　　　　　　指导老师： 组员：

续表

<table>
<tr><th>任务名称</th><th colspan="3">党建文化广场设计</th></tr>
<tr><td>实训步骤</td><td colspan="3">任务分工：

(3) 工作准备。
① 阅读工作任务书，查阅和收集相关资料，进行现场勘察和技术交底，并填写质量技术交底记录。
② 收集《城市绿地设计规范》中有关设计方面的知识。
★ 引导问题 1：使用党建文化广场的主体人群有哪些？他们的需求是什么？

★ 引导问题 2：党建文化广场的设计风格是什么？

★ 引导问题 3：党建文化广场应布置哪些功能区域？如何围绕主题展开活动？

★ 引导问题 4：党建文化、红色文化、榜样文化、乡土文化、社会主义核心价值观等如何在设计中体现？</td></tr>
<tr><td rowspan="6">参考评价</td><td rowspan="3">过程性评价(55%)</td><td>知识掌握度(25%)</td><td></td></tr>
<tr><td>技能掌握度(25%)</td><td></td></tr>
<tr><td>学习态度(5%)</td><td></td></tr>
<tr><td rowspan="2">总结性评价(30%)</td><td>任务完成度(15%)</td><td></td></tr>
<tr><td>规范性及效果(15%)</td><td></td></tr>
<tr><td>形成性评价(15%)</td><td>网络平台题库的本章知识点考核成绩(15%)</td><td></td></tr>
</table>

案例导入

1. 背景资料

项目位于重庆市南滨路中段，面对长江与嘉陵江交汇处，位于慈云寺、千佛寺旁，背靠南山，与朝天门广场和大剧院隔江呼应，形成等腰三角形。钟楼及广场占地面积近 7200 m^2，是市民观看两江景色的重要节点，该设计对南滨路景观的重新打造具有重要意义。

2. 业主要求

1）定位

壹佰钟塔广场是围绕原有钟塔建筑展开设计的，已建钟塔寓意深刻，塔身高度为 33 m，寓意改革开放 33 周年；以 175 m 的江面高度为基准，避雷针高度为 61.8 m，寓意重庆成为直辖市的时间，即 1997 年 6 月 18 日；塔身浮雕展示了南滨八景、大禹治水等内容，表现了巴渝文化和开阜文化的结合。广场除了具有烘托钟塔、展示悠久的巴渝文化的功能外，还具有服务本地居民，为居民提供休闲、健身场所，打造南滨路景观带的重要作用。为此，将重庆壹佰钟塔广场设计定位为具有一定休闲文化功能的纪念性广场设计（见图 2.8.5）。

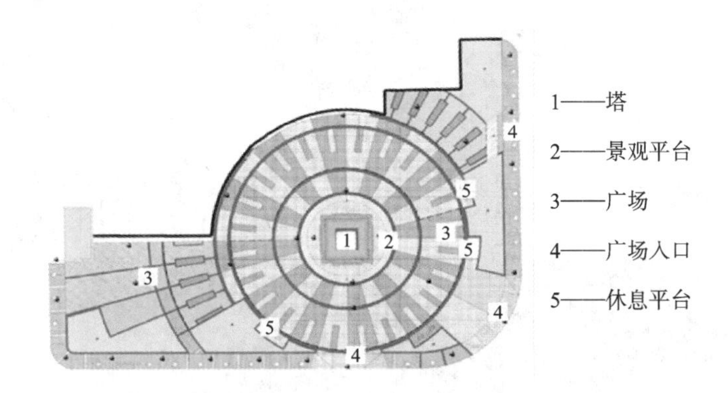

图 2.8.5 广场总平面图

2）设计构思

广场设计以“表盘”为概念，诠释历史长河留给我们的珍贵记忆，整体设计简约大气，具有很强的向心性和动态感，满足了人们瞻仰钟塔的要求；中心设计以铺装变换为主，具有一定的交通集散性，同时增加了钟塔与广场的构图完整性；观景平台及景观挡墙的设计，体现了一定的休闲性和文化性，从而满足了各类人群的需求。同时，处理好广场与城市道路交通体系的有机关系，尽量在有效利用道路交通联系的同时避免对交通的干扰，比如不要用墙把广场与道路分开，更不要使广场的地面标高过分高于或低于道路。

3）细部设计

（1）种植设计。

保留原有大树，植物色彩应素雅，以烘托主题，最好四周采用覆盖性乔木植物将广场与嘈杂的街道隔开，以形成幽静的空间（见图 2.8.6）。

（2）铺装设计。

广场铺装中不能有过分强烈的色彩，否则会冲淡广场的严肃气氛（见图 2.8.7、图 2.8.8）。

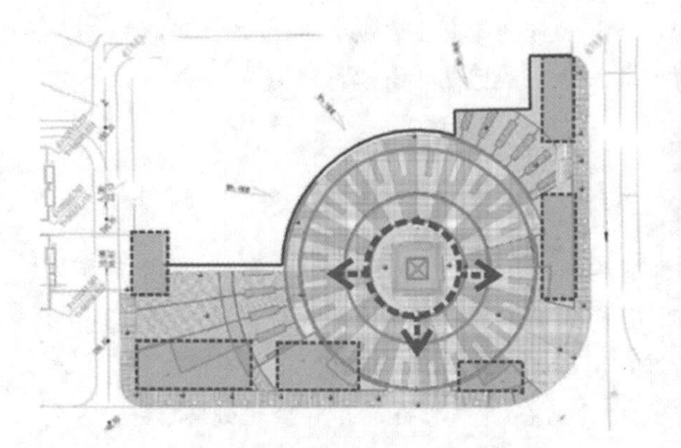

图 2.8.6　种植设计图

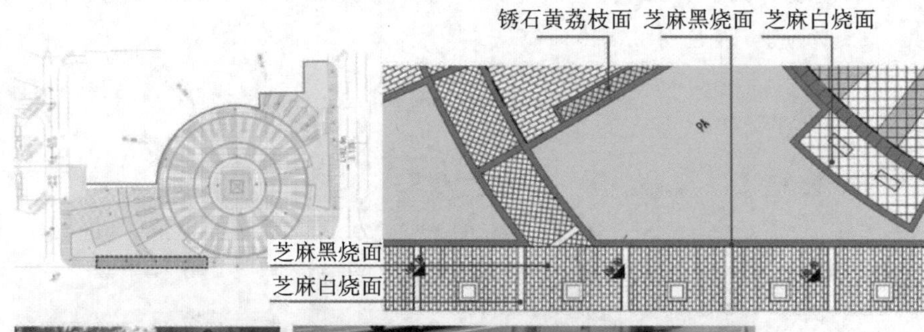

图 2.8.7　铺装设计图

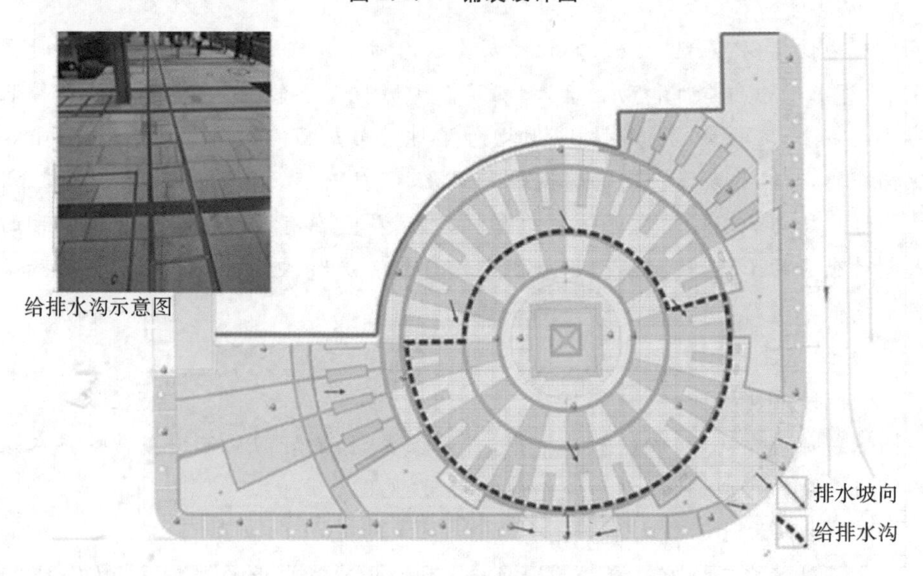

图 2.8.8　排水设计图

知识拓展与复习

1. 按使用功能，广场可分为(　　)。

A. 市政广场　　B. 纪念广场　　C. 交通广场　　D. 商业广场

2. 城市广场设计的原则有(　　)。

A. 系统性原则、整体性原则

B. 生态性原则、特色性原则

C. 效益兼顾(多样性)原则、突出主题原则

D. 尺度适宜原则

3. 市政广场绿化的要点有(　　)。

A. 中心一般不设置绿地而多为铺装，以免妨碍交通和破坏广场的完整性，在节日期间可布置活动花卉等，以营造繁荣的氛围

B. 需要对主席台、观礼台两侧及背面进行绿化，常配置常绿树，一般以整形式为主，广场周围道路两侧可布置行道树

C. 观赏区域的绿化以草坪及小型彩叶矮灌木为主，可组合成线条流畅、造型明快及色彩富于变化的图案

D. 多设置亭廊等休息设施

4. 纪念广场绿化的要点有(　　)。

A. 陵园、陵墓类广场的绿化要体现出庄严肃穆的气氛，多用常绿草坪和松柏类常绿乔、灌木等

B. 采用规则式风格充分渲染纪念主题，在广场中心或制高点设置突出的纪念雕塑、纪念碑、纪念塔、纪念物和纪念性建筑等作为标志物

C. 在广场后可设置休闲绿地及小游园供人们休憩

D. 纪念广场要有完整、肃穆的铺装场地，并与主要纪念物在一条轴线上

5. 交通广场绿地设计的形式有(　　)。

A. 绿岛　　B. 周边式　　C. 地段式　　D. 围合式

6. 商业广场绿化的要点有(　　)。

A. 商业广场景观设计的关键是要有“主题”，以配合商业体的营销理念和整体规划理念，如可选择绿色低碳、科技人文等主题

B. 广场中的各个要素之间、要素与广场所处的周边环境之间应相互融合，形成良好的空间关联性和整体性

C. 人的行为活动是进行广场设计的主要依据。设计师在进行景观设计时应坚持以人为本，注重空间领域感、舒适度、层次感、易达性等方面的塑造

D. 商业空间的主题形象设计尤应注重与区域本土文化的融合，设计师需以艺术的眼光认识和解读地域文化

7. 文化广场绿化的要点有(　　)。

A. 尊重周围环境的文化,注重设计的文化内涵,可利用雕塑、小品及具有传统文化特色的铺地图案等

B. 结合广场规划性质,运用适当的处理手法,将周围建筑环境融入广场环境中是十分重要的

C. 轴线手法用于具有一定规模的广场,其可以将广场和周围环境组织起来,也可使广场同主要街道相关联,使城市文化广场空间井然有序

D. 在利用植物造景时,可利用植物树干的高低分枝点和大小树冠来形成覆盖空间感

项目九　美丽乡村休闲度假区概念设计

学习目标

知识目标：了解美丽乡村休闲度假区的模式、特点、构成要素、设计原则，以及景区系统中道路、水系、植物等的设计方法。

技能目标：能合理对各种类型的休闲农业园进行基本规划设计与管理，对休闲农业园进行功能分区；能合理进行绿地植物配置；熟悉美丽乡村休闲度假区道路、水体、植物、解说系统的设计要点。

思政目标：培养热爱自然、保护环境的意识，发扬“绿水青山就是金山银山”的理念。引导学生加入振兴乡村、建设新农村的大潮流中。运用农业、生态经济学、城市规划、旅游管理等专业知识，展示农业文化底蕴、宣传农村生态文明建设、宣传现代科技文明，推动社会主义美好农村建设。

美丽乡村休闲度假活动是指在乡村范围内，以传统农事活动为基点，以农村生产活动经营方式为特征，将农业、种植业与休闲观光旅游融合在一起，充分运用农村自然景观与乡村天然生态环境，并结合农林牧渔和乡村经营活动、农产品加工生产、乡村人文生活等内涵，引导广大消费者前去欣赏、品味生活、劳作、体验、购物、娱乐、度假的一种新兴农村生产营销活动。让广大市民看得见山水、记得住乡愁。

任务　美丽乡村休闲度假区概念设计

“乡村度假区设计（动画1）”

一、美丽乡村休闲度假区的特点

城市化进程的推进及现代城市市民的快节奏生活现状催生了乡村休闲度假区的建设，国家的新农村建设政策更是让全国各地的乡村休闲度假区如雨后春笋般涌现。现有的美丽乡村休闲度假区具有如下性质。

1. 农业生产性

美丽乡村休闲度假区是将种植业、农产品加工业和休闲观光旅游业三种产业结合的农业综合体。其经济和功能主体为农业,因此具有生产性。

2. 商品性

美丽乡村休闲度假区所提供的农业生产、休闲活动和休闲旅游等服务具备现代服务业产品的特点。

3. 环境可持续性

美丽乡村休闲度假区体现了生产、生活和生态“三生”一体的新农村经营方式,以充分实现新农村的可持续发展。

4. 自然性

美丽乡村休闲度假区以自然生态为本色,以农事活动为中心,表现了人与自然的和谐共处,给游客创造了亲近田园、回归自然的机会。

5. 季节性

美丽乡村休闲度假区有着明显的季节性,度假区景观随一年四季气候的变化而变化,有旺、淡季,但园区内各功能区却在四时各具特色,季节性突出。

二、美丽乡村休闲度假区的模式

1. 生态观光模式

生态观光模式借助森林公园和附近的旅游景点等自然环境来实现人们回归自然、融入大自然的想法,是一个以生态观光旅游为主,以蔬菜采摘为辅的游览模式。生态观光模式适宜于平时生活节奏快、经济条件较宽裕的都市年轻白领及工薪阶层。如重庆市万州区同鑫现代农业园、北京顺义三高科技农业试验示范区、上海方圆生态农业观光园。

2. 果蔬采摘模式

在园区建设果园或温室大棚,并在果园及大棚内融入现代农业种植技术种植各种新奇瓜果。游客可游览园区环境,采摘果蔬,收获农产品。这种模式能够使游客感受劳动的辛苦与丰收的快乐。草莓园、桑葚园等均属于这一模式,这种模式适合各个阶层的市民。

3. 研学教育模式

利用农产品旅游观光苑、农产品科学生态园、农产品博物馆等让游客了解农产品发展史、农产品科技,增加农业知识。这种模式主要针对中小学生,可以让中小学生参加休闲农业活动,让青少年热爱“三农”。

4. 科普探险模式

这类园区初期以育苗、农业等科技示范区为主,后期融入乡村旅游元素。这类园区可以向游客展示现代化栽培管理技术,可作为教学实习基地,培养青年学生对果树学、园艺学、蔬菜栽培学、物联网数据学等学科的兴趣。这种模式主要针对大学生,为大学生提供实习、实验场所。

5. 农产品加工体验模式

游客可以在园内全方位参与某一类农作物的种植管理、收获、加工等全过程。这个模式能使游客同时感受到劳动的快乐和丰收的喜悦。如可到葡萄园里游览并参加收获、榨汁、酿酒全过程，还可以免费品尝酒庄自酿的葡萄酒。

6. 节庆文化模式

在园区举办桃花节、梅花节、摄影比赛、书法比赛、垂钓比赛等，让游客在休闲旅游的同时，提升自身的文化素养，陶冶身心。对于少数民族区内的园区，可结合当地的节日加入对应的民族元素吸引游客。

7. 休闲度假模式

休闲度假模式可让游客休憩身心、疗养身体。这种模式下，游客的流动性较小。与生态观光模式相比，休闲度假模式更强调环境优美、宁静，可借助丰富多彩的娱乐活动放松身心。常见的有休闲度假村、休闲农庄、民宿。如厦门海沧区京口岩凤泉山庄、厦门小嶝休闲渔村。

三、美丽乡村休闲度假区的设计原则

美丽乡村休闲度假区是从中国传统农业向现代农业转变的一种呈现方式，是一、二、三产业的相互融合与发展，是产、加、销一体化经营的新型综合产业，因此其设计必须兼顾多方面的需求，应该遵循以下原则。

1. 因地制宜原则

乡村休闲度假区的开发依赖于农村，而农村的发展又高度取决于天然地理条件。所以，乡村休闲度假区的发展首先要坚持因地制宜的原则。假如不坚持这一原则，就会使休闲农业发展偏离正确轨道。例如，在重庆市建立一座“国家土特产栽培大观园”，让里面出产京东板栗、汾州核桃、沧州金丝小枣、沙田柚等，是绝对不可能的，因为任何一种土特产都产自于特殊的天然环境。

2. 突出特色原则

设计乡村休闲度假区时要凸显农业文化的特点。农业文化的内容相当广博，如传统的农业用具、农业形态、农事劳作、乡村生活风俗、农产品加工、农业节庆等均属农业文化范畴。由此可见，运用农业文化能够发展许多具有区域特色、民族特色的农业旅游商品。

3. 市场需求原则

乡村休闲度假区的开发要顺应时代潮流。过去，我国居民外出旅行总是满足于置身其外的走马观花式的浏览风景、参观文物保护遗迹等社会活动，而从未想过一定要开展农村的休闲旅游活动。如今，我国城乡居民中已经有很多的人想进行休闲农业活动。起初我国城乡居民进行休闲农业活动时，基本上只是满足于在农村近郊农户家里玩玩牌、钓钓鱼，但现在人们在休闲度假区可选择的活动更加丰富，比如可参加农事活动、开展节庆活动等。所以，随着乡村休闲度假区的发展，从业者要密切注意乡村休闲农业市场的需求变化，从而使得乡村休闲农业产品的开发生产能够较好地顺应时代潮流。

乡村休闲度假区的发展要充分考虑市场的地域差异性。因为自然环境、社会人文要求等的差异，人们旅游的需求有所不同。如，广东省珠三角的居民外出旅游，对奢华旅游产品的需要量较大；而湖北、江西地区的居民外出旅游，对奢华旅游产品的需要量较小，对经济类旅游商品的需要量较大。所以,需要全面掌握全国各地,特别是重要旅游目标市场的自然环境、社区经济环境、文化历史条件、宗教习惯和风俗等情况,综合分析全国各地尤其是重要旅游目标市场的游客的需求特点,使休闲农业发展具备较强的针对性,从而避免盲目性。

4. 优化结构原则

乡村休闲度假区的休闲旅游收入不但与休闲度假者的人数相关,还与休闲度假者的人均消费水平相关。休闲度假区可通过以下举措优化休闲旅游产品结构。第一,休闲农业产品开发要多样化、系统化、配套化、深入化,这样可延长休闲产品链,并增加对各种资源、设施的使用,从而拉长游憩者的游览时间,最终使农场节省经营成本、增加收入。如以果蔬生产为基础发展休闲农庄建设项目时,除发展好看果、摘果、品果、购果这样的系列性旅游休闲活动服务项目之外,还可借助果蔬生产发展以下休闲旅游活动项目:一是赏花旅游活动项目,如在花开的季节招揽游客赏花;二是嗅觉体验项目,如在柑橘、橙类鲜花绽放之际,招揽游客到果园边开展露营社会活动。第二,进行园区规划设计时要做到食、住、游、购、娱等休闲产品兼顾。其中,尤其值得大力开发的是购物,因为购物需求弹性大、创收空间大。乡村休闲度假区的休闲旅游产品单调必然会造成休闲度假者在休闲度假村内的消费行为单调化,导致乡村休闲度假区的收入无法大幅提高。目前中国国内大部分乡村休闲度假区对商品的研究至今仍未获广泛关注。第三,大力发展参与式休闲旅游产业。在农村,可运用中国传统的农耕用具、农耕技术,让人们感受到参与性。

5. 科学选址原则

乡村休闲度假区应选在距都市、景点较近,且交通十分方便之处。为更全面合理地开发与利用自然条件,乡村休闲度假区宜在符合下列五个要求的区域内建址。一是山地和丘陵等平地少的地区,在此能够较恰当地完成景观组合与空间结构布置,也能够尽量少占用良田,从而不与国家相关土地政策冲突,并能节省征地费用。二是无工业污染的地区。三是水资源条件好的地区,把休闲度假区建设在水资源条件好的地方,不但能够缓解乡村休闲度假区的用水问题,同时还能够让休闲度假区产生良好的自然环境,让整个乡村休闲度假区更加富有灵气。四是住户很少或无居民住房的地区。五是土壤条件比较好的地区。

6. 注重生态原则

现在人们越来越愿意到自然环境好的地区去休闲旅游,由此,乡村休闲度假区应遵循以下几个原则来保护自然环境。一是控制旅游环境污染。二是抓好绿化工程,在绿化工程中,将植物栽培尽可能自然化,乡村休闲度假区应该以栽培自然乡土植物为主;景观植物要形成由花卉、低矮灌丛、高大乔木等组成的多层次组合;植物群落结构应尽量适应当地天然植被生态种群的结构特征;要充分保留并利用景区内现存的天然林草植被资源。三是抓好引鸟、引蝶建设工程。四是注意休闲设施与天然生态环境相配合,要限制休闲服务设施的建造数量和建设密度;建筑物形式尽量与天然生态环境相协调;建筑物应隐蔽,以避免过度暴露从而影响自然生态景观。五是力求整体生态化,让乡村休闲度假区从住房、饮食、旅游、购物、文娱等各方面都做到整体生态化。

四、美丽乡村休闲度假区的设计要素

1. 自然要素

自然要素主要包括天文气象景观、植被景观、水体景观、动物景观等。

2. 人文要素

“美丽乡村概念规划设计案例赏析”

人文要素包括风物景观和特色建筑。

1）风物景观

节假庆典元素：火把节、泼水节、花山节、开斋节。

民族风俗元素：龙灯会、闹元宵、端午粽、腊八粥。

神话传说元素：蓬莱八仙、连云港的孙悟空。

民间文艺元素：秧歌舞、孔雀舞、腰鼓舞、长鼓舞。

当地物产元素：名茶、名酒、地方风味、当地文化特色小吃。

2)特色建筑

常见的特色建筑物为园林建筑小品。园林建筑小品一般数量多，体量小，分布范围广，有较强的艺术装饰功能，对园区景色有一定影响。主要包括园椅、园凳、园桌、展览及活动宣传牌、景墙、景窗、门孔、护栏、花格和雕刻等。乡村休闲度假区要限制特色建筑物的数量和密度；建筑物的形式应尽量与天然生态环境相协调；建筑物应隐蔽，以避免过度暴露从而影响自然生态景观。

3. 工程要素

工程要素包括山水工程、游憩工程、路桥工程、管理类建筑、服务类建筑。

1）山水工程

山水工程主要指在建造休闲观光园过程中改变山势、模山范水、创设优美意境的系统工程。水是整个观光农业园区的重要骨架。山水建筑大致分为地形与水景两方面。

2）路桥工程

园区道路是园区的主要脉络，而桥梁则是大道的延续，是联络各景区、名胜之间的重要沟通纽带。具有组织交通，分割城市空间，形成景观序列，为发展水电工程创造条件的重要功能。

“乡村度假区设计(动画 2)”

五、美丽乡村休闲度假区的设计方法

成熟的乡村休闲度假区通常会构建农林牧渔综合性生态模型，以增加生产经营流程的趣味性、生态性、艺术性，给旅游者创造游览和研究自然生产环境的场所，园区规划设计技术方法如图 2.9.1 所示。

1. 基础资料收集分析及选址

基础资料收集分析一般包含园区内基本自然环境条件（土壤条件、气候条件、日照条件、水文、山势地貌、环境污染程度等）分析；道路交通要求分析；社会人口情况分析；经济情况分析；附近的旅游资源分析；现有的规划成果分析；工程现场勘察资料分析等。乡村休闲度假区选址要考虑以下条件。

1）区位条件

（1）客源市场。

指园区对不同地域观光者的吸引力和观光者的出游能力，包括观光者的平均收入、消费水平、休闲时间、偏好、旅行形式等。

（2）交通条件。

园区与中心城市的距离会影响旅客的数量、相关配套服务设施的完善和主要客源市场的

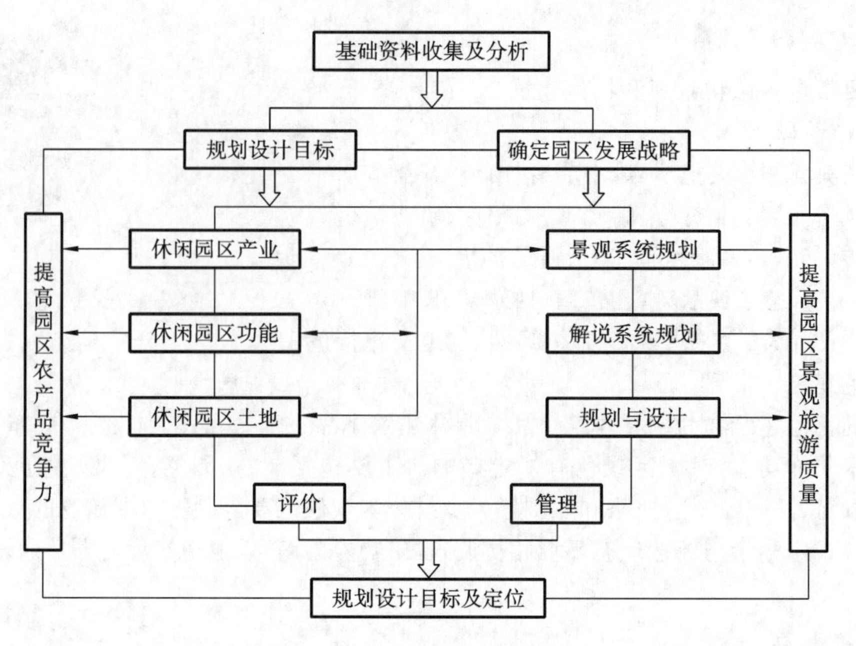

图 2.9.1　园区规划设计技术方法

交通便利程度。

2）立地条件

(1）环境条件。

自然环境条件主要包括植被状况、空气质量、水文水质状况、空气质量、气候状况和山势地貌。

(2)农业基础条件。

乡村休闲度假区所在地主要农副产品的数量、种类及品质对乡村观光农业的旅游开发有较大影响。一般而言，主要农产品的数量、种类和商品率都与乡村观光农业旅游发展水平成正相关。

3）资源条件

(1）自然景观资源条件。

乡村休闲度假区所在地应当具有一定的综合自然景观资源，综合自然景观资源在一定程度上决定着乡村观光农业的开发类型和发展方向。

(2）人文景观资源条件。

乡村的生活风俗、民俗歌舞、庙会集市、神话故事与传说、茶文化、美术作品、竹艺作品、雕塑作品等都是乡村文化旅游活动的主要元素。

4）社会经济条件

(1）经济条件。

某地方所处的社会经济环境，即当地的总体经济发展程度，涉及经济基础、经济发展水平、政府投资等各方面。

(2)基础设施条件。

包括给水条件、电力条件、燃料条件、交通条件、通信条件。

5)旅游发展条件

观光农业发展和本地区旅游发展状况密切相关，具有良好旅游发展资源的地方，其旅游业也会大力发展，进而可促进观光农业可持续发展，从而实现创收。

2. 园区目标定位

确定园区的规划目标，以目标为导向进行规划，确定园区的模式、类型、规模、主题、功能及发展方向。

3. 园区发展战略定位

在调研—分析—综合分析的基础上，对园区状况进行合理评估后，制定园区的发展策略；确定实现发展目标的道路和方向，挖掘美丽乡村休闲度假区的巨大市场潜力。

4. 园区产业布局定位

明确农业产业在园区产业布局中的主导地位，在建设园区时围绕粮食作物种植、农业生物高新技术、信息物联网科技、果蔬花卉种植技术、畜禽水产饲养技术、农事活动设施、农业加工服务等进行，进一步加强观光、休闲度假等在园区规划设计中的重要决定功能。园区建设需要同时满足农业生产与休闲观光两种需求。

5. 园区功能布局

1）功能设置

"美丽乡村绿地规划设计案例赏析"

美丽乡村休闲度假区的整体功能布置，需要在全面剖析不同功能特点与关系的基础上，以农事休闲功能区和农业观光采摘区为核心，合理协调不同功能区间的相互关系，既要凸显不同功能区的特点，也要充分考虑季节变化对各功能区的影响，从而使各功能区相互协调、配套发展。美丽乡村休闲度假区一般可包括如下功能区：种植采摘区、农产品加工体验区、出入口区域、服务接待区、综合管理区、种植观光区、养殖观光区、休闲度假区等。

2）功能分区要点

（1）功能分区不宜琐碎。

（2）面积划分要恰当。

（3）注意将动态游览和静态参观相结合。

（4）遵循以人为本的原则。

6. 园区土地利用规划

在进行园区规划设计时要合理确定建筑、广场、绿地、生产用地等的用地配比与格局，并制定用地平衡表。对不同的地块进行用地合理性评估，让园区的土地合理使用。

7. 景观系统规划设计

对园区内景观资源进行综合分类，按照游览要求，有机地融合不同景观区域，构成具备不同景观特点与境界的景点。生态景观体系规划设计要体现对乡村休闲园区土地资源的重叠利用，通过对各环境资源进行合理布局，呈现空间结构层次的变化及形成关键景观节点。景观系统规划主要包括交通规划、休闲空间规划、植物景观配置规划、道路铺装规划、水电系统规划等。

1）景区划分原则

景区划分应与实际功能使用要求相配合，但又不一定与实际功能分区范围保持一致，应按照实际状况灵活布局，以取得特点鲜明、使用方便的良好效果；注意主从协调，详略恰当，防止因贪大求全而造成结构混乱；景区划分应注重反映本区域的自然环境风貌。景区可以按照空

间特征、季节性特性及其他自然景观特征加以划分。

2）景区规划原则

尽量适应天然地势，降低对景观的干扰，降低施工费用，防止表土流失，以满足土壤侵蚀管理和园林绿化方面的要求。

3）景区植物搭配方法

景区植物搭配要遵循生物的发展规律性和自然环境要求的季节性。一般而言，因为自然环境气候条件在某个区域是比较稳定的，各个区域可以选择并搭配合适的植物种类和品种，进行周年生产。可令长、短生育时期作物相配合，早、中、晚作物品种相配合，常绿植物与非常绿植物生育期交错，喜光作物和耐阴作物生育期交错，玉米等籽粒粮食作物与叶类或块根块茎类粮食作物生育期交错等，同时可借助相关技术延长或缩短植物生育期，或进行化学催熟、移栽、假植等。

4）景区道路交通设计方法

(1) 外部引导线规划设计。

外部引导线指从其他地方向休闲观光园区主出入口集中的对外道路，一般涉及高速公路、大桥的建设，以及公交车站点的设置等。而进入旅游观光农产品园的道路，是一种隐含信号的路线。它起着导向功能，可以预先令游客振奋，并预示旅游观光园的模式、规模以吸引游客。引导路线道路设计要有收有放，形成多种形态的立体空间结构。在风景优美和视野安全处开放，在要求遮蔽处围合，并不断改变空间格局，让旅游者轻松。外部引导线的造型、质地、色调都是园区形象的物质基础，包含着人工的和天然的基本因素、动态的和静态的基本因素。根据游客乘车的心理感受和徒步行走的心理体验，观光农业园的道路标识宜设置在离它几千米以外的公路上。

(2) 出入口规划设计。

园区出入口是第一个吸引游客的点，其通常是引导游客前去观光或游憩的重要因素。出入口可分为主要出入口、次要出入口和专用出入口三种。主要出入口是游客进出的主要出入口。次要出入口可方便附近居民行动并为主要出入口分担人流量，也可为次要干道上的游客提供服务，通常位于园区内或有大量人流聚集的设施旁边。专用出入口依园区管理工作要求设定，在方便生产管理及不妨碍园景的前提条件下，将专用出入口设置于管理区附近或较偏远、不宜被人发现处。

(3) 内部道路规划设计。

内部道路可按其在园区中的主要功能和宽度划分为主要道路(主干道)、次要道路和游憩道路等。主干道(一级路)为园区的主要骨干，具有联络全园的重要功能，通常宽 4～7 m，路面纵坡率通常低于 8%。主干道路型要时有变化：主体采用流线形，结合折线形道路和不定线形道路，形成环状，把各个景区建筑物连接起来，以防游客走回头路。次要道路(二次路)由主干道分出，直接与各建筑物和景区相连，宽度一般为 2～4 m，其高低起伏程度可以比主要道路的大些，遇斜坡可做平台、踏步等处理，可采用 S 形或反 S 形道路，在材质上也多有变化。游憩道路(三级路)用于引导游客深入各个景区游览观光。

(4) 道路设计注意事项。

① 对角不能相等，且转向时要有过渡；

② 交角不宜小于 60°；

③ 中心线应交汇于一点；

④ 道路分叉处宜在主干道突出的地方；

⑤ 避免多条道路交接在一起，否则便形成一个广场；

⑥ 转角处用弧线；

⑦ 道路和建筑应逐渐垂直或平行；

⑧ 交接处要有直线，忌呈S形；

⑨ 中心线向两侧作6%的倾斜。

5）景区水系规划方法

园区的水体除具备造景用途之外，还具备生产与生活用途，因此需要进行系统的整体规划设计，形成各种功用间互不影响且可循环使用的可持续农业发展模式。公园内的水体通常与公园以外的天然水体及农用灌溉水体相通，所以在使用时应该注重保护水质，并注重节水，不影响农作物生产的用水要求。

8. 园区系统规划设计

园区系统规划设计包括硬件部分和软件部分，完善讲解体系规划，对游客开展科普教学，可提高人们对自然、农耕文明的认识。常见的硬件解说系统包括导游图、录像带、牌示等；常见的软件解说系统包括导游、咨询服务员、解说员等。

学习任务如表2.9.1所示。

表2.9.1　参考性学习任务

任务名称	美丽乡村休闲度假区概念设计
实训目的	掌握美丽乡村休闲度假区的精神文化内容和主题的表达方法。
实训准备	纸、画板、铅笔、橡皮、直尺、电脑、绘图软件(CAD、PS、SU)、办公软件。
实训内容	(1) 调查项目背景。 (2) 进行园区定位分析。 (3) 研究案例。 (4) 进行项目概念规划，绘制项目的总平面图、总鸟瞰图、局部效果图，编写设计说明(1000字)。 (5) 编写方案汇报PPT。
实训步骤	(1)下达任务书。 自选一个纳入国家乡村振兴范畴的乡村进行改造，将其设计成美丽乡村休闲度假区。 (2) 任务分组。 班级：　　　　组号： 组长：　　　　指导老师： 组员： 任务分工：

续表

任务名称	美丽乡村休闲度假区概念设计		
实训步骤	(3) 工作准备。 ① 阅读工作任务书,查阅和收集相关资料,进行现场勘察,调查当地规划区位、区域交通,进行资源分析。 ② 收集《村庄和集镇建设规划管理条例》、《村镇规划编制办法》、《重庆市城市规划管理技术规定》、《重庆市小城镇消防规划编制技术规定》中有关设计方面的知识。 ★ 引导问题 1:美丽乡村休闲度假区有哪些模式? 本任务适合采用哪种模式? ★ 引导问题 2:你所选定的主题是什么? ★ 引导问题 3:如何科学合理地进行分区? ★ 引导问题 4:如何围绕总主题进行分区设计,同时使各个分区各具特色?		
参考评价	过程性评价(55%)	知识掌握度(25%)	
		技能掌握度(25%)	
		学习态度(5%)	
	总结性评价(30%)	任务完成度(15%)	
		规范性及效果(15%)	
	形成性评价(15%)	网络平台题库的本章知识点考核成绩(15%)	

案例导入

1. 背景资料

本案例中的毛家屯位于渝东北部万州区甘宁镇万州大瀑布附近,距万州主城区25 km,东临长江,西倚响水,南扼龙沙,北连柱山,103 省道横贯其境。毛家屯院落被

103 省道环抱，交通极为便利，村道为 4 m 宽沥青道路，为居民的主要交通道路。

2. 规划愿景及指导思想

1）规划愿景

毛家屯院落以“庭院深深”为规划愿景，即创造舒适宜人的乡村人居环境。田园村庄拥有绝佳的景观资源，如何让人舒适地居住，成为人居环境改善规划的核心。本案以净、绿、亮、美为规划策略，以实现“庭院深深”为规划愿景。

（1）净。

加设环卫设施，解决现有垃圾随意堆放的问题，减少对美丽乡村生态环境的破坏。

（2）绿。

整理现存的绿化配置，进行统一规划设计，体现出极具特色的乡野景色和田园风光。

（3）亮。

敷设太阳能路灯，照亮乡村夜晚，便于居民夜间出行，提高安全性，同时提升农村的夜景观赏性。

（4）美。

对道路沿线及村庄环境进行美化，统一设计建筑立面，力求创造美好、舒适的村庄环境。

2）指导思想

以邓小平理论、“三个代表”重要思想、科学发展观为指导，深入贯彻乡村振兴战略，贯彻落实党中央、国务院的决策部署，以改善民生为导向，以农村环境整治为重点，坚持“统筹发展、富民美村”，坚持点上整治、面上改观、彰显美丽的原则，以“绿化、亮化、净化、美化”为主要手段，因地制宜，循序渐进，全面改善居民居住环境。

3. 项目整治内容

1）项目整治的目的

本案以三项改善建设项目为出发点，着力解决乡村环境脏乱差、环卫设施不完善、长效管理机制不健全、居民环卫意识差等问题，有效提升居民居住环境，进一步实现美丽乡村，为居民提供舒适便捷的生活环境，同时促进旅游业发展，增加当地居民的收入。

2）项目整治的重点内容

结合居民点现状实施“建筑及景观整治”、“水系整治”、“道路及照明整治”三项改善建设项目。

4. 项目整治方案

项目整体改造围绕居民点展开，包括休闲广场改造、观景平台改造、林下空间营造、水塘及周边景观营造、净化池改造等（见图 2.9.2）。

1）建筑整治

可采取两种策略对居民房进行整治。

策略一：院落内居民房多经过风貌改造，建筑风貌较为统一，但墙裙常年受水浸致外墙脱落。可进行墙裙修补，对脱落严重的墙群进行青砖处理，在重要墙面处可结合甘宁特有的玫瑰香橙元素做墙面彩绘（见图 2.9.3、图 2.9.4）。

图 2.9.2　设计总平面图

图 2.9.3　二栋较好建筑物旧图

图 2.9.4　二栋建筑整治效果图

策略二：对于院落内建筑质量较好的土墙居民房，对破旧的外墙喷稻草泥做翻新处理（见图 2.9.5、图 2.9.6）；对于建筑质量差的土墙房做拆除处理；对于旧社会遗留下来的石门，在修缮加固的基础上进行装饰（见图 2.9.7）；拆除院坝内的简易葡萄架，更换为景观花架（见图 2.9.8）。

图 2.9.5　活动室整治效果图

图 2.9.6　二十栋建筑整治效果

2）环境景观提升

（1）主入口形象。

主入口标识是凸显院落印象的重要节点，院落主入口处为斜坡，可在现有挡墙上做饰面处理，结合乡村特色打造独具特色的主入口 logo 标识景墙（见图 2.9.9、图 2.9.10）。

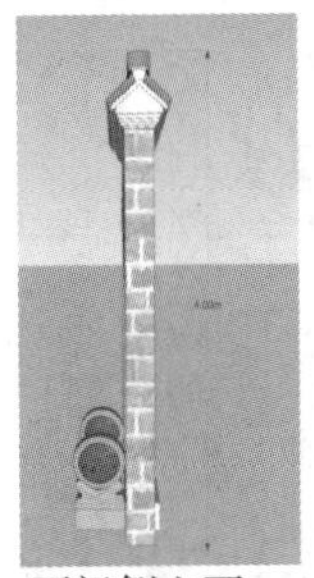
石门侧立面

石门正立面

图 2.9.7　石门修缮效果图

图 2.9.8　景观花架效果图

图 2.9.9　主入口旧图

图 2.9.10　主入口整治效果图

(2) 次入口形象。

院落次入口规划在院落西侧，布置景石，并搭配植物成景(见图 2.9.11、图 2.9.12)。

图 2.9.11　次入口旧图

图 2.9.12　次入口整治效果图

(3) 生态文化广场。

生态文化广场设在场地开阔、视野良好的入口地段，利用现状石坝，地刻石碾盘及民间棋盘，设置宣传栏、室外健身器材、农耕摆件等。该广场为多功能生活型广场，主要供居民休闲、健身、集会、放映露天电影、停车等，同时公共厕所也可设置在此(见图 2.9.13、图 2.9.14)。

院落配植如下。

①道路两侧种植一排毛杜鹃或木春菊等易成活植物。

②针对一侧为农田的道路，在农田前安装 50 cm 高的竹栅栏。

③适当点缀可开花结果的乡土果树。

图 2.9.13　广场旧图

图 2.9.14　广场整治效果图

(4) 房前屋后环境整治。

房前屋后环境整治策略有以下几个。

①对每户前乱堆乱放现象进行规整。对院墙进行简单的景观化处理,用竹子配青砖,借助绿化柔化墙体。

②通过竹篱形成具有一定穿透性的景观屏障,使现状建筑若隐若现,形成独特的美感。

③规整宅前屋后植物种植区域,以竹篱界定其范围。

④对每户院坝地面进行合理的硬化处理,明确院坝边界;可在院坝周边设置篱笆,削弱水泥硬化的生硬感并增强景观美感。

(5) 景观小品。

在院落内,根据原有的农耕器具,设置农具互助区和农耕摆件展示区(见图 2.9.15、图 2.9.16)。为每家每户定制仿古牌作为标识性设计(见图 2.9.17),并设置古色古香的垃圾回收点(见图 2.9.18)。

居民在农忙季节临时组织起来,进行换工互助

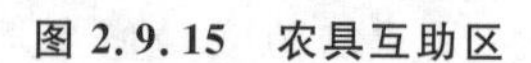

图 2.9.15　农具互助区

收集水缸、石磨等小品，装饰成景

图 2.9.16　农耕摆件展示区

3) 道路整治

院内新建 1100 m^2沥青道路。院内游步道长约 150 m,道路横断面为 1.2～2 m,采用与整个甘宁镇风格(川东民居)相搭配的砾石、青砖、青石板、鹅卵石、瓦片等当地的天然材质进行铺设(见图 2.9.19、图 2.9.20)。

4) 照明设施整治

结合居民生活广场,在广场四周布置景观灯,路灯间距为 15 m,庭院灯间距为 30

图 2.9.17　仿古牌

图 2.9.18　垃圾回收点

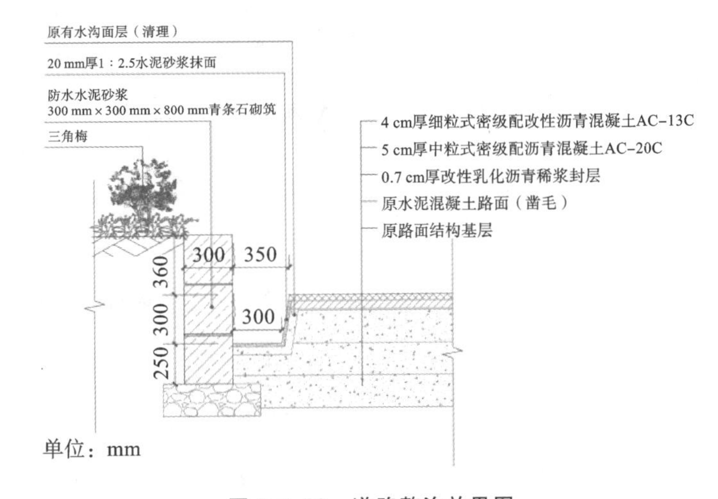

图 2.9.19　道路及排水沟详图　　　　图 2.9.20　道路整治效果图

m，将 6 m 高的路灯设置在道路单侧。毛家屯院落规模较小，村庄内部户数较少，多采用太阳能庭院灯（见图 2.9.21）。

5）雨污分排整治

（1）污水工程。

院落借助明渠或暗管收集污水，污水收集设施简陋，不能实现雨污分流，污水往往会汇入雨水、山泉水等。本案的污水整治策略为：完善生活污水排放，设置净化池。本案的污水收集处理方式为：农户分散收集处理，村镇集中收集处理，最终统一收集归入市政管网，“黑水”经过收集池收集处理后可农用，“灰水”经收集处理后可回用或直接排放（见图 2.9.22）。

（2）卫生改厕。

①污水处理。

建设要求：建设和完善“两池一洗”（化粪池、便池、冲洗设备），鼓励新建或改造厕所，进行厕污分流。

化粪池：采用密闭的、无渗漏的、容积达到 1.5 立方米的砖砌三格式化粪池（要求预留有清粪口、清渣口）、沼气池或一体式成品化粪池等。

便池：采用简易蹲便器或陶瓷便池。

冲水设备：采用节水型冲洗水箱或冲洗阀等（用水困难地区可用水桶等代替）。

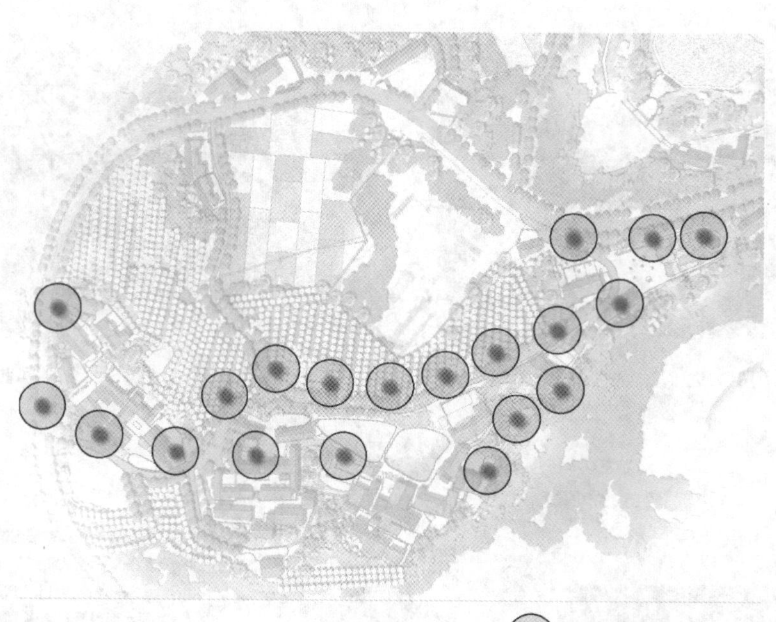

图 2.9.21　庭院灯布置图

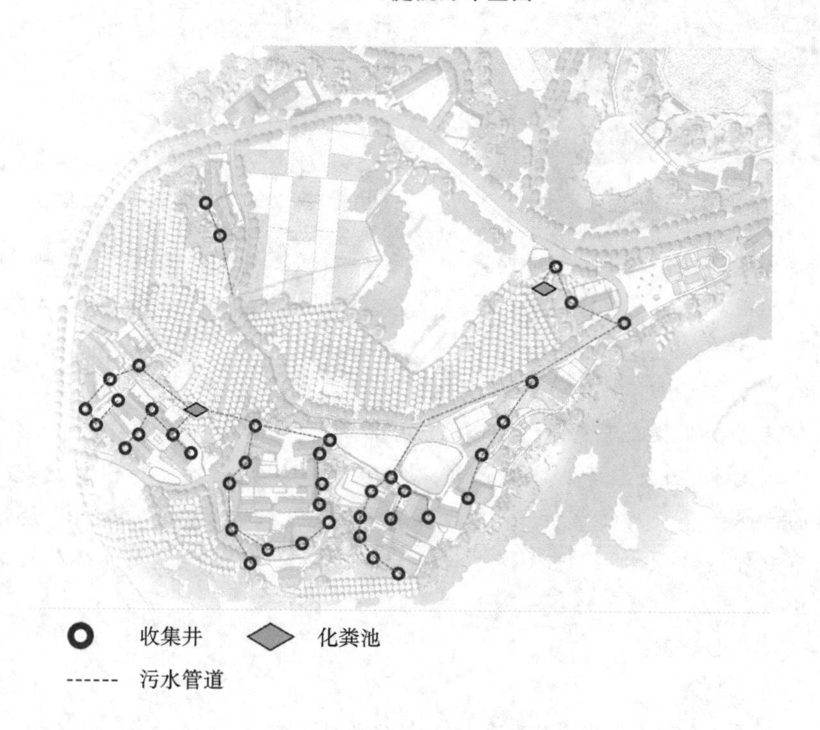

图 2.9.22　污水处理设施布置图

②污水处理设施。

三格式化粪池由三个相互连通的密封粪池组成，粪便由进粪管进入第一池再依次顺到第三池。三格式粪便处理设施一般与水冲式厕所匹配使用，其由进粪管、分格池、过粪管、盖板等部分组成。其主要有二种结构的，一种是砖砌结构的，另一种是预制钢筋混凝土结构的。施工的关键是保证建筑质量，防止渗漏；把好过粪管安装质量关（见图 2.9.23、图 2.9.24）。

图 2.9.23 净化池砖砌修建示意图

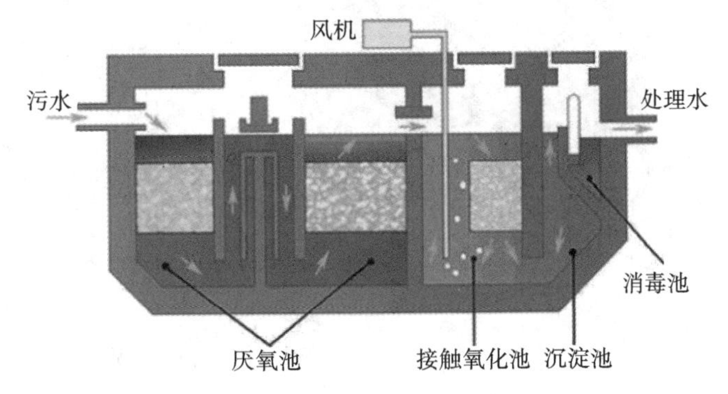

图 2.9.24 污水处理示意图

(3) 雨水工程。

本案例应完善雨水排水沟渠（见图 2.9.25）。

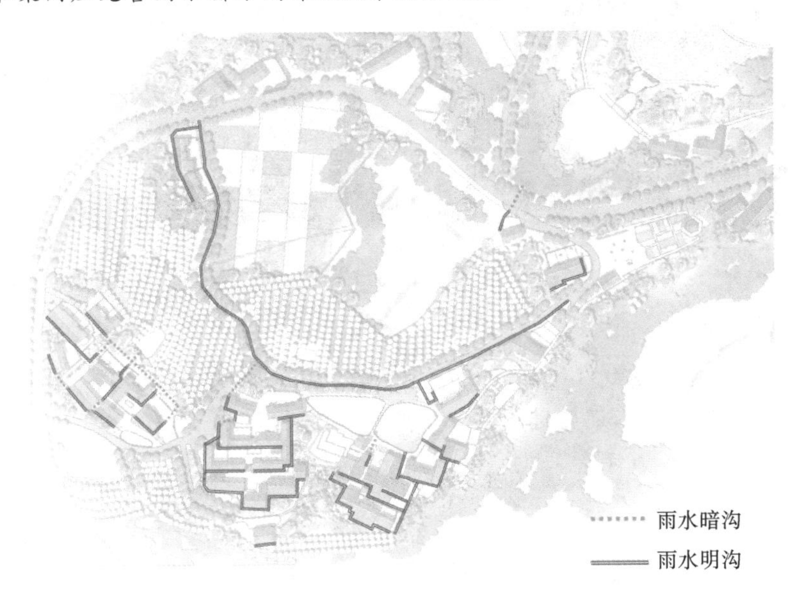

图 2.9.25 排水沟布置示意图

①排水遵循雨水、污水分流制原则，雨水排放装置沿道路单侧布置，顺应道路高差变化，采用重力自流方式，由高向低排放，雨水分别流向两端，连接外围的河流、水塘或湿地。

②为避免积水，加速雨水排放，根据现有堰沟对院落排水沟进行清理修复。此工程不注重美观，可以不设置盖板，或仅在人流活动相对密集的区域局部设置水泥盖板。

6)水塘整治

利用现有鱼塘进行清淤修复，修缮水堤，种植莲藕，并在周边设木栏杆。具体步骤为：放干水池、晾晒水池、撒入适量石灰杀菌消毒、修补破损、加固堤岸、注入清水、种植荷花（见图 2.9.27）。

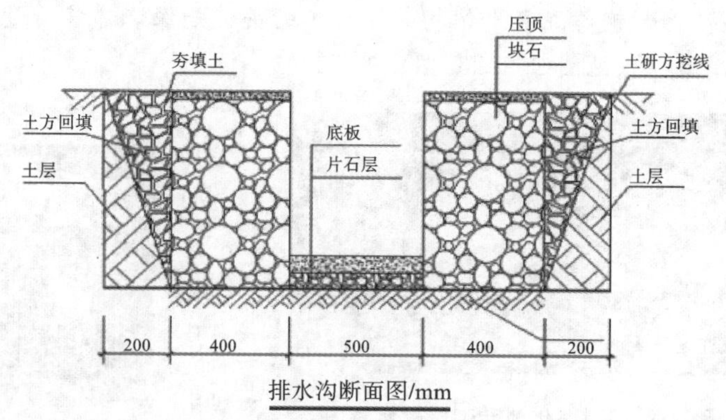

图 2.9.26　排水沟施工示意图

图 2.9.27　池塘改造效果图

5. 投资估算

本项目需整治建筑 48 户，铺设沥青道路 1100 m^2，铺设人行道 300 m^2，设置路沿 600 m，整治水塘 4 口，还需进行环境景观整治及雨污分排工程，本项目建筑安装工程总造价约为 205.4 万元。

知识拓展与复习

1. 2021 年 4 月 29 日，十三届全国人大常委会第二十八次会议表决通过(　　)。

A.《中共中央国务院关于全面推进乡村振兴加快农业农村现代化的意见》

B.《乡村振兴战略规划(2018—2022 年)》

C.《中华人民共和国乡村振兴促进法》

D.《“乡村振兴法治同行”活动方案》

2. 加强乡村生态振兴，要做到(　　)。

A. 治理农业生态突出问题　　　　B. 加强农村生态保护和修复

C. 建立健全生态补偿机制　　D. 大力发展“美丽经济”，改善人居环境

3. 以下哪些行为破坏了乡村良好生态环境？(　　)

A. 围湖造田、毁林造地

B. 滥用农药

C. 过度养殖

D. 过度放牧

4. 休闲农业科普教育可以展示现代农业新技术，如(　　)。

A. 无土栽培技术　　B. 水培　　C. 立柱栽培　　D. 滴管技术

5. “三生一体”指的是(　　)。

A. 生产　　B. 生活　　C. 生态　　D. 生存

6. 可在休闲种植业中应用的休闲观赏蔬菜有(　　)。

A. 观赏南瓜　　B. 观赏辣椒　　C. 佛手椒　　D. 羽衣甘蓝

7. 美丽乡村休闲度假区的设计原则有(　　)。

A. 因地制宜原则、突出特色原则　　B. 市场需求原则、优化结构原则

C. 科学选址原则　　D. 注重生态原则

8. 美丽乡村休闲度假区的人文要素包括(　　)。

A. 特色建筑　　B. 风物景观　　C. 天文气象景观　　D. 植被景观

9. 美丽乡村休闲度假区的区位条件包括(　　)。

A. 环境条件　　B. 农业基础条件　　C. 客源市场　　D. 交通条件

10. 美丽乡村休闲度假区的功能分区要点有(　　)。

A. 功能分区不宜琐碎　　B. 面积划分要恰当

C. 注意将动态游览和静态参观相结合　　D. 遵循以人为本的原则

11. 园区出入口可分为(　　)。

A. 主要出入口　　B. 次要出入口　　C. 专用出入口　　D. 消防出入口

12. 主干道(一级路)为园区的主要骨干，具有联络全园的重要功能，通常宽(　　)。

A. 2～4 m　　B. 2～5 m　　C. 3～7 m　　D. 4～7 m

13. 园区道路设计交角不宜小于(　　)。

A. 30°　　B. 45°　　C. 60°　　D. 90°

14. 讲解体系规划设计包括(　　)。

A. 硬件部分　　B. 软件部分　　C. 导游图　　D. 解说员

15. 美丽乡村休闲度假区的风物景观包括(　　)。

A. 节假庆典　　B. 民族风俗

C. 神话传说　　D. 民间文艺、当地物产

16. 园区的水体功能有(　　)。

A. 造景　　B. 生产　　C. 生活　　D. 发电

17. 观光农业园区投资的特点有(　　)。

A. 投资金额大　　B. 投入时间长　　C. 具有复杂性　　D. 沉没成本高

References 参考文献

[1] 百度百科. 园林规划[DB/OL]. https://baike. baidu. com/item/%E5%9B%AD%E6%9E%97%E8%A7%84%E5%88%92/7735788? fr=aladdin.

[2] 张晋石,杨锐. 世界风景园林学学科发展脉络[J]. 中国园林,2021,37(1):12-15.

[3] 赵彦杰. 园林规划设计[M]. 北京:中国农业大学出版社,2007.

[4] 赵娜,高翅. 浅析风景园林中的台阶设计[J]. 山西建筑,2009,35(8):348-349.

[5] 沃颖. 浅谈现代别墅庭院景观设计趋势[J]. 艺术科技,2017,(7):333.